Peacemaking among Primates
영장류의 평화 만들기

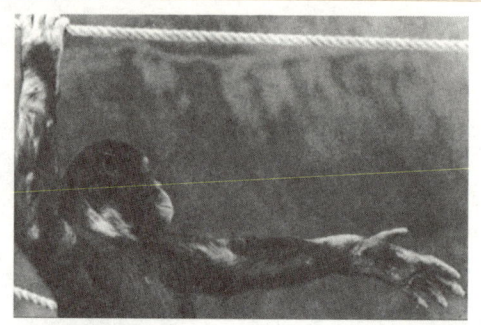

영장류의
평화 만들기

프란스 드 발 | 김희정 옮김

새물결

Peacemaking among Primates by Frans de Waal

Copyright ⓒ Frans de Waal, 1989
Korean translation edition ⓒ Saemulgyul Publishing House, 2007
This Korean edition was published by arrangement with Harvard University Press, Cambridge, Massachusetts via Bestun Korea Agency, Korea.
All rights reserved.

옮긴이 김희정

서울대 영문과, 외국어대 동시통역대학원 졸업, 대중과학서적 전문 번역가.
옮긴 책으로는 『코드북』, 『두 얼굴의 과학』, 『알버트 아저씨와 블랙홀 여행』,
『알버트 아저씨와 떠나는 시간과 공간 여행』 등이 있다.

영장류의 평화 만들기

지은이 프란스 드 발 | 옮긴이 김희정 | 펴낸이 홍미옥 | 펴낸곳 새물결 출판사
1판 1쇄 2007년 11월 20일 | 등록 서울 제15-52호(1989.11.9)
주소 서울특별시 마포구 연남동 565-31 우편번호 121-869
전화 (편집부) 3141-8696 (영업부) 3141-8697 | 팩스 3141-1778
E-mail sm3141@kornet.net
ISBN 978-89-5559-227-6 (03490)

이 책의 한국어 판권은 베스툰 코리아 에이전시를 통하여 저작권자와 독점 계약한 새물결 출판사에 있습니다. 저작권법에 의해 한국 내에서 보호를 받는 저작물이므로 무단 전재와 무단 복제를 금합니다.

일러두기

1. 이 책은 프란스 드 발의 *Peacemaking among Primates*를 우리말로 옮긴 것이다.
2. 옮긴이 주와 옮긴이의 첨언은 본문에서 [ ] 안에 넣어 처리했다.
3. 강조는 고딕체로 표시했다.

차례

감사의 말 9
서문 17

1 잘못된 이분법 · 27

'좋은' 공격 행위 28 | '나쁜' 평화 38 | 개인과 집단 46
사육 동물에 대한 연구와 야생 동물에 대한 연구 50

2 침팬지 · 59

아른헴 동물원 연구 프로젝트 60 | 화해와 위안 62
성별 간의 차이 74 | 연합 관계의 붕괴 86
치명적인 폭력 사태 91 | 어두운 면에 대한 생각들 101
자의식과 침팬지 중심주의 111

3 붉은원숭이 · 123

여가장과 모계주의 124 | 서열의 세습 127 | 공격성의 수위 130
탐구 단계 141 | 암묵적 화해 147 | 확고한 증거 155
계급 구조 161 | 사다리 오르기 168

4 붉은얼굴원숭이 · 185

우리 예쁜이들 187 | 오르가슴과 같은 화해 191
두 종류의 짧은꼬리원숭이들 197 | 모든 것을 포용하는 단결 207

5 보노보 · 217

'피그미 침팬지'는 없다 220
야생의 보노보들 그리고 다듬어지지 않은 이론들 225
가장 영리한 유인원? 235 | 땅콩 일가 239
보노보들이 하는 놀이들 244 | 카마수트라 영장류 250
성 계약 가설 259 | 평화를 위한 성 268 | 에필로그 278

6 인간 · 285

지식의 부족 287 | 서로 다른 것은 세련됨의 정도뿐 295
평화의 조건 303 | 어린이들 310 | 문화 321 | 엘베의 맹세 329
결론 336

참고문헌 339
찾아보기 353

감사의 말

　　1975년 나는 위트레흐트 대학의 후원으로 네덜란드 아른헴 동물원에 있는 독특한 침팬지 집단에 대한 박사 후 과정 연구를 시작했다. 무엇보다 먼저 아낌없는 충고와 격려로 날마다 필자의 새로운 관찰 사항을 함께 토론해준 동물행동학과 교수 얀 반 호프 교수께 깊은 감사의 마음을 전하고 싶다. 나는 1년에 평균 네 명의 학생을 지도해서 모두 23명이 필자를 거쳐 갔다. 1980년에 일어난 극적인 사건들을 기록하는 데 큰 도움을 주었던 학생들인 프레드 반 에이위지크, 티너 그리데, 마리온 반 드 클라쇼스트, 제라드 윌렘슨 그리고 동물들을 돌봐준 사육사들, 즉 재키 홈스, 로이스 오퍼만스, 모니카 텐 투인트에게 특별한 감사를 돌리고 싶다. 또 아른헴 동물원과 안톤 반 호프 동물원장에게도 이 기회를 통해 그곳의 침팬지 우리에서 연구할 수 있도록 배려해준 데 대해 진심으로 감사드린다. 얀과 안톤 반 호프 두 분이 친형제여서 분명히 동물원과 대학 사이의 협력도 원활했을 것이다. 나의 연구는 위트레흐트 대학의 연구 기금과 '네덜란드 순수 연구 증진 재단'으로부터 재정을 지원받았다.

　　1981년 가을 어느 날 '위스콘신 대학 위스콘신 지역 영장류 연구 센터'의 소장이던 로버트 고이는 1년 예정으로 방문한 필자를 매디슨 공항에서 맞아주었다. 필자의 연구 작업을 지원해주었을 뿐만 아니라 깊이 이해해주었고, 부인 바버러와 함께 항상 필자를 따뜻하게 돌봐준 고이 소장의 호의에 어떤 감사의 말을 전해야 할지 모르겠다. 7년이 흐른 지금도 나는 계속 위스콘신 영장류 센터에서 일하고 있는데, 덕분에 집단생활을 하는 원숭이의 행동을 직원 자격으로 연구할 수 있는 기회를 얻을 수 있었다. 나의 조수인 레슬리 러트렐은 빼어난 일처리 솜씨, 믿음이 가는 사람됨, 우리의 과학적 목표에 대한 헌신 등으로 필자의 연구에 없어서는 안 될 존재가 되었다. 레슬리는 날마다 원숭이들을 관찰하고 컴퓨터 기록을 관리하면서 100마리가 넘는 동물들의 박진감 넘치는 생태를 지켜보는 즐거움을 필자와 함께하고 있는데, 우리는 마치 가족 이야기라도 하듯 그들에 대한 이야기를 나눈다. 우리 연구팀에는 킴 바우어스, 모린 리베트, 캐서린 오푸트, 런메이 런, 데보라 이시하라 등이 거쳐 갔으며, 그들의 공헌과 열정에 깊이 감사드린다.

센터에 사진부가 함께 있어서 얼마나 편리한지는 말로 다 할 수 없을 것이다. 밥 도즈워스는 나의 필름들을 현상해주었으며, 고도의 전문성을 발휘해 이 책에 실린 사진들에 대한 암실 작업도 맡아주었다. 메리 샤츠와 재키 키니는 불평 한 마디 없이 즐겁게 원고와 끝없이 나오는 교정쇄를 타이핑해주었다. 그동안의 노고와 그 밖의 다른 수많은 자잘한 일을 처리해준 데 대해 감사를 전한다. 마지막으로 도서관의 사서들, 사육사와 수의사, 컴퓨터 프로그래머, 그리고 센터에서 일을 하면서 도움을 준 분들께 감사드린다. 이분들의 탁월한 일처리가 없다면 과학자들은 연구를 진행할 수 없을 것이다. 매디슨에서 진행된 필자의 연구는 미국 국립 과학 재단과 위스콘신 영장류 센터에 지급된 미국 국립 보건원의 연구비에서 재정을 지원받았다.

 1983년 나는 인공 사육되고 있는 세계 최대의 보노보 무리를 관찰하기 위해 캘리포니아로 향했다. 이 연구를 수행할 수 있도록 허락해준 샌디에이고 동물학 협회 그리고 이 연구를 지원해준 미국 국립 지리학회에 감사드린다. 또한 필자를 도와준 샌디에이고의 동료들, 특히 다이앤 브로크만과 커트 베니르쉬크에게 고맙다는 말을 전하고 싶다. 동물을 돌보고 있던 직원들, 즉 게일 폴런드, 마이크 해먼드, 페르난도 코바루비아스, 조 칼라는 필자에게 필요한 모든 도움을 제공했으며 그들의 우정 덕에 샌디에이고 생활이 특히 즐거웠다. 매디슨에 돌아와서는 캐서린 오푸트가 데이터 처리를 도와주었다.

 위스콘신 교외의 야외에서 붉은원숭이 집단을 기르고 있던 스티븐 수오미와 페기 오닐, 그리고 케냐의 길길 지역 근처에서 진행된 우아소 응기로 비비 프로젝트와 관련해 올리브비비를 소개해준 로널드 노에 덕에 귀한 사진들을 얻을 수 있었다. 최근 나는 다시 조지아 주 애틀랜타의 에모리 대학 여키스 지역 영장류 연구 센터의 필드 스테이션에서 먹이 공유 행동을 연구하기 위해 침팬지들과 작업하고 있다. 아직 데이터 분석이 진행 중이지만 이 시기에 얻은 사진과 몇 가지 일화가 이 책에 실려 있다. 이 연구는 해리 프랭크 구겐하임 재단 그리고 위스콘신 영장류 센터에 지급된 미국 국립 보건원의 연구비 덕분에 가능했다.

 이 책에 실린 사진은 모두 반자동 미놀타와 니콘 사진기로 찍은 것이다. 대부분 코닥 Tri-X 팬필름을 800ASA로 노출하고 50~400mm 렌즈를 사용했다. 225쪽 사진만이 예외로, A. 포르틸리어와 S. 아브람츠의 『동물학 $^{Het\ Artisboek}$』, 125쪽에 실려 있는 것을 네덜란드 왕립 동물학 협회 $^{Natura\ Artis}$

Magistra의 허락을 얻어 수록했다.

　이 책의 집필은 많은 사람의 의견과 조언 없이는 불가능했을 것이다. 필자의 어머니는 몇 년간 날마다 네덜란드 신문에서 verzoening(화해)이라는 단어를 검색해주셨다. 인간과 관련된 일화 중 많은 것을 이러한 어머니의 노력 덕분에 얻을 수 있었다. 또 오토 아당, 커트 부스, 이반 체이스, 베레나 다세르, 제프리 드라이푸스, 불프 쉬펜회펠, 프레드 스트레이어, 안드레스 트레비뇨, 크리스천 웰커와 개인적으로 서신을 주고받으며 얻은 정보도 이용했다. 책의 초고 전체를 읽고 수많은 통찰력 있는 조언을 아끼지 않은 바버러 스머츠에게 감사드린다. 데이비드 골드풋, 제인 힐, 레슬리 러트렐도 초고를 읽고 아주 상이한 관점들에서 조언을 해주었다. 뛰어난 편집 작업과 글다듬기 작업을 해준 하버드 대학 출판부의 비비안 휠러에게도 감사드린다.

　마지막, 아니 오히려 최초의 비판적인 독자는 아내 캐서린 마린이었다. 전문 과학 용어에는 쉽게 싫증을 냈지만 영장류에 관한 나의 이야기들에는 큰 흥미를 보이며 날마다 쓴 글들을 읽고 코멘트를 해준 아내 덕에 이 책의 스타일을 잡아갈 수 있었다. 우리 두 사람의 서로에 대한 사랑과 지원이 없는 삶이란 상상조차 할 수 없다.

나와 수도 없이 싸우고 다시 화해했던
나의 부모님, 다섯 형제들,
그리고 캐서린을 위하여

♂ 침팬지(판 트로글로디테스 *Pan troglodytes*) ♀

♂ 보노보(판 파니스쿠스 *Pan paniscus*) ♀

♂ 붉은원숭이(마카카 물라타 *Macaca mulatta*) ♀

♂ 붉은얼굴원숭이(마카카 아르크토이데스 *Macaca arctoides*) ♀

공격성은 그것의 맞짝인 사랑 없이도 얼마든지 존재할 수 있다.
그러나 반대로 공격성 없는 사랑이란 존재하지 않는다.
― 콘라드 로렌츠

서문

　불은 붙기도 하지만, 꺼지기도 한다. 아주 자명한 이치임에도 일종의 사회적 불길이라고 할 수 있는 공격성에 관심을 가진 학자들은 막상 공격성의 불길을 잡을 수 있는 수단에 대해서는 완전히 무시해왔다. 우리는 호르몬과 뇌의 활동부터 문화적 영향에 이르기까지 동물과 인간들에게서 공히 나타나는 적대적 행동의 원인에 관해 많은 것을 알고 있다. 그럼에도 불구하고 갈등을 피하는 방법 또는 갈등이 발생했다면 후일 관계를 어떻게 회복하고 정상화하는지에 대해서는 아무것도 알지 못한다. 그 결과 폭력이 평화보다 인간 본성에 더 본질적이라고 믿는 경향이 나타나게 되었다.

　동물행동학자들은 1960년대에 그처럼 비관적인 메시지를 전달했으며, 분명 1970년대와 1980년대 들어서도 그것을 철회하지 않았다. 지금까지도 생물학에서는 한 세기 전 토머스 헉슬리가 다윈을 공개적으로 옹호하면서 선언한 대로 생명을 '끊임없는 난전(亂戰)' 또는 [한쪽이 죽을 때까지 싸워야 하는] '검투사 경기'로 바라보는 접근 방식이 지배적이다. 무자비한 경쟁 그리고 생물들이 다른 개체와의 관계에서 얻는 이익에만 초점이 맞추어지고 있는 것이다. 물론 동물들이 생존 투쟁을 벌이고 있는 것은 부인할 수 없는 사실이다. 이해가 상충하면 그들은 놀라울 만큼 폭력적으로 변하기도 한다. 그러나 동물들이 하는 모든 행동이 다른 개체의 희생을 대가로 하는 것은 아니다. 많은 종이 협력을 위해 무리를 이루어 결합하는데, 그러한 집단생활은 대부분의 시간 동안 조화로워 보인다.

인간과 가장 가까운 친척인 영장류들은 안정적인 사회관계를 형성하고 있다. 무리의 구성원들은 친구인 동시에 경쟁자로, 음식과 짝짓기 상대를 놓고 경쟁을 벌이지만 동시에 서로 의존해 살아가고 있으며 마음을 달래주는 신체 접촉에 대한 강한 욕구를 충족시키기 위해 서로를 필요로 한다. 종종 이들이 싸움에서 이기려면 친구를 잃는 것을 감수해야만 하는 것은 엄연한 사실이다. 그러한 딜레마를 해결하려면 경쟁을 줄이거나 싸움을 한 뒤 상처를 회복해야 한다. 첫번째 해결책은 관용^{tolerance}으로, 두번째 해결책은 화해^{reconciliation}로 알려져 있다. 이 두 가지 방법 모두에 능통한 영장류들은 그들의 사회 조직이 과열, 폭발, 분해되는 것을 방지하기 위해 고도로 발달한 냉각 체계로 공동체를 유지한다. 그들은 인간의 가족들처럼 행동하는데, 종종 많은 영장류들이 전쟁터를 방불케 하는 싸움을 거치면서도 20년 이상씩 공생하기도 한다.

나의 연구는 평화 공존의 원칙에 관한 것이므로 나는 경쟁보다는 나눔(공유)에, 싸움이 어떻게 시작되었는가보다는 어떻게 끝나는가에 더 초점을 둘 생각이다. 화해가 핵심적이다. 싸움 직후에 두 적수는 서로에게서 멀찍이 떨어지려는 경향이 있지만 얼마간 시간이 지나면 한쪽이 다른 한쪽에 접근해 우호적인 접촉을 시도한다. 이 과정에 걸리는 시간은 다양하다. 원숭이들은 보통 몇 분 안에 화해하지만 인간들에게는 똑같은 일이 며칠, 몇 달, 몇 년, 심지어 때로는 몇 세대가 걸리기도 한다. 이런 맥락에서 나는 교황 요한 바오로 2세와 [1981년에 그를 암살하려다 미수에 그친] 아그자$^{Mehmet\ Ali\ Agca}$가 감옥에서 만난 것을 다룬 기사를 큰 관심을 갖고 지켜봤는데, 교도소까지 아그자를 찾아가 만난 교황은 그의 손을 부드럽게 쥐고 용서의 말을 건넸다고 한다("나는 형제로서 그에게 이야기했습니다. 나는 그를 이미 용서했고, 완전히 신뢰합니다"). 논평가들은 대부분 교황의 그러한 발언과 행동을 그리스도교적 관용의 증거라고 말하지만 지금까지 연구해오고 있는 영장류 집단에서 볼 수 있는 화해들과 그러한 장면을 비교하지 않을 수 없던 나는 거기서 그리스도교적 관용보다 더 깊은 뿌리를 볼 수 있었다.

화해를 위한 행동과 관련해 나는 「폭력에 관한 세비야 선언Seville Statement on Violence」을 내용과 정신적인 면 모두에서 찬성하는 생물학자 중의 하나이다. 1986년 발표되어 역사의 한 분수령을 이룬 이 선언문은 공격성을 다루는 국제적 전문가들이 스페인의 세비야에서 회동한 후에 나온 것이었다. 하지만 내가 이 선언문 전체에 다 동의하는 것은 아니다. 예를 들어 "생물학적으로 인간은 전쟁을 하도록 조건 지워지지 않았다"는 결론에 도달하기 위해 선언문은 인류의 진화론적 유산을 경시하는 쪽을 택했다. 그런데 이 선언문에 대한 나의 지지는 생물학 내부에서 나오는 것으로, 이전의 통찰들을 부인하는 것이 아니라 보완하고 있다. 즉 나는 공격적 행동은 모든 동물과 인간 생활의 기본적 성격이라고 생각하지만 동시에 그러한 특성을 그와 같은 행동에 따른 결과를 중재하기 위해 발달한 강력한 견제와 균형들과 고립시켜서 이해해서는 안 된다고 믿는다.

비록 내가 동물의 행동과 인간의 행동을 유사한 것으로 비교하고 ─ 심지어 국제 정치 차원에서까지 그렇게 한 바 있다 ─ 있기는 하지만 동물들의 행동에서 우리 인류를 위한 어떤 모델을 찾으려고 하는 것은 결코 아니다. 모든 생명체는 다른 생명체를 위한 모델로서가 아니라 그 자체로서 주목할 만한 가치가 있기 때문이다. 이 책의 제목에 사용된 '영장류'라는 단어는 약 200여 종에 달하는 영장류 ─ 우리는 이들을 모두 평등하게 다루어야 한다 ─ 모두를 일컫는 말로 인류도 그중의 하나일 뿐이다. 다시 말해 각 종들 간의 유사점뿐만 아니라 차이점도 흥미로우며, 어떤 방식의 비교도 가능하다. 따라서 예를 들어 붉은원숭이rhesus monkey의 행동을 보고 추정한 내용을 침팬지의 행동에 적용하는 것을 받아들인다면 인간과 침팬지를 그와 비슷하게 비교하는 것에 반대할 이유가 없을 것이다 — 특히 후자의 두 쌍이 전자보다 생물학적 특성을 더 많이 공유하고 있다는 점을 생각하면 한층 더 그렇다.

그러한 비교를 할 때 원숭이와 유인원*을 연구할 때 사용하는 방법을 인간에게도 동일하게 적용하는 것이 아주 중요하다. 우리를 다르게 또는 더 높게 생각할 필요가 없는 것이다. 더 나아가 우리의 판단이 도덕주의적인 것이 되지 않도록 하는 것이 핵심적이다. 이 영역에서는 너무 쉽게 '좋은' 또는 '나쁜'이라는 형용사를 동원하기 때문이다. 그러한 가치 평가는 객관적 분석을 방해한다. 공격성은 모든 사회관계에 내재하고 있는 것임에도 불구하고 이를 비난하려는 경향이 너무 강한 나머지 우리는 종종 공격성을 도대체 사회적인 것으로 간주해야 하는지에 대해서까지 의문을 갖게 되기도 한다.

이러한 오해는 부분적으로는 공격성과 폭력을 동일시하는 데서 기인한다. 그러나 폭력은 공격성의 가장 극단적인 표현일 뿐 가장 흔한 표현은 아니다. 공격성이 사회적 함의를 갖고 있다는 것을 부인하는 또 다른 이유는 공격성이 항상 눈에 띄는 것은 아니라는 데 있다. 적대감은 아주 효과적으로 완화시킬 수 있기 때문에 표면적으로 우리 눈에 보이는 것은 평화와 조화뿐일 때가 많다. 20세기 초에 활동한 사회철학자 게오르그 짐멜은 사회는 순수한 우호감 위에 서 있는 것은 아니라고 지적한 바 있다. 확고한 조직을 이루려면 호감/혐오감, 통합/차별, 협력/경쟁 등이 동시에 필요

---

* 유인원(ape)은 원숭이(monkey)와 다르다. 고릴라와 침팬지는 유인원으로, 비비와 짧은꼬리원숭이는 원숭이로 분류된다. 유인원은 꼬리가 없고 원숭이보다 몸집이 크다. 이들은 또 원숭이에 비해 더 넓은 가슴, 더 긴 팔을 지녔고, 어깨 부분의 팔을 회전할 수 있는 능력이 더 뛰어나다. 원숭이와 구별되는 특성을 공유하는 인간과 유인원은 사람상과(hominoid superfamily)로 함께 분류된다.

하다. 갈등과 갈등의 해소는 이러한 이중성들을 극복하고 일정한 형태의 통일을 달성하는 데 일조한다. 짐멜은 사회적 갈등의 평화로운 종결을 특수한 형태의 종합, 즉 결합과 대항을 동시에 포함하고 있는 고도의 과정이라고 보았다.

1963년 동물행동학의 아버지인 콘라드 로렌츠는 저명한 저서 『공격성에 관해 *On Aggression*』를 출간했다. 독일어로 된 이 책의 원제는 『소위 악 *Das sogenannte Böse*』이다. sogenannte라는 독일어 단어는 — 그에 해당하는 영어 단어보다 훨씬 더 — 통상 어떤 명칭의 정확성에 의문을 제기하는 데 사용되고 있다. 따라서 로렌츠가 사용한 원제는 공격성이 흔히 생각하는 대로 사악한 것이 아닐 수도 있다는 의미를 내포하고 있다. 그의 책에서는 분명 사랑 및 애정과 공격성 간의 연관성이 검토되고 있지만 그처럼 중요한 성찰은 이 책의 중심적인 메시지, 즉 인간은 살해 본능을 갖고 있으며 불행히도 그러한 본능을 제어할 기능이 결여되어 있다는 메시지 속에서 사라져버리고 말았다.

이러한 명제는 엄청난 논란을, 특히 앵글로색슨 세계에서 불러일으켰다. 그 결과 정반대되는 온갖 책들이 쏟아져 나오게 되었는데, 그것들은 통상 세계의 외딴 구석에서 어찌어찌해서 살아남은 온화하고 비호전적인 인간 집단을 논거로 삼고 있었다. 로렌츠를 비판한 사람들은 이처럼 예외들을 찾아 헤매는 동시에 인류와 가장 가까운 친척들과의 비교를 요구했다. 당시에만 해도 〔인간을 제외한〕 거대 영장류들은 평화로운 채식주의자들로 알려져 있었기 때문에 그들의 루소주의적 삶의 방식은 인간 본성에 대한 로렌츠의 묘사를 반박하는 논거로 사용되었다. 역설적이게도 비교를 통한 그러한 추정은 통상은 동물과 인간 사이의 비교 따위는 절대 용납하지 않았을 부류의 과학자들이 내놓은 것이었다. 오늘날 새로운 자료를 본다면 이들 반대자들은 상당히 부끄러워하지 않을 수 없을 것이다. 지난 10년 동안 우리는 다이앤 포시, 제인 구달, 도시사다 니시다, 아키라 스즈키

등의 현장 연구를 통해 고릴라와 침팬지들이 동족을 죽인다는 사실을 알게 되었다. 또한 야생의 침팬지들이 종종 사냥을 해서 고기를 먹고 심지어 동족을 잡아먹기도 한다는 것을 알게 되었다.

인간이 공격적 본능을 가졌다는 것은 부인할 수 없다. 뉴스 시간에 TV만 틀어봐도, 또는 아무 나라의 역사책이나 펴들어보기만 해도 그에 대한 증거와 상세한 내용을 얻기에 충분할 것이다. 따라서 문제는 어떻게 이 세상에서 공격성을 없애느냐 하는 것 — 희망이 없는 목표 — 이 아니라 그것을 어떻게 통제할 수 있느냐 하는 것이다. 사람들은 인간관계를 너무나 중시하기 때문에 경쟁이나 이견에도 불구하고 그러한 관계를 유지한다. 이제 갈등 해소의 자연적 메커니즘을 본격적으로 연구할 때가 되었다. 그러한 메커니즘이 있어 공격적 행위가 항상 파괴적이지는 않으며 사람들 사이의 갈등에는 파괴적 측면과 함께 건설적인 측면도 있을 수 있기 때문이다.

이 주제를 다른 종을 대상으로 연구할 수도 있다는 것을 처음 깨닫게 된 것은 네덜란드의 아른헴 동물원의 침팬지 우리에서 벌어진 싸움을 목격하고 나서였다. 때는 1975년 겨울로 침팬지들은 실내에서 생활하고 있었다. 공격 과시 행동을 하던 서열 1위 수컷이 암컷 침팬지를 공격하자 다른 침팬지들이 암컷을 방어하고 나서면서 비명 소리 낭자한 혼란이 일어났다. 마침내 무리가 진정하자 기이한 침묵이 이어지면서 침팬지들은 마치 무엇인가를 기다리고 있기라도 한 듯 아무도 움직이지 않았다. 그러다 갑자기 무리 전체가 한꺼번에 '우우' 하는 소리를 내기 시작했고 수컷 한 마리는 우리 한쪽에 놓여 있던 커다란 쇠북을 쳐댔다. 그러한 아수라장 속에서 나는 침팬지 두 마리가 입을 맞추고 서로를 껴안아주는 것을 보았다.

이상하게 들릴지 모르지만 무슨 일이 벌어졌는지를 깨닫는 데는 몇 시간이 걸렸다. 두 마리의 포옹과 집단 전체의 들뜬 반응이 뇌리를 떠나지 않았다. 그것들은 단순히 흥미로운 행동 유형의 연속 이상의 무엇이라는 생각이 들었다. 포옹한 두 마리는 처음에 싸운 수컷과 암컷이었다. '화해'라는 단어가 머리에 떠올랐을 때 즉각 그러한 행동들 사이의 연관성을 알아차릴 수 있었다. 이후 나는 공격자와 피해자 사이의 감정적 재결합이 상당히 흔한 일이라는 사실을 알게 되었다. 그리고 나니 그러한 현상은 너무도 확연한 것이 되어서 그것을 나와 다른 동료 동물행동학자들이 그토록 오랫동안 간과해왔다는 것이 상상이 잘 안 될 정도였다.

    아른헴 동물원은 세계에서 가장 큰 침팬지 집단을 사육하고 있다. 다른 동물원 또는 연구 기관들은 폭력이 두려워 이 정도로 큰 집단을 만들기를 꺼린다. 많은 동물원에 가보면 고릴라와 오랑우탄은 널찍한 공간에서 사육되지만 침팬지들은 여전히 구식의 철창에 가두어두고 있는 것을 볼 수 있다. 1971년에 만들어진 아른헴 동물원의 침팬지 집단에서는 1980년까지, 즉 경쟁자를 제거하기 위해 두 마리의 수컷이 동맹을 맺을 때까지는 모든 것이 순조로웠다. 유혈이 낭자했던 당시의 사건 이후 나는 갈등 해소에 대한 생각을 심각하게 수정하게 되었다. 그 사건이 일어나기 전까지 나는 화해를 다소 낭만적인 시각에서 보았다. 하지만 이제는 갈등이 바람직하지 않은 방법으로 해소될 때 어떤 일이 벌어질지를 직시할 수 있게 되었다.

    그러한 점을 염두에 두고, 또 화해라는 주제를 다루려면 한 종 이상의 영장류를 연구해야 한다는 것을 깨닫고 나는 미국에서 보노보와 두 종류의 짧은꼬리원숭이, 즉 붉은원숭이와 붉은얼굴원숭이 stump-tailed monkey 연구 프로젝트를 시작했다. 보노보는 온순한 종이라고 알려져 있는 데 반해 붉은원숭이들은 현존하는 영장류들 중 가장 사납고 성질이 급하다는 악명을 떨치고 있다. 그러한 견해에 동의하면서도 나는 붉은원숭이들을 좋아하게 되었다. 나는 이들 역시 적절한 화해의 형태들을 발전시켜왔다는 것을 증명하는 것을 하나의 특별 과제로 설정했다. 혼자 생활하는 것보다 집단생활을 선호하는 동물이라면 화해하는 방법을 익히지 않을 수 없기 때문이었다.

　수년간 연구를 수행한 후 나는 연구 결과를 더 많은 사람들에게 알리기로 결심했다 — 그러한 결정을 내리는 것은 그다지 어렵지 않으나 분명 상당한 위험이 따랐다. 동료 과학자들을 만족시키는 동시에 일반인의 흥미도 끌어내는 것은 거의 불가능하기 때문이다. 이 책은 일반 대중을 위한 것이므로 나의 주장을 뒷받침하는 데 주로 묘사, 일화 그리고 다양한 프로젝트들을 진행하면서 찍은 사진들을 이용했다. 이런 종류의 증거들에 회의를 제기하는 것은 얼마든지 이해할 만하다. 학자라면 통상 다른 연구자의 주장을 받아들이기 전에 우선 통계 자료를 보고 싶어 할 것이기 때문이다. 나 역시 연구를 진행할 때는 그러한 기준을 적용했다.

　동물행동학자들은 엄격한 방식으로 자료를 수집한 뒤 관찰 가능한 행동에 근거해 결론을 내린다. 예를 들어 특정한 행동이 '공격적인 것'으로 분류되려면 그것이 이전의 분석들에서 추격, 물어뜯기 등의 행동과 연관된다고 증명된 몇몇 행동 유형을 포함하고 있어야 한다. 그렇게 해야만 어떤 행동의 의미를 주관적으로 규정하는 오류를 피할 수 있기 때문이다. 나는 그러한 절차를 철저하게 준수했다. 이 책에 소개된 일화들은 모두 관련 기록들이 각각 수백 개씩 컴퓨터에 입력되어 있는 것들이다. 본인들이 직접 판단하고 싶은 독자들은 이 책의 부록으로 실려 있는 필자의 전문 논문들을 참조하길 바란다.

　이 책의 주요 목적은 인간의 조건과 관련해 생물학이 제시하고 있는 음울한 전망을 수정하는 것이다. 평화가 가장 중요한 단일의 공공 의제가 된 우리 시대에, 우리 인간들에게 있어서 화해를 통해 평화를 되찾는 것은 전쟁을 하는 것만큼이나 본성에서 우러나오는 자연스러운 행위임을 증명해주는 수많은 증거를 소개하는 것은 너무도 중요한 일이라 할 수 있다.

1

잘못된 이분법

> 인류의 진화 과정에서 공격적 행동이 다른 종류의 행동들보다 더 자주 진화적 선택의 대상이 되었다고 말하는 것은 과학적으로 옳지 않다.
> ―「폭력에 관한 세비야 선언」

> 나의 정책은 평화의 정책입니다. 그것은 말, 제스처, 그저 종이 위에서만의 조치에 근거하고 있는 것이 아니라 고양된 국가의 위엄 그리고 민족들 간의 화합을 공고히 해주는 수많은 합의와 협정의 전체적 연결망에서 나오는 것입니다.
> ― 베니토 무솔리니

서로 무관한 세 가지 이분법이 공격성에 대한 연구를 지배해왔다. 특정한 행동들을 바람직한 것과 그렇지 못한 것으로 구분하는 태도가 첫번째이고, 지난 10년 동안 생물학자들이 사회 집단 대신 개인(개체)을 강조해온 것이 두번째다. 사회적 차원에서의 갈등의 역할에 관한 짐멜의 견해는 갈등은 오직 승자에게만 이익이 된다는 견해에 가려 빛을 잃고 말았다. 세번째의 이분법은 자연 서식지에서 수행하는 연구와 인공 서식지에서 수행하는 연구를 구분하는 것이다. 일부 과학자들은 자연 서식지의 동물을 관찰하는 것만이 유일하게 의미 있는 연구라고 간주하는 반면 다른 과학자들은 그러한 연구를 통제되지 않고, 결론을 도출할 수 없는 실험에 불과

한 것으로 본다. 이러한 이분법은 모두 유용한 면이 있으나 이 장에서 나는 그것들 모두에 이의를 제기해볼 생각이다. 서로 다른 개념과 접근 방법을 상호 보완하는 것이 바람직하다고 굳게 믿기 때문이다.

'좋은' 공격 행위

에이포-파푸아족 촌장 두 명이 난생 처음 비행기를 타기 직전이었다. 뉴기니의 접근하기 힘든 고산 지대에 활주로를 건설하는 데 협조한 보답으로 비행기 여행에 초대된 사람들이었다. 이들을 초대한 독일의 동물행동학자 볼프 쉬펜회펠이 필자에게 들려준 이야기에 따르면 두 촌장은 비행기를 처음 타는데도 하나도 무서워하지 않았으며, 다만 이상한 요청을 했다고 한다. 비행기 문 한쪽을 열어놓아 달라고 부탁했던 것이다. 볼프 박사는 하늘 높이 올라가면 몹시 추운데 촌장님들은 전통적인 페니스 씌우개 말고는 헝겊 조각 하나 걸치고 있지 않으니 문을 열어놓으면 꽁꽁 얼어붙을 것이라고 설명했다. 촌장들은 괜찮다고 하면서 무거운 돌을 몇 개 갖고 타도 되겠냐는 해괴한 요청을 덧붙였다. 볼프 박사가 의아해 하며 "왜 그러십니까?" 하고 묻자 촌장들은 비행기 조종사가 편의를 봐주어 적의 촌락 위를 선회 비행해주면 비행기의 열린 문으로 무거운 돌덩이들을 떨어뜨리려고 그런다고 대답했다. 물론 그들의 부탁은 정중히 거절되었다. 그날 밤 이 과학자는 일기에 '신석기인이 폭격탄을 고안해내는 것을 목격했다'고 쓸 수 있었다.

호모 사피엔스의 마음은 분명 모든 곳에서 이와 동일한 어두운 길을 따라가고 있다. 하지만 동시에 대부분의 사람들은 평화를 사랑한다고 주장한다. 이러한 역설을 이해하려면 내-집단in-group과 외-집단out-group을 구분할 필요가 있다. 모든 인간 사회는 자신의 공동체 안에서 일어나는 살인

— 그러한 행위는 살인으로 판단되고 처벌된다 — 과 공동체 밖에서의 살인 — 그것은 종종 용감한 행동이자 공동체에 대한 기여로 간주된다 — 을 구분한다. 로렌츠가 기술한 바 있는 억제 기제의 결여는 필자가 보기엔 주로 서로 다른 공동체의 성원들 사이에서 벌어지는 전쟁과 그 밖의 형태의 공격 행위에 적용된다. 그렇지 않다면 인간 사회들의 응집성과 복잡성을 설명하기가 어려울 것이다. 전혀 통제되지 않는 살인자 무리라면 실로 전혀 다른 사회를 형성하게 될 것이다. 그러한 사회는 마치 조지 마이어스가 묘사한 바 있는 [영악한 육식어로 유명한 열대 어종인] 피라니아 어군의 냉혹한 공포 사회와 유사하지 않을까.

피라니아들은 천천히 헤엄쳐 돌아다니면서 다른 피라니아들에게서 멀찍이 거리를 유지한다. 아무도 자기 뒤에 바싹 따라오지 못하도록 경계하는 빛이 역력하다. 뒤에서 모르는 사이에 공격받는 것을 방지하기 위해서인 것 같다. 이런 행동 양태는 무자비한 총잡이들을 모아놨을 때 벌어질 수 있는 상황을 연상케 한다. 각자 바로 손이 닿는 호주머니에 총을 꽂아두고서 다른 사람들 역시 언제라도 총을 뽑아 쏘아댈 수 있다는 생각으로 사방을 경계하고 있는 그런 장면 말이다.

피해를 초래할 수 있는 공격을 방지하기 위한 안전 조처는 새끼를 돌보는 것에서부터 진화해왔다. 심지어 태곳적부터 지구상에 자리 잡고 살면서 엄청난 턱 힘과 이빨을 자랑하는 악어마저도 새끼들을 입 안에 넣고 돌아다니는 모습을 볼 수 있는데, 어미를 완전히 신뢰하는 악어 새끼들은 관광객들이 버스 창문 밖의 풍광을 감상하듯이 어미 이빨 사이로 세상 구경을 한다. 동물들의 집단생활이 점점 더 복잡해질수록 우리가 관찰할 수 있는 억제 기제들도 — 혈육뿐만 아니라 피를 나누지 않은 공동체 성원에 대해서도 마찬가지로 — 그만큼 뚜렷하게 발달하게 된다. 영장류 동물들은 심한 싸움을 견제하기 위한 고도로 발달된 기제를 갖고 있다. 그중 일부는 선천적인 것이지만 다른 일부는 공동체에 의해 강요되고 있는 것처럼 보인다. 젊은 수컷들이 암컷들을 심하게 공격할 경우 종종 집단의 다른 성원들이 이를 중단시키는 것을 예로 들 수 있을 것이다. 좀더 나이가 많은 수컷들은 암컷들에 대한 공격을 자제하는 것을 학습을 통해 익히는 것이다.

이와 비슷한 사회적 규칙과 학습을 통해 습득한 억제 기제가 인간의 사회생활에서도 일정한 역할을 하고 있다. 예를 들어 공공장소에서 여성이 남편을 때린다고 해도, 물론 맞은 당사자는 괴롭더라도 사회적으로 큰 소란이 생기거나 하지는 않을 수 있지만 그와 반대의 경우라면 상황은 전혀 다를 것이다. 첫번째 경우에는 "성질 한번 고약하군!" 정도로 생각하고 말겠지만 반대의 경우라면 "저 금수만도 못한 놈!"이라고 생각할 것이다. 만화 <피너츠*Peanuts*>에서 루시가 찰리의 코앞에서 심술궂은 표정으로 이렇게 말하는 것을 읽은 기억이 난다. "넌 날 때릴 수 없어, 찰리 브라운! 난 여자 애니까!" 물리적 힘의 차이 때문에 남성이 여성을 존중하지 않는 것은 심각한 문제이다. 그러나 타인이 보지 않는 집안에서 벌어지는 남녀 간의 싸움이 항상 이러한 이상을 따르는 것만은 아닌 듯하며, 그것은 요즘 들어 점점 더 분명해지고 있다. 적절한 견제 메커니즘과 사회적 제어 장치가 결여되어 있으면 남성의 공격성은 폭력적 범죄로 이어질 수도 있다. 남성이 분노를 억제할 수 있는 정도는 어린 시절의 교육과 사회에서 목격한 사례들에 좌우된다는 것은 너무나 분명하다.

상황의 악화를 피하기 위한 가장 직접적인 방법은 마음을 달래주는 말이나 신체 접촉이다. 부드러운 접촉, 그루밍[털, 깃털 등을 고르는 행위], 포옹 등을 통해 긴장을 완화시키는 것은 영장류의 특징인 신체 접촉에 대한 끊임없는 갈망을 활용하고 있다. 로렌츠는 주로 물고기와 새들을 연구했는데, 하지만 여러분은 흥분한 물고기나 새들을 진정시키려 해본 적이 한번이라도 있는지? 내가 길들인 갈까마귀는 흥분 상태에 있을 때 손을 대는 것을 싫어한다. 부리로 털을 다듬는 것, 특히 목 주변의 털을 다듬는 것은 진정 효과가 있으나 그것도 위험이 완전히 사라진 뒤에야 시작할 수 있다. 이와 반대로 영장류들은 흥분했을 때 신체 접촉을 하며, 그루밍이나 껴안기를 하고 나면 긴장이 풀리는 경우가 종종 있다. 어린 원숭이는 1년 가까이 어미 원숭이에게 안기거나 업혀 다니고 침팬지 새끼들은 4년씩이나 그렇게 한다. 따라서 영장류가 평생토록 그러한 종류의 접촉을 통한 위안을 원하는 것은 놀라운 일이 아니다. 20살 또는 그 이상으로 나이를 먹은 어른 침팬지들도 위험이 닥치거나 경쟁자들끼리 팽팽하게 대적하는 상황에서는 꽥꽥 하고 소리를 지르며 서로를 꽉 잡는 등의 새끼들이 잘 하는 부여안기 행동을 보인다. 전선에서 공포에 질린 병사들도 똑같은 방식으로 행동한다고 한다.

　윌리엄 메이슨은 일련의 실험을 통해 사람들이 어린 침팬지를 안고 있으면 통증으로 인한 고통이 가라앉을 수도 있다는 것을 증명할 수 있었다. 그것은 너무나 당연한 이야기처럼 들려 꼭 실험을 해서 증명해야 했나 싶을 정도이다. 하지만 메이슨의 실험은 (적어도 미국에서는) 인간과 동물의 행동을 전적으로 단순한 보상-처벌이라는 도식에 기반해 설명하려는 태도가 지배적이던 시기에 이루어졌다. 당시 그보다 훨씬 더 기본적인 욕구에 대해서는 아무런 관심도 없었다. 행동주의 학파의 가장 노골적인 대변인인 B. F. 스키너는 감정들을 [선행] 조건의 부과에 따른 전혀 의미 없는 부산물로 보았다.

　모든 포유류에게서 찾아볼 수 있는 '모자 사이의 강력한 유대 관계'도 모유에 의해 주어지는 보상으로 설명되었다. 행동주의자들에 따르면 거기에는 오직 그것 말고는 다른 아무것도 없다. 하지만 위스콘신 지역 영장류 연구 센터의 설립자인 해리 할로는 접촉에 대한 욕구가 핵심적인 요소이며, 어쩌면 모유에 대한 욕구보다 훨씬 더 근본적일 수도 있다는 것을 실험을 통해 보여줌으로써 그처럼 극단적으로 단순화한 설명에 반론을 제기했다. 어미가 없는 새끼 원숭이에게 우유가 나오는 젖꼭지가 달린 철사로 만든 대리모, 그리고 우유가 나오는 젖꼭지는 없지만 부드럽고 따스한 천으로 둘러싼 '엄마' 사이에서 하나를 선택하도록 했을 때, 새끼 원숭이들은 감촉이 좋은 두번째 '어미' 와 유대 관계를 형성해 온종일 '엄마' 와 시간을 보냈다. 철사 대리모에게는 우유를 마시기 위해서나 잠깐 들렀을 따름이다.

'붉은원숭이들의 애정 체계' 라고 명명된 할로의 이처럼 선구적인 실험은 큰 영향을 미쳤으며 지금도 마찬가지이다. 물론 그가 내린 결론에 대한 저항도 만만치 않았다. 일부 과학자들에게는 원숭이들도 감정이 있다는 것을 인정하기 힘들었기 때문이다. 『인간이라는 모델 *The Human Model*』(원숭이의 행동 모델로서 인간이 얼마나 유용한가를 설명한 책이다!)에서 할로와 미어스는 긴장감이 감돌던 한 만남에 대해 이렇게 들려주고 있다.

할로가 '사랑' 이라는 단어를 사용하자 그 자리에 있던 정신과 의사가 '근접성proximity' 이라는 말을 역제안했다. 이에 할로가 '애정' 이라는 단어로 고쳐 말했으나 의사는 여전히 '근접성' 이라는 말을 고수했다. 할로는 화가 부글부글 끓어오르는 것을 느꼈지만 아마 의사가 경험한 사랑에 제일 가까운 감정이 '근접성' 일 것이라는 생각이 들자 참기로 결심했다.

나이에 상관없이 영장류들은 위안을 얻고 화해를 하기 위해 접촉이라는 수단을 사용하기 때문에 공격성의 결과가 항상 우리가 예측한 것과 일치하는 것은 아니다. 종종 흩어짐, 즉 개체들이 특정 영역으로 흩어지는 것이 공격성의 주요 결과로 언급되고 있다. 심지어 일부 제법 오래된 교과서들은 그것을 동물들의 공격적인 행동의 기능으로 부르고 있다. 그러나 영장류들은 큰 싸움을 벌인 후엔 항상 집중적으로 그루밍을 하거나 집단

공동체에서 벌어지고 있는 팽팽한 갈등을 지켜보면서 어미에게서 위안을 구하고 있는 청년기의 침팬지(오른쪽)(여키스 영장류 센터).

의 구성원들끼리 다른 우호적인 접촉을 한다. 그러한 메커니즘이 작동하는 한 심하지 않은 적대감은 유대를 깨뜨리기보다는 오히려 강화하는 효과를 가져온다고 생각해볼 수도 있을 것이다. 물론 공격성 그 자체만으로는 그러한 효과를 기대할 수 없다. 먼저 구성원들 사이에 호감과 상호 의존성이 있어야 할 것이다.

　　망토비비$^{hamadryas\ baboon}$ 수컷들은 암컷들이 도망치려는 기미를 보이면 목덜미를 물어서 하렘의 화합을 강제한다. 그런 다음에는 '반사 도주$^{reflected\ escape}$'가 이어진다. 즉 목덜미를 물린 암컷은 수컷에게서 도망치는 대신 — 의당 그것이 극히 논리적인 반응일 것이다 — 오히려 수컷에서 달려가 근처에 자리를 잡는 것이다. 어미 원숭이에 대한 새끼 원숭이의 애착도 어미에게 벌을 받고 거부당하는 과정에서 오히려 강화된다는 증거도 있다. 게다가 서열과 관련된 공격 행위가 집단을 강화시켜주는 효과를 갖

야생의 비비들에게 있어서는 그루밍이 가장 흔한 우호적 접촉 수단이다. 털을 깨끗이 하는 기능 말고도 그것은 이 다 자란 올리브비비 암컷이 어린 비비가 그루밍을 해주며 쏟아 붓는 관심을 느긋한 자세로 즐기고 있는 장면이 잘 보여주듯이 진정 효과도 있다(케냐, 길길 지역).

고 있다는 이론들도 있다. 이 이론들은 집단의 우두머리를 시각적인 관심의 중심에 두거나 아니면 부하들의 그루밍 행위의 초점이 되도록 함으로써 그에게 엄청난 주의가 기울여진다는 점을 강조한다. 그와 동일한 맥락에서 개들은 자기를 때리는 사람의 손을 핥는다는 이야기도 있다. 물론 그것은 강력한 위계질서를 준수하는 종에게만 해당되는 이야기일 것이다. 집에서 기르는 고양이가 같은 행동을 하리라고는 절대 기대하지 않는 게 좋다!

인간 사회에서도 이와 비슷하게 공격성을 유대를 강화하기 위한 용도로 사용하는 가장 적절한 예로 입회식을 들 수 있다. 나도 대학생 시절 남자들만의 사교 클럽에 가입하기 위한 필수적인 입문 절차로 수많은 농담과 모욕을 감수했으며, 심지어 머리까지 깎이는 수모를 겪었다. 당시 입회식들은 결코 안전하지 않았다. 부상은 물론, 심하게는 죽음에까지 이르는 혹독한 입회식에 관한 이야기들이 떠돌곤 했다. 이 경우에도 호감이 전제 조건이다. 클럽에 가입할 의사가 전혀 없는 신참에게는 조롱과 적대적 행동을 가해도 전혀 유대 관계가 형성되지 못할 것이다. 클럽에 가입할 욕구가 강할 때만 심한 대우가 신참의 가입 욕구를 시험하고 호감과 충성심을 강화할 수 있다. 고통스러운 입회식이 동서고금을 막론하고 항상 존재했다는 사실은 이처럼 독특한 유대 관계 형성 절차의 저변에 깔린 심리적 메커니즘이 각 사회마다에서 독립적으로 탄생된 것은 아님을 시사하고 있다.

그렇다면 아주 일반적으로 말해(좀더 구체적으로 말하기에는 충분한 지식이 축적되어 있지 않다) 공격성은 종종 다른 점에서는 긍정적이라 할 수 있는 관계에 너무나 잘 융합되어 그러한 관계를 강화하기 시작하는 것처럼 보인다. 공격 행위에는 위험이 따르며 제어되어야 할 필요가 있지만, 이해관계가 충돌할 때는 해결책과 타협안을 끌어내는 데 일조한다. 공개적으로 이견을 표출할 수 있는 기회가 부재하면 집단의 구성원들은 산산이 흩어지거나 또는 상호 간의 의도에 대해 불안해 하게 된다. 우리가 지금 배우고 있듯이 공격성 그리고 그에 따른 화해는 관계를 강화시켜주는 효과를 갖고 있어 역설적이게도 특정한 형태의 학대 행위는 사회적 유대를 강화시키기도 한다. 정신 의학 분야에서도 성적 학대나 아동 학대에서 유래하는 양가적이지만 강력한 애착 사례들이 낯선 것만은 아니기도 하다.

이제는 구식이 되어버린 한 이론은 분노와 살인 충동은 댐 안의 저수지에 고인 물과 같다고 설명한다. 이러한 '수력 공학적' 또는 '분출형적인' 모델에 따르면 나쁜 감정의 분출은 자발적인 동시에 필연적인 것이다. 나는 오히려 공격성을 불에 비유하고 싶다. 우리는 누구나 작은 불씨를 가슴에 담고 다니다가 상황에 따라 그것을 사용한다. 그것은 마치 저장된 에너지를 소거하는 것처럼 전적으로 이성적이거나 의식적인 방식으로 이루어지는 것도, 또 그렇다고 맹목적으로 이루어지는 것도 아니다. 그러다가 (흔히 일어나는 일이지만) 불길이 걷잡을 수 없이 번지더라도 우리는 불 자체를 유해하다고 치부해버리지는 않는다. 불이 우리에게 꼭 필요한 것이라는 것을 알게 되는 것이다.

불을 길들여 이용할 수 있게 된 것은 인류 역사의 이정표 중의 하나였다. 공격성을 길들여 이용할 수 있게 된 것은 분명히 그보다 훨씬 더 이전에 일어났을 것이다. 영장류들이, 로렌츠가 우리 인간과 비교한 바 있는 쥐를 포함해 다른 많은 동물들보다 갈등 관리에 훨씬 더 뛰어나다는 증거 중의 하나가 밀집crowding의 영향에 대한 최근의 연구에서 나오고 있다. [로렌츠의 실험에서] 많은 숫자의 쥐를 좁은 생활공간에 모아놓았을 때 쥐들은 서로 죽이거나 심지어 다른 쥐들을 먹어치우는 것으로 알려져 있다. 원숭이들은 그와 비슷한 실험 환경에서 그처럼 극단적인 행동을 하지는 않는다. 지금까지 발표된 연구 가운데 가장 상세한 것은 마이클 맥과이어 연구팀의 보고서인데, 그것은 자유롭게 활보하는 야생 베르베트원숭이(남아프리카산의 긴꼬리원숭이의 일종) 집단을 규모가 각기 다른 인공 사육지에서 생활하는 집단들과 비교하고 있다. 이들은 심지어 아주 작은 공간에 많은 숫자가 밀집해 있어도 쥐들과 같은 유혈 사태를 일으킬 기미를 보이지 않았다. 대신 각자가 차지할 수 있는 공간이 줄어들면서 이들은 다른 구성원들에 대해 관심을 덜 기울이기 시작했다. 마치 사회적 정보량을 줄이려고 안간힘이라도 쓰듯 하늘, 땅, 우리 바깥 세상 등 온갖 곳에 시선을 주면서 서로에게는 눈길을 주지 않는 것이었다. 그것은 서로 신경을 건드리거나 마찰이 생기는 것을 피하기 위한 효과적인 방법으로, 이를테면 지하철 승객들이 어두운 창밖을 뚫어지게 쳐다봄으로써 서로 눈이 마주치는 것을 피하는 현상과 비교해볼 수 있을 것이다.

이러한 밀집이 유인원들에게서 어떤 결과를 가져오는가를 관찰한 유일한 연구를 살펴보면 유인원들이 원숭이들보다 일보 더 진보해 있는 것을 알 수 있다. 즉 유인원들은 적극적으로 사회적 긴장을 줄이는 것이다. 아른헴 동물원에 사는 거대한 침팬지 집단은 겨울이 되면 평소에 생활하던 야외의 거대한 인공 우리의 20분의 1도 되지 않는 따뜻한 실내 우리에서 지낸다. 야외에 있을 때와 실내에 들어갔을 때의 행동 양식을 비교한 결과 키즈 뉴벤휘센과 나는 밀집된 환경에서도 공격성은 놀랄 정도로 조금밖에 증가하지 않는다는 것을 발견했다. 또한 실내에서는 그루밍에 더 많은 시간을 할애하고 우호감을 나타내기 위한 인사의 몸짓도 더 빈번해지는 것을 관찰한 우리는 그러한 행동이 적대감을 최소화하기 위한 것이라고 추정해보았다.

집단을 지배하고 있는 다 자란 수컷들 사이에서 권력이 이동할 때도 이처럼 긴장된 관계와 접촉이 강렬해지는 현상 간의 그와 동일한 상관성을 찾아볼 수 있다. 집단 내 지위에 대한 도전은 항상 야외에 있는 동안에 시작되는데, 아마 실내에서는 탈출 기회가 줄어들어 기존의 지배자 수컷에 대한 도전에 더 큰 위험이 따르기 때문일 것이다. 영장류 집단 내에서 지배 구조가 바뀌는 극도로 긴장된 몇 달은 우리 연구팀의 그루밍 빈도 관찰 그래프에서도 쉽게 알아볼 수 있다. 수컷들이 자기 지위가 위협받을 때만큼 그루밍을 많이 하는 적은 없기 때문이다. 게다가 최대의 그루밍 활동은 두 주요 경쟁자 사이에서 일어난다. 여기서도 역시 우리는 영장류들이 적대감이 관계를 해치도록 방치하기보다는 그것을 잘 처리하려고 한다는 것을 확인할 수 있다.

'나쁜' 평화

과학 문헌에는 '공격성'에 대한 규정이 수백 가지나 나온다. 영어에서도 그것은 '공격적인^{aggressive} 라디오 리포터'라든지 '활력 넘치는^{aggressive} 피아노 연주회' 등의 용례에서 볼 수 있듯 아주 포괄적인 의미로 사용되고 있다. 심지어 물리적 힘의 남용이나 폭력을 사용하겠다는 위협 등으로만 의미를 한정하더라도 이 '공격(성)'이라는 말은 사람에 따라 각기 다른 뜻으로 받아들여진다. 많은 과학자들은 공격성을 반사회적 행동으로 규정한다. 그러나 공격성은 그에 따른 결과를 누그러뜨리는 강력한 완화 메커니즘 속에 깊숙이 박혀 있다는 점을 감안할 때 나는 그렇게까지는 확신할 수가 없다.

'평화'라는 단어에는 '공격성'이라는 단어와는 정반대의 문제가 있다. 사람들은 예외 없이 평화와 화해를 바람직한 목표로 여긴다. 하지만 나는 아래에서 인간 사회에서 벌어지는 몇 가지 사례를 이용해 '평화'가 '공격성'만큼이나 기만적일 수 있다는 것을 보여줄 생각이다. 실제 삶에서는 순수한 형태로 마주치는 경우가 거의 없음에도 불구하고 이 단어에 부가되는 함의와 도덕적 가치에 유혹당해 우리는 잘못된 이분법에 빠지고 만다. 인간 사회의 경우 개인 차원에서 이루어지는 화해에 대한 적절한 정보가 없는 관계로 그러한 주제가 정기적으로 논의되는 유일한 분야, 즉 국제 정치에서 사례를 찾아보았다.

일반적으로 말해 평화는 좋은 것일 수도 있지만 핵심적인 질문은 이렇다. 누구를 위해 좋은 것일까? 팍스 로마나$^{Pax\ Romana}$는 로마인들에게는 축복임에 틀림없었겠지만 로마 제국의 속국들에게도 마찬가지였을까? 모든 사람은 자기 입맛에 맞는 평화를 원한다. 평화로운 관계가 한쪽 당사자에게는 참을 수 없는 것이 되고, 또 전쟁과 혁명이 평화의 조건을 바꾸기 위한 수단으로 간주되는 것은 바로 이 때문이다. 노르웨이의 노벨상 위원회조차도 이런 현상 때문에 혼란을 겪었다. 레흐 바웬사가 이끄는 솔리다르노시치 운동〔폴란드 그다인스크 조선소에서 시작된 연대자유노조 운동. 1980년 당시 생활 여건과 근로 조건 개선을 요구하며 2주일간 항의 시위와 파업을 벌인 끝에 시민들의 동참을 이끌어내고 공산주의 정부로부터 합법적인 노조로 인정받았다〕도 화합을 증진하기보다는 폴란드의 기존 질서를 위협했으나 그럼에도 바웬사는 1983년에 노벨 평화상을 수상했다. 서구인들의 시각으로 볼 때 그의 운동은 대의명분이 정당했다. 따라서 반란이 평화를 위한 노력으로 해석되는 기이한 현상이 벌어진 것이다.

영국의 주간지 『옵저버^{Observer}』의 전 편집장인 코너 크루즈 오브라이언은 1950년대 유엔에 제출한 한 결의안 초안을 두고 달라이 라마의 한 티베트인 참사관에게 승인을 요청한 일화를 들려준 바 있다. 초안에는 '승리^{victory}'라는 단어가 포함되어 있었다. 그 참사관은 티베트인은 평화의 종교를 신봉하고 있다는 이유로 그처럼 끔찍한 단어를 사용하는 것에 반대했다. 오브라이언은 불교를 믿는 사람들도 싸움을 하는지, 그리고 싸움에서 이기면 그것을 무엇이라 부르는지 물었다. 그러자 참사관은 이렇게 대답했다. "물론 그런 경우를 가리키는 말이 있지요. 우리는 그것을 아주 훌륭한 최고의 평화$^{very\ excellent\ best\ peace}$라고 부릅니다."

'평화'라는 단어는 전 세계 정치인들의 자장가이다. 조지 오웰의 소설 『1984년』에 등장하는 '전쟁은 평화이다' 라는 수사법은 베트남전 당시 민간인들이 사는 촌락들을 몰살시키는 작전을 '평정pacification' 이라고 부르고, 북아일랜드 주둔 영국군을 '평화 유지군peacekeeping force' 이라 부르며, 엄청난 살상력을 가진 미사일을 '피스키퍼Peacekeeper' 즉 '평화의 수호자' 라고 부르는 것에서도 찾아볼 수 있다. 레이건 전 미국 대통령이 MX 미사일에 이처럼 피스키퍼라는 멋진 새 이름을 붙이자 퇴역한 미 해군 장성 유진 캐럴은 그것은 단두대를 두통 처방제라고 부르는 것이나 마찬가지라고 비꼬았다.

　이처럼 딱 오해를 불러오기 좋은 단어 선택의 또 다른 사례가 동구권의 소위 평화 운동Peace Movement이다. 이 캠페인은 소문으로는 서유럽의 강력한 평화 운동과 동일한 이상을 표방하고 있는 것으로 알려져 있었다. 하지만 동구권의 평화 운동은 모든 군대의 무장 해제를 촉구하지 않았다. 오직 서유럽 국가들만의 무장 해제를 요구했던 것이다. 동유럽의 공산권 국가 정부들은 이 운동을 부추기는 동시에 양측 모두에서의 군비 증강을 공개적으로 비판하는 시민들을 잡아들이고 있다〔이 책은 소련과 동구권이 붕괴되기 직전인 1989년에 출판되었음을 유의하기 바란다〕.

　이탈리아의 저널리스트인 오리아나 팔라치는 『역사와의 인터뷰 Interview with History』에서 후세인 요르단 국왕에 대해 이렇게 쓰고 있다.

　그는 평화라는 단어를 정성껏 곱씹어 말했다. 우리가 풍선껌을 열심히 씹어대듯 꼭 그렇게 말이다.

그는 요르단 내의 팔레스타인 전사들과 합의점을 찾기 위해 노력 중이며 그들을 축출하지 않을 것이라고 강조했다.

　나는 페다인fedayeen〔'자유를 위해 자신을 희생하는 순교자' 라는 의미의 아랍어. 팔레스타인 전사들을 일컫는다)들을 그대로 두기로 했고, 그 결정을 그대로 따를 것이오. 설령 내 입장이 비현실적으로 보이거나 순진해 보일지라도 말이오.

그러나 이 인터뷰를 한 지 몇 달도 지나지 않아 후세인 군대가 페다인들을 기습 공격했다. 난민 수용소의 비무장 민간인들을 포함한 수천 명이 죽음을 당했다. 후세인의 군인들은 무자비했다. 손발을 묶은 희생자들의 팔, 다리, 심지어 성기를 자르는가 하면 숱하게 목을 베어 죽이기도 했다. '검은 9월'Black September[이 사건 이후 뮌헨 올림픽 테러로 유명한 '검은 9월단'이라는 테러 집단이 탄생하게 된다]'로 불리게 된 이 대량 학살로 후세인 왕은 팔레스타인인들의 백정이라는 악명을 얻었다. 그럼에도 불구하고 14년 후인 1984년 그는 공개적으로 팔레스타인 해방 기구의 의장인 야세르 아라파트의 포옹과 키스를 받는다. '화해 불가능한 것이 화해하다.' 당시 한 신문은 그것을 두고 이런 제목을 일면 기사 타이틀로 뽑았다. 이처럼 극적인 평화의 제스처는 아라파트가 레바논의 거점을 모두 잃은 뒤 어쩔 수 없이 택한 궁여지책이었다.

권력[힘]이 연합 관계와 집단적 지원에 따라 결정되는 조직에서는 어디서나 기회주의적인 '화해'가 벌어지게 마련이다. 침팬지들도 훨씬 덜 제도화된 형태이기는 하지만 본질적으로 이러한 유형의 조직을 이루고 있다. 이들의 지도자들도 상황의 압력을 받으면 서로 화해를 한다. 아른헴 동물원의 침팬지 집단은 여러 해 동안 제휴 관계를 맺은 두 마리 수컷에 의해 지배되어왔다. 가장 어린 수컷인 니키가 좀더 나이가 많은 수컷 예로엔의 도움으로 서열 1위에 올랐는데, 예로엔은 복잡한 파워 게임을 다루는 데 능숙했다. 물리적으로는 니키가 우세했지만 동시에 예로엔에게 크게 의존하지 않으면 안 되었는데, 그곳에는 무리를 지배하고 있는 이 두 마리 각각에 대해서는 아무 두려움도 없는 제3의 수컷이 있었기 때문이다. 니키와 예로엔의 의견이 일치하는 한 — 거의 항상 그러했다 — 아무런 문제도 일어나지 않았다. 둘이 힘을 합치면 제3의 수컷을 꼼짝 못하게 할 수 있었다.

그러나 이들이 어쩌다 다투기라도 하면 문제가 생겼다. 니키와 예로엔은 종종 비명을 지르면서 넓은 서식지를 온통 휘저으며 추격전을 벌이곤 했다. 그러한 상태가 오래갈수록 제3의 수컷은 점점 더 대담해졌다. 털을 잔뜩 곤두세우고 무서운 소리를 낸다든지 돌과 나뭇가지를 사방으로 집어던지는 등 보란 듯이 위협적인 과시 행동들을 하고는 했던 것이다. 루이트라는 이름의 이 수컷은 암컷들을 두려움으로 몰아넣거나 서로 싸우고 있는 두 마리의 우두머리 수컷들에게 점점 더 가까이 다가가서 위협적인 과시 행동들을 감행함으로써 집단 전체의 질서를 흐트러뜨리곤 했다. 상황이 이쯤 되면 그를 막을 수 있는 길은 단 하나, 니키와 예로엔이 서둘러 제휴 관계를 복원하는 것뿐이었다. 이럴 때가 되면 심각한 갈등 상황이 벌어지던 도중이라도 니키는 예로엔에게 화해의 서막과 같은 행동을 하기 시작하곤 했다. 손을 뻗으며 긴장된 얼굴로 이를 훤히 드러내면서 예로엔에게 화해하자고 사정하곤 했던 것이다. 예로엔이 이를 수락해 포옹을 받아들이자마자 니키는 곧바로 공동의 경쟁자인 루이트에게 가서 자신의 위치를 강조했다. 지배력을 과시하는 행동, 즉 몸을 한껏 부풀리고 입술을 앙다문 몸짓을 하면서 루이트에게 다가가면 루이트는 절을 하며 신음 소리를 내는 복종의 몸짓을 했다. 다른 두 마리 수컷이 화해했다는 것은 곧 둘 사이의 연합 전선이 복구되었음을 의미한다는 것을 루이트도 이해했던 것이다.

이 집단의 다른 성원들 또한 그러한 메커니즘에 완전히 익숙해져 있는 듯했다. 나는 암컷 중 가장 나이가 많은 마마가 제휴 관계를 맺고 있는 이 두 마리의 수컷 사이에서 중재 역할을 하는 것을 목격했다. 한번은 마마가 먼저 니키에게 가서 손가락을 녀석의 입에 집어넣었는데, 침팬지들

거칠게 한바탕 소란스런 싸움을 한 뒤 니키가 이를 훤히 드러내며 맞수였던 예로엔(오른쪽)에게 다가가고 있다. 예로엔은 이리 오라는 표시로 팔을 들어 올린다. 곧이어 무리를 지배하고 있는 두 마리의 수컷은 서로 포옹한다. 이로써 침팬지 집단은 평화를 되찾는다(아른헴 동물원).

사이에서 흔히 볼 수 있는 그러한 제스처는 상대방을 안심시키기 위한 것이다. 그렇게 하는 가운데 마마는 예로엔에게는 자꾸만 고갯짓을 하며 다른 한쪽 손을 녀석 쪽으로 뻗었다. 예로엔은 다가와 마마의 입에 긴 입맞춤을 했다. 마마가 둘 사이에서 물러나자 예로엔은 아직도 소리를 지르고 있는 니키를 포옹했다. 이렇게 화해한 뒤 두 마리의 수컷은 털을 곤추세우고 주위를 활보하기 시작한 루이트를 힘을 합쳐 쫓아버렸다. 마마가 말 그대로 지배 세력 사이의 제휴 관계를 복구해 집단 내의 혼란에 종지부를 찍은 것이다.

화해라는 것은 복합적인 문제로, 전략적인 고려와 기분 좋은 관계를 맺고 싶은 바람 두 가지 모두가 여기에 작용한다. 그런데 때로는 위의 두 요소 중 주관적인 성격의 후자만이 유일하게 중요한 것으로 찬양되곤 한다. 사람들은 저 유명한 늑대와 양들이 함께 즐겁게 뛰노는 동산이나 또는 — 결국 같은 이야기이지만 — 러시아 군인과 미국 군인이 꽃다발을 교환하는 장면을 즐겨 상상한다. 전 미국 대통령인 리처드 닉슨은 그러한 종류의 유토피아적 평화는 오직 두 곳에서만, 즉 타자기와 무덤 속에서만 가능하다고 꼬집은 적이 있다. 사람들 사이의 갈등이 끊이지 않고 도처에 만연해 있는 이 세상에서 그러한 유토피아는 아무런 실질적인 의미도 없다.

진정한 평화라는 것이 존재한다면, 그것은 인간의 야망, 자부심, 증오심과 함께 존재하지 않을 수 없다.

그와 비슷한 생각이 전 소련 수상인 흐루시초프가 내놓은 '평화 공존'이라는 말의 기저에 깔려 있다. 스탈린 사망 후 소련은 자국의 국제적 평판을 높이기 위해 부심했다. 흐루시초프는 공산주의자나 자본주의자나 모두 화성에 가서 살고 싶지 않은 이상 지구 위에서 공존해야 할 것이라는 사실을 인정했던 것이다.

닉슨이나 흐루시초프 같은 사람들이 우리에게 평화에 관해 훈계할 자격이 있는 것처럼 보이지는 않지만, 우리의 미래는 바로 그러한 사람들에게 달려 있다. 상호 신뢰보다는 서로에 대한 공포심이 국제 평화의 기반이 된다는 이들의 냉소적인 견해는 일방적인 무기 감축을 해결책으로 제시하는 많은 평화주의자들의 견해와 대비된다. 인간 본성에 대해 보다 낙관적인 견해를 가진 평화주의자들은 근본적으로 다른 평화 개념에 따라 행동하고 있다. 나는 그들의 낙관주의에 동의하지 않지만 — 나는 국제적 역학 관계가 눈에 띄게 불균형해지는 것을 심각한 위협으로 생각하고 있다 — 현재 진행 중인 군비 경쟁 역시 합리적인 문제 해결책으로 보이지는 않는다. 합리적이라는 환상은 인간들에게서는 우스꽝스러울 정도로 과대 포장될 수 있는데, 우리가 실제로 하고 있는 일이라는 것이 겨우 작용-반작용의 연쇄 고리를 따르면서 악화 일로를 걷는, 차라리 원시적이라고 해야 할 행태에 불과한 경우도 많은 것이다.

'무기 감축 논쟁' — 아마 역사상 가장 중요한 대중적 논의일 것이다

― 의 모든 관련 당사자들은 본인들이 내세우는 명분에 똑같은 이름을 붙이고 싶어 한다. '평화'를 말할 권리를 놓고 벌이고 있는 이러한 투쟁은 이 단어의 엄청난 위력에 대한 증거이자 경고이기도 하다. 영국의 저널리스트인 버나드 레빈은 평화라는 개념을 독점하려는 평화주의자들의 태도를 이렇게 비판하고 있다.

'평화'라는 말 자체가 고귀한 언어상의 위치에서 탈취되어, 평화는 힘을 통해 좀더 쉽고 안전하게 달성될 수 있다고 믿는 사람들은 전혀 평화를 추구하지 않는다는 것을 암시하는 데나 사용되고 있을 뿐이다. 실로 벌써 아주 오래전부터 무기 감축론자들은 거기서 한 발 더 나아가 본인들을 가리키기 위해 '반전론자'라는 단어를 사용하고 있는데, 거기에는 자기들의 주장에 반대하는 사람들은 '호전주의자'라는 의미가 분명하게 함축되어 있다(런던의 『타임스^{Times}』, 1983년 7월 7일자).

초강대국 사이의 힘의 균형과 이 책에서 다루려고 하는 영장류 개체들 간의 관계 사이에는 분명히 큰 간극이 있다. 그럼에도 둘은 공통점도 갖고 있는데, 정확한 정황에 대한 정보 없이 어떤 상호 작용을 '평화' 혹은 '공격성'이라고 규정하는 것은 거의 무의미한 일이라는 것이 그것이다. 우리는 이 단어들이 무엇을 의미하는지 상당히 잘 알고 있지만 또한 수식어를 붙이는 데에도 익숙하다. 우리는 우리 자신들이 만들어가는 관계 중에서 신뢰에 기반한 평화를 기회주의적 고려, 서로에 대한 공포 또는 철저한 지배에 기반한 평화와 혼동하는 일은 거의 없을 것이다. 영장류를 연구할 때에도 이와 비슷한 차이들을 고려해야 한다.

개인과 집단

꿀벌의 춤에 대해 한번도 들어보지 못한 사람은 꿀벌들을 관찰하더라도 그러한 현상을 인식하지 못할 것이다. 칼 폰 프리슈는 수년간에 걸쳐 집중적인 연구를 하면서도 그러한 현상을 깨닫지 못하다가 마침내 1919년 역사적인 발견을 하기에 이르렀다. 그의 통찰력 덕분에 혼란스럽게만 보이는 벌들의 움직임에서 질서를 읽어낼 수 있게 되었고, 동물행동학자들이 벌을 비롯한 동물들의 의사소통 일반을 바라보는 방식이 영원히 바뀌게 되었다. 관찰자의 관점은 이처럼 이전의 발견들, 훈련, 이론적인 발전, 그리고 심지어 당대의 사회 문화적 환경에 따라 달라진다.

연구자의 배경과 참조틀을 고려하는 것은 언제나 유용하다. 사회적 행동은 일반적으로 세 가지 관점에서 연구될 수 있다. 하나의 전체로서의 집단의 관점, 개체의 관점, 그리고 유전 물질의 관점이 그것이다. 이 중 마지막 관점은 상당히 이상하게 들릴지 모르지만, **사회생물학**이라는 부르는 동물행동학 분야에서 큰 관심을 모으고 있다.

이론적인 입장에서 본다면 행동을 유전(학)에 기반해 바라보는 것은 무척 흥미롭다. 조상에게 물려받은 행동은 유익했거나 또는 최소한 해를 끼치지는 않았던 것이 틀림없다. 그렇지 않았다면 살아남아 재생산되지는 않았을 것이기 때문이다. 선천적인 특징들은 수백만 년에 걸친 진화 과정에서 가치가 증명된 것들이다. 이러한 다원(주의)적 견해를 극단으로 밀고 가면 동물은 물론 인간들까지도 그저 유전 물질의 증식을 위한 '생존 기구'에 불과하다는 관점에 이르게 된다. 유전자의 장래는 유전자를 보유한 개체, 즉 유전자가 들어 있는 염색체를 지닌 생명체의 자손 증식에 전적으로 달려 있기 때문이다. 유전자 소유자가 자손을 생산하지 못하면 해당 유전자는 다음 세대로 이어지지 못한다. 이 이론에 따르면 성공적인 유전자들은 해당 유전자의 보유자가 먹이를 찾고, 이성을 끌고, 자손을 길러내는 데 도움이 되는 행동 양식을 만들어낸다. 친족에게 도움이 되는 행동을 조장하는 유전자들 또한 강화되는데, 친척들은 많은 유전자를 함께 공유하고 있기 때문이다. 유전자의 관점에서는 그러한 개체들 중 어떤 것을 통해 증식되더라도 무방하다. 그렇다면 유기체는 해당 유기체 내의 유전자를 위해 존재하는 로봇에 불과한 것으로 간주된다.

유전자들은 내 안에도 여러분 안에도 있다. 유전자가 우리의 몸과 정신을 창조했다. 따라서 그것들의 보존이 우리가 존재하는 궁극적인 이유이다.

이 색다른 인용문은 이처럼 논란의 여지가 많은 생각에 관해 리처드 도킨스가 아주 알기 쉽게 풀어쓴 『이기적 유전자 *The Selfish Gene*』에서 따온 것이다.
　이러한 사회생물학적 관점이 현재 동물행동학계를 지배하고 있다. 하지만 한 쌍의 앵무새가 부드럽게 그리고 끈기 있게 서로 깃털을 다듬어주고 있는 것을 보고 있노라면 이들이 각자의 몸에 들어 있는 유전자의 생존을 돕기 위해 그런 짓을 하고 있다는 생각이 제일 먼저 떠오르지는 않는다. 그리고 그런 식의 표현은 오해를 불러일으키기 십상이다. 진화론적 설명들은 과거만을 다룰 수 있는 데 반해 여기서는 현재 시제를 쓰고 있기 때문이다. 개인적으로 나는 그러한 행동을 동물의 관점, 즉 어떤 동물이 이런저런 식으로 행동하는 것을 결정하는 감정, 기대감 그리고 지적 수준 등에서 바라보려고 시도해보았다. 수컷 앵무새가 이 특정한 암컷에게서 느끼는 매력은 무엇일까? 암컷은 왜 이 수컷에게 끌리는 것일까? 이러한 종류의 질문은 어떤 행동의 원인을 생물학적인 것이 아니라 심리학적인 데서 찾는 접근법이다. 나의 관점에서 보자면 두 새들이 서로의 깃털을 다듬어주는 것은 사랑과 애정의 표현이다. 또는 주관적인 해석을 좀더 줄이고 이야기하자면, 배타적 관계의 표시이자 확인법인 것이다. 분명히 이처럼 동물들의 행동에 대한 좀더 감정 이입적인 접근 방식을 민달팽이, 개구리,

나비 등에 적용하기는 힘들 것이다. 그러나 나의 연구는 전적으로 원숭이와 유인원들에만 국한되어 있으므로 이런 접근 방식을 선택해볼 만한 가치가 있다고 믿는다. 이 동물들이 어떤 식으로 행동할지 선택하는 과정을 지켜보면 대부분 아주 친숙한 느낌을 받는다. 만약 우리에게 익숙한 지식에 기반해 검증 가능한 가설로 옮길 수만 있다면 그러한 의인화는 우리 인간과 유사하고 거의 그만큼이나 복잡한 그들의 심리를 이해하는 데 아주 유용한 첫걸음이 될 수 있을 것이다.

사회적 행동에 대한 세번째 접근법은 집단 차원에서 그것을 이해하는 것이다. 최근까지도 생물학자들은 동물 행동에 대해 집단 또는 심지어 종의 이익이 개체들의 목표인 양 즐거이 이야기해왔다. 하지만 이제 우리는 자신의 이익보다 집단의 이익을 우선시하는 개체는 적자생존의 원칙에 따라 금세 도태되어버린다는 것을 알게 되었다. 사회에 공헌하면 공헌한 사람에게도 직접적이든 간접적이든 얼마만큼의 혜택이 돌아가야 한다. 일반적으로 인간 사회에서도 마찬가지다. 길모퉁이 빵집은 동네 사람들 모두를 먹여 살리지만 가게 주인이 이 가게를 운영하는 것은 자기 이익을 위해서이다. 빵집들은 두 가지 기능을 한다. 즉 사회에는 빵을 제공하고 가게 주인에게는 수입을 제공하는 것이다. 사회생물학자들은 특정한 행동이 어떻게 등장하게 되었는지를 알고 싶어 하는데, 분명히 그것은 행동의 주체와 그의 주변 성원들이 그러한 행동에서 무엇을 얻느냐에 달려 있을 것이다. 그들이 보기에 사회 전체에 주어지는 이익은 전혀 중요하지 않기 때문에 일부 사회생물학자들은 사회를 단순한 추상물에 불과한 것으로 보기에까지 이르렀다.

나의 사고방식으로는 그러한 관점은 상당히 편협해 보인다. 각 개체는 본인들의 목표를 추구할 수 있으나 사회는 그러한 개인들이 추구하는 사적인 계획들의 총합 이상의 것이다. 따라서 일부 과학자들은 숲을, 다른 과학자들은 나무를 연구하는 것과 마찬가지로 집단적 차원을 독립적인 현실로서 연구하는 것도 얼마든지 가능하다. 마마가 두 마리의 지배적인 수컷 예로엔과 니키 사이의 갈등에 개입해 평화를 회복시키자 집단 전체가 이익을 보았다. 그러한 중재 행위는 집단의 안정을 도모하고 장기적으로는 집단이 해체되는 것을 막을 수도 있다. 동시에 마마가 녀석 나름의 개인적 이유가 전혀 없이 행동했다거나 또는 두 마리 지배적인 수컷이 집단을 위해 강력한 제휴 체제를 복구했다고 생각하는 것은 너무 순진한 태도일 것이다. 우리는 어떤 차원에서 바라보느냐에 따라 동일한 행동의 각기 다른 기능들을 파악할 수 있다. 어떤 의미에서는 사회생활에 관한 사회주의적(집단의 이익) 원칙과 자본주의적(개인의 이익) 원칙 사이의 대비라고 할 수도 있을 것이다. 좌파나 우파가 우리에게 어떤 이데올로기를 설파하든, 모든 사회는 이 두 가지 근본적인 원칙 사이에서 균형을 찾아야 한다.

사회를 이해할 때 왜 개인이 사회의 복잡한 구조에 기여하는지는 중요하지 않을 수도 있으나 나는 거기에 깔린 개인적 동기가 궁금하지 않을 수가 없다. 영장류들은 마치 산호들이 대양에서 산호초를 형성하는 것과 똑같은 방식으로 공동체를 형성하고 유지하는 것일까? — 맹목적으로 그리고 최종 결과에 대한 아무런 생각도 없이? 아니면 사람들처럼 본인들의 사회 그리고 그러한 사회가 조직된(또는 조직되어야 할) 방식에 대한 일정한 이미지를 갖고 있을까? 화해라는 주제와 관련해 볼 때 그것은 특히 흥미롭다. 복잡하게 얽힌 사회일수록 갈등 해소법 없이는 존재할 수 없기 때문이다. 동물들은 갈등을 해소할 때 이처럼 〔사회에 대한〕 큰 그림을 염두에 두고 그렇게 할까? 예를 들어 어떤 원숭이 집단이 정기적으로 다른 집단과 영토 싸움을 벌인다면 양 집단 내에서는 집단의 단결과 힘을 늘리기 위해 서로 용서하고 화해하려는 의지가 더 강해지는 결과가 빚어질까? 그런 결과가 나오더라도 나는 그다지 놀라지는 않을 것이다. 사실 우리는 〔동물들의〕 집단의식 문제에 관해 열린 마음으로 접근해야 할 것이다.

요컨대 많은 생물학자들이 행동의 근원을 일차적으로 선천적 요인에서 찾으려 하고 있지만 그것은 오직 한 가지 차원의 설명에 불과하며, 인간을 비롯한 고등 영장류와 관련된 한 가장 중요한 근원은 아닐 수도 있다는 점을 우리는 알아야만 한다. 상호 보완적인 관계에 있는 세 가지 관점, 즉 행동의 유전적 진화, 개체의 동기와 경험, 그리고 어떤 행동이 사회 전체에 미치는 효과를 다루는 세 가지 시각을 고루 살펴보아야 할 것이다.

사육 동물에 대한 연구와 야생 동물에 대한 연구

이 책 전체를 통해 나는 영장류들 사이에서 벌어지는 심각한 적대 관계를 묘사할 텐데, 화해가 하릴없이 벌이는 즐거운 향락의 한 형태가 아니라는 점을 강조하기 위해서이다. 전쟁과 평화가 뗄 수 없는 관계에 있듯이 화해 행위도 폭력의 위협이라는 관점에서 보아야 한다. 공격(성)이나 평화는 모두 영원히 변치 않는 상태가 아니다. 중국 철학에서 말하는 음양의 원리처럼 항상 유동적이고 끊임없이 넘나든다. 양이 극성하면 음에게 자리를 내주고 음도 극성하면 양에게 다시 자리를 내주듯 어떤 사회 체제에도 영원한 조화란 있을 수 없다. 100% 평화는 파도와 해류가 없는 바다와 같고, 100% 공격성은 본인이나 상대 또는 양자 모두를 절멸시킬 수 있을 뿐이다. 우리가 관찰하는 것은 갈등과 조화 사이를 왔다 갔다 하는 진자 운동이지 그러한 양극점 자체가 아니다.

하지만 그처럼 역동적인 균형이 교란되는 경우가 있다. 특히 극적이었던 아래의 사례를 통해 우리는 영장류들 사이에서의 공격성이 실제로 존재하는 심각한 문제이며, 어떤 대가를 치르더라도 반드시 해결되어야 할 문제임을 알 수 있을 것이다. 아무런 통제도 받지 않고 공격성이 고조되어가는 것에 따른 대가는 실로 견디기 어려운 것이다. 유인원과 원숭이는 많은 사람들의 생각처럼 애교와 유머 넘치는 동물들이 아니다. 그들은 서로를 죽일 수 있으며 종종 실제로 그렇게 하기도 한다. 이제 소개하려는 사례는 아주 부자연스러운 환경 속에 있던 동물들에게서 일어난 일인데, 그러한 환경이 문제에 대한 통상적인 해결을 방해했다.

1925년 런던 동물학회의 관리들은 30m×20m에 달하는 인공 바위로 된 울인 '멍키 힐'에 100마리나 되는 원숭이를 '자유롭게 풀어놨다'. 이 원숭이들은 망토비비들로, 한때 고대 이집트인들의 숭배를 받았던 까닭에 성스러운 비비라고도 불리고 있다. 이 종은 페미니스트들에게는 악몽 같은 존재이다. 수컷은 암컷보다 몸집이 두 배나 크며 어마어마하게 큰 송곳니가 나 있다. 수컷들은 열정적인 하렘의 주인으로, 암컷들을 소유물처럼 다루며 다른 수컷들의 접근을 막는다. 불행히도 멍키 힐에 풀어준 비비들 중 암컷은 6마리뿐이었다. 멍키 힐은 대량 학살의 현장으로 바뀌었다. 수컷들은 암컷을 놓고 맹렬히 싸웠으며, 그렇게 해서 쟁취한 암컷을 질질 끌고 다녔다. 잡힌 암컷들은 때로 며칠씩이나 내내 쉬거나 먹을 틈조차도 없었다. 암컷 30마리를 새로 들여보냈지만 동족상잔은 멈추기는커녕 속도조차 줄어들지 않았다. 6년 반이 흐른 후 그때까지 살아남은 몇 안 되는 암컷을 집단에서 빼냈다. 원래 숫자의 3분의 2 이상, 즉 수컷 62마리와 암컷 32마리가 스트레스와 부상으로 사망했다. 결국 상대적으로 '안정'된 수컷들의 공동체만 남게 되었다.

사회 분석가 솔리 주커만은 1932년 출판되어 큰 영향을 미친 저서 『원숭이와 유인원들의 사회생활 The Social Life of Monkeys and Apes』에서 이 대량 학살을 소개했다. 야심 찬 책 제목에서도 알 수 있듯이 이 시대는 과감한 일반화를 일삼던 때였다. 하렘을 유지하는 것은 일반적인 유형이 아니라 망토비비들에서만 찾을 수 있는 보기 드문 특수한 사례라는 것을 몰랐던 주커만은 남녀 한 쌍으로 이루어지는 일부일처제적인 관계라는 우리 인간의 '타협'을 비롯해 우리 인간 사회의 기원을 제멋대로 추측해댔다. 그는 발정기의 암컷 비비들이 특정한 특혜를 누리기 위해 성적 매력을 이용한다

수컷의 멋진 긴 털 때문에 망토비비 수컷과 암컷의 몸집 차이가 한층 더 두드러져 보인다(아른헴 동물원).

고 지적했다. 그리고 그것을 매춘과 비교하면서 사회생활의 성적〔구성〕요소를 과다하게 강조했다.

성적 유대가 사회적 관계보다 더 강하며, 암컷과 달리 성인 수컷은 어떠한 다른 개체에게도 소유되지 않는다.

그러한 일반화에서 일부라도 벗어나기까지는 한 세대에 걸친 영장류학자들의 연구가 필요했다. 예컨대 다른 원숭이 종들을 연구한 결과, 성적 활동 기간이 아주 짧은데도 불구하고 1년 내내 응집력 강한 사회적 네트워크를 유지하는 종이 많다는 사실이 밝혀지기도 했다. 주커만의 결론과 가장 현격한 대조를 이룬 것은 바로 주커만 본인이 연구한 망토비비에 관한 연구 결과였다. 이 영국인 분석가는 신뢰 못할 관찰자는 아니었다. 그의 묘사는 놀랄 만큼 상세하고 정확하다. 지식의 부족도 당시 상황을 고려한다면 그의 잘못이라고는 할 수 없다. 하지만 결과적으로 주커만은 멍키 힐을 지배하고 있던 혼란과 폭력의 예외적인 성격을 제대로 파악하는 데 실패하고 말았다. 책의 각주에서만 그러한 사건들이 예외적일 수 있다는 가능성이 잠깐 언급되고 있을 뿐이다.

1950년대에 스위스의 동물행동학자 한스 쿠머는 취리히 동물원의 망토비비 집단을 주의 깊게 관찰했는데, 멍키 힐보다 규모가 작고 안정된 이 집단을 관찰한 뒤 그는 에티오피아 사막의 자연 서식지에서도 이들을 관찰했다. 그의 연구 결과는 이제 영장류 학계에서 너무나 잘 알려져 망토비비의 이름을 바꾸어 쿠머 원숭이라고 불러야 하지 않느냐는 농담이 나올 정도이다. 나 또한 그가 3자 관계로 규정하고 있는 것에 대한 그의 통찰에서 큰 영향을 받았는데, 요컨대 두 개체 사이의 상호 작용은 제3자와의 연관 관계에 따라 달라진다는 것이다. 암컷을 놓고 벌이는 수컷들의 싸움을 방지하는 메커니즘을 그러한 예로 들 수 있을 것이다. 런던 동물원에서는 바로 이 메커니즘이 발달하지 않았던 것이다.

현지 조사에서 수컷 망토비비들이 특정한 암컷들에 대한 서로의 소유권을 인정한다는 것을 알게 된 쿠머는 그러한 제어 기제의 발달을 시험할 실험을 고안해냈다. 첫번째 실험에서는 먼저 수컷 두 마리가 있는 우리에 암컷 한 마리를 풀어놓았는데, 그러자 암컷을 두고 두 마리 수컷 사이에 싸움이 벌어졌다. 하지만 암컷 한 마리와 수컷 한 마리만 한 우리에 넣고 다른 수컷을 근처에 있는 우리에서 지켜보도록 한 다음 합치도록 했을 때의 결과는 완전히 달랐다. 암컷이 앞의 수컷과 아주 잠깐 동안만 우리에 함께 있었다고 해도 다른 수컷은 이들이 한 쌍이라는 것을 순순히 인정했다. 심지어 몸집이 크고 무리 전체를 지배하고 있는 수컷들도 감히 싸움을 걸지 않았다. 대신 그들은 하늘을 보거나 땅에 떨어진 작은 물건을 만지작거리기도 하고, 갇혀 있는 곳 바깥의 경치를 뚫어져라 쳐다보거나 마치 무슨 흥미로운 물건이라도 발견한 것처럼 고개를 갸웃거리기도 했다. 하지만 쿠머는 그런 물건은 전혀 찾아낼 수 없었다.

이처럼 난처한 듯한 반응은 서로 알던 수컷들 사이에서 전형적으로 관찰되었다. 서로 모르는 수컷들 사이에서는 가끔 실제로 싸움이 벌어지기도 했다. 하지만 이미 형성된 비비 집단의 성원은 보통 모두 서로 알고 지내는 관계이므로 이처럼 간단한 실험으로 증명된 비비들 간의 소유권 인정 관습은 평화를 유지하는 데 충분하다고 결론지을 수 있을 것이다. 그것이 집단적 차원에서 미치는 영향은 엄청난 것임에 틀림없어서, 그 덕분에 쿠머가 묘사하고 있는 중층적 조직이 가능해진다. 즉 수컷들과 암컷들은 각기 속한 하렘에서 생활하고, 하렘들은 무리를 지어 함께 이동하며, 이런 일군의 무리들이 여럿 모여 수백 마리에 달하는 대 집단이 되어 절벽 위 같은 잠자기 좋은 환경을 찾으면 몇 날 밤을 함께 보내는 것이다. 런던 동물원의 망토비비 집단과 비교하면 이 얼마나 질서 있는 공동체인가! 멍키 힐에서는 바로 동물원이 취한 사육 방식 때문에 망토비비들 안에 잠들어 있던 '야수'가 깨어났던 것이다. 정상적이라면 집단생활을 할 능력이 충분한 이들이 난데없이 성비가 완전히 깨진 상태로 한데 엉겨 생활해야 하는 사태가 벌어지자 교양의 옷을 벗어 던졌던 것이다.

"다른 원숭이와 유인원들의 좀더 폭넓은 사회적 메커니즘들에서도 망토비비와 다른 중요한 차이들은 거의 찾아볼 수 없다"는 주커만의 주장과는 반대로 이제는 적절한 종을 선택하기만 하면 거의 모든 사회적 유형의 자연스러움^{naturalness}을 증명할 수 있다는 것이 알려져 있다. 그러한 다양성은 가히 엄청나다. 어미-새끼 간의 강한 유대 관계는 모든 영장류에서 발견된다. 하지만 그 너머에는 일부다처제에서 자유연애, 독재에서 평등주의에 이르기까지 거의 모든 형태가 존재하고 있다. 오늘날 인간을 생물학적 관점에서 연구하는 것의 목표는 우리와 가장 가까운 종들과 인간 사이의 유사점뿐만 아니라 차이점을 종별, 사례별로 연구해 영장류들 사이에서의 인간의 위치를 밝히는 데 있다. 영장류 전체와 인간이 공유하고 있는 특성들을 과도하게 단순화시켜 열거하는 식의 연구 방법은 더는 받아들여지지 않는다.

가능한 모든 경우를 이해하기 위해 지난 수십 년 동안 동물행동학자들은 자연 서식지, 동물원의 대규모 집단, 실험실 등 온갖 종류의 환경에서 영장류들을 연구해오고 있다. 오랫동안 현장 연구와 실험실에서의 연구는 분명하게 구분되어왔다. 하지만 이제는 이 두 가지 접근법이 통합되고 있다. 예를 들어 현장 연구자들도 야생 상태의 동물들을 붙잡아 혈액 샘플을 채취하고 체형 등을 측정한 뒤 풀어준다. 이들이 채취한 혈액 샘플은 영장류 전문 실험실로 보내져서 예를 들어 야생 동물 집단 사이의 유전적 관계를 밝히는 연구 등에 사용된다. 반대로 실험실에서 연구하는 과학자들도 야생 상태의 영장류에 관한 문헌에 익숙해져 있는데, 그것은 실험 대상 동물들의 행동을 해석하고, 먹이, 소리, 온도를 비롯한 기타 자연 환경의 여러 요인과 관련된 실험을 실시하는 데 큰 도움이 되고 있다. 그리고 나처럼 야생 동물 집단과 규모가 비슷한 동물원 사육 집단을 관찰하는 것을 전문으로 하는 학자들이 이 두 범주 사이에서 일종의 다리 역할을 하고 있다.

지난 수십 년 동안 영장류에 관한 지식이 극적으로 증가하는 바람에 개념들도 좀더 많은 뉘앙스를 띠게 되었다. 예를 들어 내가 앞에서 편의와 생동감을 위해 망토비비의 가족 단위를 '하렘'이라고 부른 것은 정확한 표현이 아니다. 이 단어를 어떤 동물에 꼭 써야 한다면 망토비비만큼 적합한 종도 없을 테지만 그렇다고 해도 심지어 그들 사회에서도 암컷들이 단순히 상품에 불과한 것은 아니다. 암컷도 어느 정도 선택권을 행사하기 때문이다. 크리스티안 바흐만은 실험실에서 특정한 수컷들에 대한 암컷들의 선호도를 측정했다. 측정 결과 자기 짝을 강하게 선호하는 암컷은 납치당할 확률이 낮았다. 경쟁하고 있는 수컷들은 암컷의 애착도를 감지하는 것처럼 보이며, 자기 짝을 떠나고 싶어 하지 않는 암컷보다 기꺼이 떠날 의향이 있는 암컷을 차지하는 데 더 관심이 있었다.

망토비비와 가까운 친척인 올리브비비 수컷 두 마리가 긴장된 접전을 벌이는 순간. 영장류들은 동물원에서 사육되고 있든 아니면 야생에서 살든 서로 싸운다(케냐, 길길 지역).

    멍키 힐에서의 교훈, 현장에서의 관찰, 실험 결과들을 모두 합칠 때가 이 연구들 각각의 입장에서 따로 바라볼 때보다 망토비비 사회를 좀더 깊이 있게 통찰할 수 있을 것이다. 이처럼 상이한 접근법을 현명하게 조합하는 것이 바로 영장류학계의 미래를 밝혀줄 것이다. 자연 서식지에서 행한 연구를 인공 서식지에서의 연구가 대체할 수는 결코 없지만 한 가지 아주 중요한 측면, 즉 세부라는 측면에서 그것을 보충해줄 수 있다. 1920년대에 비해 영장류에 대한 지식은 엄청나게 늘어나 전 세계적으로 많은 영장류 집단이 인공 서식지에 성공적으로 정착해 평화롭게 살고 있다. 이러한 집단들에서는 수년간에 걸쳐 갖가지 미세한 사회적 요소에 대한 상세하고도 철저한 연구를 수행하는 것이 가능하다. 그러한 연구는 야생 영장류를 대상으로 해서는 불가능한 경우가 많다. 몇 년 전 미국의 한 영장류학자가 낯가림이 심하고 종적을 찾기 힘든 보노보들을 관찰하기 위해 자이르의 정글에서 2년간 머물다 돌아왔다. 그러나 그가 2년 동안 얻은 수확이란 겨우 인공 서식지에서의 6시간에 해당하는 관찰 기록에 불과했다. 나는 미국의 샌디에이고 동물원에서 겨울 한 철 동안에만 보노보 열 마리를 무려 300시간 동안 관찰하면서 이들의 일상을 비디오테이프에 담았다. 물론 나의 관찰에도 한계가 있겠지만 현장 조사 자료도 마찬가지이다(최근 앞서 든 예보다 훨씬 더 성공적인 아프리카 보노보 현지 연구 사례들이 있었다는 점을 덧붙여야 할 것이다).

각 방법의 강점과 약점을 인정하고 양쪽의 연구 결과를 퍼즐 조각처럼 맞출 수 있다면 우리는 결국 서로 다른 환경의 영향을 포함해 특정 동물 종의 온갖 행동 유형에 대한 윤곽을 얻을 수 있을 것이다.

2

침팬지

> 나한테 처음으로 혼난 어린 녀석은 뒷걸음치더니
> 한두 번 가슴을 찢는 듯한 비명을 지르면서 공포에 찬 눈으로
> 나를 쳐다보았다. 입술은 어느 때보다 더 앞으로 삐죽 내밀고 있었다.
> 그러더니 다음 순간 내게 달려들어 정신없이 내 목에 팔을 감고 매달렸다.
> 내가 쓰다듬어주자 녀석은 차차 안정을 되찾았다.
> 이처럼 용서받고자 하는 욕구는 침팬지들의 정서적 삶에서는
> 흔히 찾아볼 수 있는 현상이다.
> — 볼프강 쾰러

> 헨리: 입 맞추고 화해하는 게 어때?
> 마사 제인: 그게 그렇게 쉽지 않단 말이에요!
> 마음의 상처를 어떻게 입맞춤 같은 걸로 씻을 수 있겠어요.
> 당신이라면 몰라도 난 그렇게 쉽게 잊을 수가 없어요.
> — 아니타 클레이 콘펠트

침팬지 우리를 한눈에 굽어볼 수 있는 공공 전망대에 서서 리안 숄텐과 브리지트 킨트는 마치 침팬지들을 관찰하면서 그들의 행동을 기록하고 있는 것처럼 행동하고 있다. 아른헴 동물원에서 행하고 있는 침팬지 연구 프로젝트는 신문, 라디오, TV 등을 통해 네덜란드에서는 널리 알려져 있기 때문에 그것은 대부분의 관람객들에게는 별로 놀라운 일이 아니다. 하지만 두 학생은 사실은 사람들의 행동을 관찰, 기록하고 있다. 관람객들은 침팬지들을 평균 약 3분 30초 정도 구경한다. 혼자 온 사람들은 단체로 오거나 식구들과 함께 온 사람보다 두 배 이상 침팬지들을 더 길게 관찰한다. 가장 참을성이 없는 사람들은 성인 남자로서 빨리 가자는 말을 제일 많이

한다("자, 자, 이제 그만 가자"). 또 몇 분 이상 머무르지 않고 다른 곳으로 가버리는 사람들이 "야, 몇 시간이고 보고 있을 수 있겠는걸!" 하고 말하는 경우도 반복적으로 관찰된다.

아른헴 동물원 연구 프로젝트

'몇 시간이고 보고 있는 것'이 바로 우리가 하는 일이다. 나는 1975~1981년에 진행한 아른헴 동물원에서의 연구 기간 동안 약 6,000시간을 관찰에 투자한 것으로 추산된다. 이 중 대부분의 시간은 통상 녹음기에 녹음하는 형식으로 학생들과 함께 자료를 수집하는 데 할애되었다. 녹음기를 사용하는 방법을 쓰면 침팬지들에게서 눈을 떼지 않으면서 그들의 행동을 말로 기록할 수 있었다. 여기서 문제는 침팬지들이 대부분의 시간 동안 정말이지 하는 일이 없다는 것이다. 천천히 움직이고, 풀을 먹고, 오랫동안 자고, 서로 그루밍을 하는 게 전부다. 하지만 관찰자는 이 모든 시간 동안 항상 눈을 떼지 않고 기다려야만 한다. 반면 침팬지들이 깨어나 모종의 사회적 파장을 일으키기라도 할라치면 관찰자 한 명이 눈앞에서 벌어지는 일 전부를 종이 위에 기록하는 것은 그야말로 불가능에 가깝다. 재빨리 움직이는 연구 대상을 놓치지 않기 위해 연구원들은 우리 둘레에 있는 물이 가득 찬 해자를 따라 뛰어다닌다. 서식지 자체 안으로 들어가는 것은 너무나 위험하며(침팬지들은 우리보다 훨씬 더 힘이 센 데다 항상 우호적인 것만도 아니다), 심지어 물 건너편에서 따라가는 것도 100% 안전하다고 할 수는 없다. 나는 갑자기 활동을 개시해 대소동을 일으킨 유인원들의 상황을 녹음하던 관찰자의 흥분된 목소리가 첨벙 소리와 함께 갑자기 멈춰버린 녹음테이프를 아직도 보관하고 있다.

침팬지들이 서식하고 있는 곳은 2에이커 반의 넓이이[1에이커는 약

4,047제곱미터에 해당한다]이다. 그것은 풀, 모래, 50그루의 큰 나무로 덮여 있는데, 나무들은 대부분 20마리가 넘는 침팬지들이 나무껍질을 먹는 것을 방지하기 위해 전기가 통하는 선으로 보호해놓았다. 침팬지 집단은 다 자란 수컷 4마리, 다 자란 암컷 10마리, 아른헴 동물원에서 태어나 점점 더 수가 늘어나고 있는 유소년기에서 청년기에 걸친 다양한 나이의 어린 침팬지들로 구성되어 있다. 성인 침팬지들은 유럽의 다양한 동물원에서 왔다. 대부분이 야생에서 태어났으며, 15~30살인데 침팬지로서는 특히 많은 나이는 아니다. 매일 저녁 침팬지들은 본관으로 들어가서 작은 집단으로 나뉜 다음 밤을 보내는 우리로 들어가 저녁 식사를 받는다. 이 건물에는 겨울을 날 때 사용하는 커다란 홀 두 개와 동물행동학자들을 위해 특별히 마련된 관측대도 있다.

　　동물원 관람객들은 침팬지들 가까이 갈 수 없는데, 고함을 치거나 먹이를 주고 침팬지들을 흉내 내면서 이들을 자극할 우려가 있기 때문이다. 통념과는 달리 원숭이가 인간을 흉내 내기보다는 인간들이 훨씬 더 많이 원숭이들을 흉내 낸다. 사람들은 원숭이나 유인원을 보면 펄쩍펄쩍 뛰고 과장되게 몸을 긁으면서 고함치고 싶은 참을 수 없는 욕구가 치미는가 보다. 사람들의 이런 행동을 본다면 영장류들은 왜 다른 경우엔 그토록 영리한 종족이 저렇게도 열등한 의사소통 수단에 의존해야 하는지 의아해 할 것이 틀림없다. 아른헴 동물원의 전시실은 일반 대중들과의 상호 작용보다는 연구 목적으로 설계된 것이다. 사람들은 시간을 갖고 침팬지들이 자기들끼리 어떻게 행동하는지 관찰하는 법을 배워야 한다. 이곳의 침팬지 집단은 야생의 소규모 침팬지 집단과 규모나 구성이 비슷하기 때문에 그러한 목적에 이상적이다. 분명 우리에 가둬두었던 기존의 유인원들에 비해 볼거리가 훨씬 더 많다.

　　우리 인간과 가장 가까운 친척들에 대한 연구는 아직도 걸음마 단계에 불과하다. 침팬지의 심리와 사회생활이 우리 인간들의 절반만 복잡하다고 가정하더라도 — 그것도 엄청난 과소평가인 것이 분명하다 — 인간에 대한 연구에 쏟아 붓는 자원의 약 절반 정도는 투자해야 그와 비슷한 수준의 이해에 도달할 수 있을 것이다. 숱한 인류학자, 사회학자, 정신병학자, 심리학자들이 인간 행동을 연구하고 있는데도 아직 최종적인 결론을 내리지 못하고 있다. 그러한 현실을 감안한다면 불과 몇 십 명밖에 되지 않는 침팬지 연구자들이 지금까지 한 연구는 수박 겉핥기에 불과하지 않을까?

화해와 위안

초기의 과학자들은 동물 개체들의 역사라든지 장기적인 관계 또는 집단의 혈연망 등에 대한 지식 없이 이들의 사회생활을 이해하려고 했다. 이런 식의 접근법을 최초로 포기한 것은 영장류학자들이었다. 이들은 영장류를 개체별로 구별해 이들의 생활을 긴 시간 동안 추적하는 중요한 일보를 내디뎠다. 거기에는 연구 대상에 이름을 붙이는 것도 포함되어 있었다. 다른 과학자들은 객관성을 위협한다는 이유로 그러한 사태 전개에 눈살을 찌푸리기도 했다(실제로 '찰리'에 대한 자료를 수집하는 것과 '침팬지 수컷'에 대한 자료를 수집한다는 것은 전혀 다르게 들린다). 만약 동물들에게 이름을 붙이는 것이 그들을 인간과 더 가깝게 만들고 어떤 의미에서 그들을 더 인간처럼 느껴지게 만들었다면 과학은 이로 인해 [발전을 하면 했지] 해를 입지는 않았다. 동물을 개별적으로 인식하게 되면서 엄청난 새로운 통찰이 가능해졌기 때문이다. 우리는 이제 영장류들에게서도 집단의 어떤 성원과 상호 작용을 하는지가 얼마나 중요한지를 깨닫고 있다. 인간들과 마찬가지로 동물들에게도 친구와 적이 있으며, 분명히 둘을 똑같은 방식으로 대하지는 않기 때문이다.

개체별 접근법은 화해를 분석하려 할 때도 핵심적이다. 동물행동학계에서는 소동이 벌어지는 동안 또는 그러한 후에 동물들이 신체 접촉을 하는 것을 두고 통상 '자극 감소', '진정', '위안' 등의 용어를 사용하곤 했다. 이러한 용어들은 개체들의 내적 상태와 심리적 안녕에 미치는 영향을 강조하고 있다. 그러한 관점은 틀린 것은 아니지만 불완전하다. 영장류들은 갈등을 겪고 나면 제멋대로의 방식으로 안정 상태로 돌아가지는 않는다. 화해라는 개념은 위의 진정시키는 몸짓을 개체 간의 지속적인 관계라는 맥락 안에 위치시킨다. 싸우고 난 후 접촉에 대한 욕구는 특히 바로 전에 싸운 상대방을 향하게 되는데, 손상된 관계의 회복은 오직 그와만이 가능하기 때문이다. 이렇듯 동물들은 심리적 안정뿐만 아니라 사회적 안정도 추구한다.

화해와 복수는 정반대의 두 개념이지만 모두 자신이 '누구'와 싸움을 했는지를 기억해야만 하는 공통점이 있다. 영장류 자신들도 누구와 상호 작용을 했는지를 마음에 기록해야 하는 것처럼 어떤 접촉이 과거의 공격 행위와 관련되어 있는지 그렇지 않은지를 알고자 하는 모든 관찰자들 또한 그것을 기억해야만 한다. 개체별로 인식하는 것이 가장 쉽다. 침팬지들은 얼굴 생김새, 목소리, 걷는 모습, 심리적 성격들이 서로 너무나도 다르기 때문에 아른헴 동물원에 있는 침팬지들을 모두 다 알아보는 데는 불과 며칠밖에 걸리지 않는다. 수많은 사건들을 마음속에 기억하는 것은 좀 더 어려운 일이지만 녹음기가 도움이 된다. 어떤 행동의 직접적인 맥락을 넘어서 수분, 수시간, 때로는 며칠 동안 계속해서 이루어지는 작용-반작용의 연쇄 고리 전체를 보는 것이 그것의 목표이다.

연구 결과 침팬지는 기억력에 관한 한 전설적인 명성을 자랑하는 코끼리만큼이나 기억력이 좋고 미리 계획할 수 있는 능력이 있다는 것이 증명되었다. 그들의 사회생활을 관찰해보면 침팬지들이 그러한 계획 능력을 항상 사용한다는 사실도 알 수 있다. 성인 수컷 한 마리가 주변에 있는 돌들 중 가장 무거운 것을 찾기 위해 몇 분씩이나 집단에서 멀리 떨어져 홀로 시간을 보내는 것을 본 적이 있는데, 녀석은 조금 커 보이는 돌을 발견할 때마다 손에 든 돌과 무게를 비교해보았다. 그러더니 마음에 드는 돌을 들고 집단의 다른 성원들이 모여 있는 쪽으로 가서는 털을 모두 곤두세우고 경쟁자 앞에서 위협 과시 행동을 개시했다. 돌은 얼마든지 무기로 사용될 수 있으므로(침팬지들은 상당히 정확하게 돌을 던질 줄 안다) 이 수컷이 경쟁자에게 도전할 계획을 미리부터 마음에 두고 있었다는 결론을 내릴 수 있다. 침팬지들은 우리 인간과 마찬가지로 생각하는 존재인 것이다. 이러한 인상은 침팬지들이 하는 거의 모든 행동에서 받게 된다.

화해는 과거뿐만 아니라 미래와도 관련되어 있다. 그것은 미래의 관계를 염두에 두고 과거의 사건을 '원래대로 되돌리려' 하는 것이다. 과거와 미래를 어느 정도 고려하는지에 따라 화해 과정에 합리적 요소가 들어 있는지 그렇지 않은지를 알 수 있을 것이다. 정신 구조와 관련해 침팬지는 다른 어떤 동물보다 인간과 닮았기 때문에 이들의 행동을 연구하는 것은 특히 의미가 크다. 침팬지들은 특정한 상황에 처했을 때 종종 즉각적으로 반응하지 않고 참을성 있게 최고의 기회가 오기를 기다린다. 또 죽은 동물을 만지기 전에〔진짜로 죽었는지 확인하기 위해〕작은 돌을 한번 던져보는 것처럼 사회적 행동을 하기 전에 그러한 행동에 대한 반응을 미리 시험해보기도 한다. 따라서 침팬지 사회에서 벌어지는 일들은 상대적으로 긴 시간 간격을 두고 일어난다. 그것의 전모를 파악하려면 일정한 훈련이 필요하지만 일단 익숙해지면 눈앞에 벌어지는 일들의 연관성이 불 보듯 훤히 보인다.

공격적인 사건 — 보통 침팬지들은 공격할 때 소리만 많이 질러대지 실제로 물어뜯는 일은 거의 없다 — 에 연루된 한 침팬지를 추적해보자. 침팬지는 세상에서 제일 시끄러운 동물에 속한다. 서로 쫓고 쫓기기라도 할라치면 형언할 수 없이 소란스런 사태가 벌어진다. 하지만 싸움이 격렬해져 부상자가 생기는 경우는 극히 드물다. 한번은 집단의 우두머리인 니키가 돌격 과시 행동을 하면서 지나가다가 헤니의 등을 친 적이 있다. 만 9살로·이제 막 성년이 된 암컷 헤니는 조금 떨어져 앉아 한참 동안 니키가 치고 지나간 자기 등을 손으로 더듬었다. 그러다가 마치 그 일을 잊은 듯 풀밭에 누워 먼 곳을 쳐다보기만 했다. 그러나 15분도 더 지나고서 자리에서 일어난 헤니는 니키와 집단에서 가장 나이가 많은 암컷 마마 등이 모여 있는 쪽으로 곧장 걸어갔다. 헤니는 일련의 부드럽고 낮은 신음 소리로 니키에게 인사를 한 뒤 니키에게 팔을 뻗어 손등에 키스하도록 했다. 니키는 헤니의 손을 자기 입에 덥석 집어넣는 것으로 응했고, 이어 둘은 서로 입을 맞췄다. 그런 다음 헤니는 초조하고 어색한 웃음을 지으며 마마에게 다가갔다. 마마는 헤니의 등에 손을 얹고 어색한 웃음이 사라질 때까지 부드럽게 다독여주었다.

마마와 헤니는 아주 특별한 관계다. 헤니가 두 살 남짓한 어린 나이로 아른헴 동물원에 왔을 때 마마는 녀석을 거의 자기 자식처럼 받아들였다. 무리에서 영향력이 컸던 마마는 헤니가 문제를 겪을 때마다 녀석을 보호해주고 안정감을 갖도록 도와주었다. 어떤 의미에서 마마는 모든 성원들과 특별한 관계를 갖고 있다. 이름에서도 알 수 있듯 마마는 집단 전체의 어머니 같은 존재이다. 심지어는 육체적으로 다 자라 몸집이 엄청난 수컷들도 마마 앞에서는 새끼들처럼 행동하기도 한다. 한번은 예로엔과 니키 사이의 해묵은 갈등에 개입하면서 마마가 다 자란 이 우두머리 수컷들 두 마리를 한 팔에 하나씩 안고 앉은 적도 있었다. 두 수컷은 계속해서 소리를 질러대기는 했지만 적어도 싸움은 멈춘 것 같았다. 그러다가 갑자기 예로엔이 손을 뻗쳐 니키의 팔을 잡았다. 마마는 이를 방관하지 않고 예로엔을 쫓아버렸다. 시간이 흐른 뒤 예로엔과 니키는 올라타기, 키스, 그리고 서로의 성기를 만져주기 등의 행동으로 화해를 하고 서열이 낮은 수컷 댄디를 함께 쫓는 것으로 서로에 대한 긴장감을 해소했다.

침팬지 65

화해를 하는 과정
위: 니키가 치고 지나간 뒤 헤니(오른쪽)가 아기 침팬지를 안고 그에게 다가간다. 헤니는 먼저 가해자에게 손에 키스할 기회를 주고 다음 단계로 서로 입맞춤을 한다.

다음 쪽: 그런 다음 헤니는 지금껏 지켜만 보고 있던 마마(왼쪽)에게 다가가서 어색한 웃음을 짓는다. 마마는 헤니를 껴안아 줌으로써 녀석을 위로한다(아른헴 동물원).

침팬지 67

지난 몇 년 동안 나의 몇몇 제자들, 특히 안젤린 반 루스말렌, 티너 그리데, 제라드 월렘슨 등은 화해 행동에 관한 데이터를 수집해오고 있다. 이들의 연구에 따르면 공격적인 충돌이 벌어진 지 30분 안에 당사자의 40% 정도가 상대방과 접촉을 하는 것으로 밝혀졌다. 이러한 수치는 아른헴 동물원 집단이 거주하는 야외 인공 우리가 상당히 넓어서 상대방을 쉽게 피할 수 있는 것을 감안하면 무척 높은 것이다. 게다가 그러한 화해가 우발적인 것이 아니라는 사실은 그러한 접촉이 평상시의 접촉과는 다른 것만 보아도 분명히 알 수 있다. 이럴 때 나타나는 특징적인 제스처 한 가지. 바로 손바닥을 펴고 팔을 뻗치는 자세인데, 이것은 침팬지들이 신체 접촉을 원할 때 사용하는 것이다. 그리고 전에 싸운 상대에게 접근할 때는 눈도 이전보다 더 자주 맞추고 낑낑거리기도 하고 부드러운 소리도 낸다. 그러나 가장 중요한 점은 그러한 상황에서 키스를 평소보다 훨씬 더 많이 한다는 사실이다.

이러한 행동 유형은 집단 내의 평균적인 접촉 형태들과 비교해보아도 특별할 뿐 아니라 그러한 상황을 지켜보던 주변의 성원들에게서 받는 격려와도 완전히 다르다. 특정한 싸움에 연관되지 않은 성원들로부터의 접촉은 위안이라고 부르며, 싸움 당사자들끼리의 화해와는 구분된다. 위에서 소개한 화해 절차에서 헤니는 먼저 적인 니키와 화해한 뒤 마마에게서 위안을 받았다. 위안은 키스보다 포옹을 더 많이 하고 화해는 포옹보다 키스를 더 많이 한다. 다시 말해 침팬지 두 마리가 오랫동안 키스를 하는 것을 보면 바로 전에 싸움을 했을 가능성이 높다고 짐작해도 좋다. 그저 서로 껴안기만 한다면 제3자가 긴장을 조성했을 가능성이 크다.

불행히도 인간들의 사적인 관계들 속에서 이루어지는 화해에 관해 과학은 사실상 거의 아무것도 아는 것이 없다. 데이터가 이렇게 부족한 이유 중의 하나는 사회 심리학자들이 실험실 상황에서 사람들을 관찰하기 때문일 수도 있다. 연구 대상들끼리 거의 안면이 없는 상태에서는 피상적인 관계를 드러낼 수밖에 없다. 이와 반대로 가족 관계 상담가들은 화해 현상들에 아주 익숙한 편이지만 — 이것이 그들의 직업이다 — 화해 과정을 감독하고 거기에 영향을 미치기 때문에 이들의 경험 또한 인간의 '자연적인' 삶과는 조금 거리가 있다. 그러나 사람들은 대부분 화해의 의미로 키스하는 행동이 인간과 침팬지의 공통점이라는 데에는 동의할 것이다. 심지어 그것은 1982년 영국이 포클랜드 제도를 침공했을 때 교황이 집전한 미사에서 아르헨티나와 영국의 고위 가톨릭 성직자들이 평화의 키스를 나눴던 상징적 의식에도 반영되어 있다.

인간은 수백 가지 다른 방법으로 화해를 한다. 농담을 하기도 하고 상대의 팔이나 손을 부드럽게 스치거나, 사과하고 꽃을 보내고, 육체적 관계를 갖고 상대방이 좋아하는 식사를 준비하는 등의 다양한 방법으로 갈등을 해소한다. 그럼에도 불구하고 키스야말로 가장 탁월한 화해의 제스처이다. 인간과 침팬지의 또 다른 공통점 중의 하나는 눈을 맞추는 것이 결정적으로 중요하다는 점이다. 유인원들 사이에서는 그것이 화해의 전제 조건이다. 침팬지들은 마치 상대방의 눈을 들여다보지 않으면 그쪽의 의도를 신뢰하지 못하는 것처럼 행동한다. 그와 마찬가지로 사람들도 상대방을 볼 때마다 그가 천장이나 바닥으로 눈을 돌려버리면 갈등이 해소되지 않은 것으로 간주한다.

우리 침팬지 연구팀은 싸움을 한 당사자들끼리 우호적인 신체 접촉을 한 뒤에는 싸움이 재발할 확률이 줄어든다는 것을 발견했다. 단 반드시 염두에 두어야 할 것은 연구팀이 발견한 것은 모두 통계적 성격을 갖고 있다는 사실이다. 공격 행위와 이후의 키스가 연관되어 있다는 것은 부인할 수 없지만 예외도 있다. 두 침팬지 사이의 한 번의 우호적인 만남이 과연 화해를 하기 위한 것인지 아니면 이전의 다툼과는 별 상관이 없는 것인지는 100% 확신할 수 없다. 이러한 불확실성은 자못 당혹스러운데, 특히 내가 보기엔 화해 행위라고 생각되는 행동을 몇 시간 혹은 하루 종일 하

있는 것을 목격할 때는 정말이지 침팬지에게 설문지라도 돌리고 싶은 심정이다. 질문 1: "오늘 오후에 X와 키스할 때 아침에 싸운 것을 생각하면서 키스했습니까?" 질문 2: "키스한 뒤에는 기분이 좋아졌습니까?"

보통 화해를 주도하는 빈도는 서열이 높은 쪽과 낮은 쪽이 거의 반반이다. 물론 예외도 있기 마련인데, 예를 들어 물어뜯기까지 하는 심한 물리적 공격 행동이 있은 후가 그렇다. 그처럼 드물게나마 격렬하게 싸움을 하고 나면 서열이 높은 쪽은 종종 좀체 화해를 청하려고 하지 않는다. 이처럼 화해를 꺼리는 경향은 권력 투쟁의 막바지 단계에 이르면 극대화된다. 나는 아른헴 동물원의 집단을 관찰하는 동안 다 자란 수컷들 사이에서 그러한 투쟁이 벌어지는 것을 다섯 차례 지켜보았다. 그중 세 번은 기존의 순위가 뒤집히는 쪽으로, 두 번은 기존의 서열이 다시 한번 확인되는 쪽으로 결말이 났다. 이 과정은 몇 개월간 계속되는데, 몇 차례의 물리적 공격과 함께 위협 과시 행동과 공격적 충돌이 벌어진다. 라이벌들은 서로 충돌하다가 정서적으로 화해한 뒤 유난히도 오랫동안 그루밍을 하는 유형을 반복한다. 하지만 투쟁이 막바지에 다다르면 이처럼 우호적인 맞교환의 빈도수도 줄어든다.

이처럼 긴장된 마지막 2~3주 동안 결국 우두머리가 될 확률이 높은 수컷은 화해를 거부하기 시작한다. 라이벌이 다가와 손을 내밀며 접촉을 청할 때마다 등을 돌리고 멀리 걸어가 버리는 것이다. 패자가 공식적으로 승복하지 않는 한 그러한 거부 행위는 날마다 계속된다. 침팬지들 사이에서 서열은 서열이 아래인 쪽의 끙끙거리는 신음 소리와 깊게 절하는 동작으로 분명하게 표현된다. 일단 패자가 정기적으로 앞서 말한 전형적인 끙끙거리는 신음 소리로 상대방을 맞이하면서 공손한 태도를 보이면 다시 둘 사이의 접촉이 시작되고 관계가 안정된다.

"승복하지 않으면 평화도 없다"는 이러한 메커니즘은 조건부 보장의 한 형식이다. 즉 우호적인 제스처로 우두머리가 부하들의 안위를 보장하는 것은 서열이 같지 않다는 사실을 인정함으로써 부하가 우두머리의 위치를 보장하는 것에 달려 있다. 서열 지향적인 모든 종은 그러한 목적을 위한 특수한 신호 체계를 진화시켜왔다. 그러한 신호 체계는 군대에서 상관에게 부하들이 경례하는 것에 비견할 수 있다. 이런 의례를 망각하는 부하가 있다면 그는 머지않아 이러한 조건부 보장 메커니즘이 모든 계급 체계의 근간을 이룬다는 사실을 깨닫게 될 일을 당할 것이다. 이러한 메커니즘의 존재는 계급 체계는 그저 누가 더 우월한지를 보여주기 위한 사다리에 불과하다는 통념이 잘못되었음을 보여준다. 상황은 그보다 훨씬 더 복잡하다. 서열은 각 개체들을 충성의 계약으로 묶는 역할을 한다. 늑대들의 서열 신호 체계와 관련해 루돌프 셴켈은 이렇게 말하고 있다.

> 승복은 하급자가 우호적 또는 조화로운 사회적 통합을 얻기 위해 행하는 노력이다.

네 살배기 수컷이 이유기를 맞았다. 어미는 손으로 새끼의 턱을 받치면서 부드럽게 젖에서 입을 떼게 한다. 새끼의 삐죽 나온 입이 불만을 표시하고 있다(여키스 영장류 센터).

조건부 보장은 서열 관계에만 국한되지 않는다. 포유류들은 이유기 때 처음으로 그것을 완벽하게 경험한다. 어미 침팬지는 새끼가 4살 무렵에 이유를 시작한다. 어미는 젖을 빠는 것을 막기 위해 새끼들을 위협하거나 밀어내기도 하고 팔로 가슴을 가리기도 한다. 새끼들은 입을 삐죽 내밀면서 거의 사람과 똑같은 목소리로 칭얼대고, 때로는 죽을 듯이 소리를 지르고 몸부림을 치면서 떼를 쓰기도 한다. 어미는 새끼가 어미젖에서 머리를 돌리는 것을 조건으로 신체 접촉을 해서 새끼를 진정시킨다. 그러나 새끼가 어미젖 쪽으로 머리를 돌리면 다시 밀어낸다. 이유기가 끝나도 몇 년 동안 의존해서 살아야 할 만큼 어미는 어마어마하게 중요한 존재이기 때문에 새끼는 그것을 그냥 무시할 수 없다. 어미가 보이는 위협과 거부의 행위를 받아들여 새로운 관계를 정립해야 할 때가 된 것이다. 이때 어미가 얼마나 따뜻하게 대해주는가는 새끼가 어떻게 행동하느냐에 달려 있다.*

유아기의 행동과 성년기의 행동 사이의 연관 관계는 무척 흥미로운 관찰거리이다. 다 자란 수컷 침팬지는 싸움을 벌인 뒤 서열이 높은 상대에게 화해를 청했다가 거절당하면 땅을 치고 소리를 지르면서 떼굴떼굴 구른다. 어미에게서 거부당한 새끼처럼 행동하는 것이다. 정말 흥미롭게도 다 자란 침팬지가 라이벌들에게 도전하며 약을 올리는 소리를 낼 때 — 영어로는 이를 후팅hooting이라고 한다 — 짓는 표정은 새끼들이 배고플 때 짓는 표정, 즉 입술을 쑥 내미는 표정과 동일하다. 또 후팅 행위가 시작될 때 내는 약한 후후 하는 소리도 새끼들이 이유기 때 떼를 쓰면서 내는 소리와 비슷하다(물론 다 자란 침팬지의 소리가 훨씬 굵고 깊다). 간단히 말해 이유

* 가끔씩 나는 서구 문화에서 아기에게 모유를 먹이던 관습이 우유만 먹이거나 모유와 우유를 섞어 먹이는 쪽으로 바뀐 것으로 인해 화해 양태에 모종의 변화가 생긴 것은 아닌가 하는 생각이 든다. 엄마 젖을 떼게 하는 것에 비하면 현대의 이유는 훨씬 덜 신체적이고 훨씬 덜 트라우마적인 사건이다. 엄마와 아기 간의 갈등의 강도가 줄어들고 그 후에 아기에게 그렇게까지 많은 위로를 베풀어주어야 할 필요도 없게 된 탓에, 아이들이 앞으로 살아가면서 거절당하는 상황이나 관계에 위기가 닥치는 상황에 대처하는 능력을 발달시키는 데 차질이 빚어질 가능성도 충분히 생각해볼 수 있다.

완전히 다 자란 침팬지도 화가 나면 새끼 같은 행동을 하기도 한다. 이 암컷 침팬지는 다른 암컷에게 음식을 달라고 요청했다가 거절당했다. 화가 난 이 암컷은 소리를 지르면서 발작적으로 팔을 휘두르며 자신을 치고 있다(여키스 영장류 센터).

과정과 다 자란 성인들 간의 서열 경쟁 사이에는 심리적 연속성이 있는 것처럼 보인다. 아마 이유 또한 힘에 관한 것이기 때문일 것이다. 그것을 계기로 어미와 새끼 사이의 사회적 통제의 방향이 역전되는 것이다. 이유 과정에서 한 개체는 반드시 유지해야 할 관계가 극적으로 변하는 것을 처음으로 경험한다.

님 침스키라는 이름의 어린 침팬지의 수화(手話) 습득 능력을 연구한 허버트 테라스 박사는 인간-유인원 관계에서 조건부 보장이 어떻게 작용하는지를 이렇게 들려주고 있다. 님은 미국 수화(ASL)에서 사용되는 손짓의 의미를 여럿 익혀 그것으로 인간 교사들과 의사를 소통했다. 그러나 이 '학생'이 항상 모범적으로 행동하는 것만은 아니어서 때로 버릇을 잡을 필요가 있었다. 효과를 본 방법 중의 하나는 교사가 자리를 뜨면서 "너 나빠"라든지 "나 너 사랑 안 해" 등의 수화 동작을 하는 것이었다. 님은 이러한 격리 위협에 대해 소위 '사과 껴안기'로 반응했다. 하지만 점차 교사가 얼른 껴안아주지 않으며 시간을 끌지 않는 한 그러한 방법은 효과를 내지 못하게 되었다. 종종 그것은 님이 더 떼를 쓰는 결과를 가져오기도 했다. 테라스 박사는 그러한 사건을 한 번씩 치르고 나면 님의 행동이 극적으로 향상되지만 너무 빨리 용서하면 효과가 없다고 보고하고 있다.

이처럼 침팬지들은 관계들의 잠재적 변화에 극도로 민감한 것처럼 보인다. 어쩌면 공격으로 인한 불쾌한 물리적 피해보다 그러한 관계 악화를 더 두려워하는지도 모른다. 이 때문에 인간뿐만 아니라 동종의 유인원들은 관계를 정상화하기 전에 상대방의 행동에 모종의 변화를 요구할 수 있는 것이다. 공격이 매라면, 화해는 종종 당근이다.

성별 간의 차이

수컷 침팬지들이 암컷들보다 더 유화적이다. 아른헴 집단을 수년간에 걸쳐 체계적으로 관찰한 결과 성인 수컷들 사이의 갈등은 47%가 화해로 끝났지만 성인 암컷들 사이의 갈등은 18%만이 화해로 끝났다. 암수 사이의 갈등에 대한 화해 건수는 그 중간 정도다. 성별 간의 이러한 차이는 아직도 해결되지 않은 수수께끼이다. 나는 그것을 침팬지들 사이에서 나타나는 다른 성별 간의 차이에 연결시켜보려고 했는데, 그러한 차이가 없지 않다. 만약 컴퓨터 해커가 수컷과 암컷에 관한 우리의 파일들에 침입했다 하더라도 데이터들만 갖고는 자기가 보고 있는 것이 같은 종에 관한 것이리라고는 결코 짐작조차 못할 것이다. 특히 흥미로운 것은 협력적 관계에서 나타나는 성별 간의 차이이다. 수컷들 사이에서 대부분의 협력은 거래의 성격을 띠고 있다. 일 대 일 교환 법칙에 따라 서로를 돕는 것이다. 그와 반대로 암컷들은 혈연이나 개인적 선호에 따라 협력 관계를 정립한다. 이 두 가지 상호 원조 형태가 모두 권력 관계를 포함해 침팬지의 공동체 생활의 모든 측면에 스며들어가 있다. 따라서 권력 구조를 연구하면 화해에서 나타나는 성별 간의 차이를 조명해볼 수도 있을 것이다.

정글[약육강식]의 법칙은 침팬지들에게는 적용되지 않는다. 복잡하게 얽히고설킨 제휴 관계의 그물망 때문에 가장 강한 자의 권리도 제한받는다. 모든 집단 구성원들이 연줄을 이용하고 있기 때문이다. 침팬지 둘이 싸움을 하기 시작하면 다른 놈들도 서둘러 몰려와 구경하다가 새된 목소리로 응원을 하거나 자기가 편드는 쪽을 위해 개입하기도 한다. 한 마리에 맞선 제휴 관계를 두 마리에서 열 마리까지 함께 형성하기도 한다. 하지만 그렇게 해서 궁지에 몰린 쪽도 도움을 청할 수 있는데, 그리하여 싸움은 집단 내의 서로 다른 파벌 간의 충돌로 발전하기도 한다. 싸움을 하는 놈들은 적극적으로 지원 세력을 모집한다. 있는 힘껏 소리를 질러 주의를 끌고,

친구 어깨에 손을 얹어 자기편으로 끌어들이는가 하면 구경꾼들에게 손을 벌려 도움을 구한다. 또 보호자에게 도망가 안전한 거리를 확보한 다음 적에게 손짓과 고함으로 항의하기도 한다.

아른헴 동물원에서 수행한 나의 첫번째 연구 주제는 협력 관계였다. 여러 학생들의 도움을 받아 나는 "구성원 A가 C에 대항해 B를 지원한다"는 형태의 관찰 기록 수천 개를 확보했다. 나의 초기 저서 『침팬지 정치학 *Chimpanzee Politics*』(1982년)에는 우두머리 자리를 놓고 벌이는 싸움에서 인기라는 요소가 차지하는 비중, 라이벌을 일반 구성원들로부터 고립시키는 전술, 수컷들 사이의 권력 다툼에서 암컷이 차지하는 역할 등에 대한 많은 상세한 정보가 들어 있다. 인간 사회에서도 대통령 후보들이 갑자기 여성 문제에 관심을 보이고 그들의 문제에 귀 기울이며 아이들을 안아주는 모습을 보이는 것처럼 침팬지들도 그와 비슷하게 암컷들을 그루밍해주고 새끼들과 상냥하게 놀아주는데, 특히 서열을 놓고 싸울 때가 그러하다. 그러면 이제 성별 간의 차이를 특히 염두에 두면서 권력 관계를 간략하게 요약해보기로 하자.

갈등에 개입하는 무리의 각 구성원들은 각기 확실한 개인적 선호가 있다. 암컷들과 어린것들의 선호 대상은 안정적인 데 반해 성인 수컷들의 선호 대상은 시간이 흐르면서 바뀐다. 아른헴 동물원에서 암컷들 사이의 가장 강력한 연합은 마마와 녀석의 친구 고릴라(침팬지 이름이다!) 사이에 형성된 관계였다. 1971년에 처음으로 침팬지 집단이 형성될 당시부터 마마와 고릴라는 엄청나게 위험한 적들을 상대할 때 서로를 열심히 도왔다. 사실 이 둘은 그보다 훨씬 이전부터 서로 아는 사이였다. 1959년부터 라이프치히 동물원에 함께 살고 있었던 것이다. 그곳의 동물원 원장인 W. 푸쉬만의 편지에 따르면 둘은 그곳에서도 팀을 이루어 같은 우리에 살던 동료들에 대항했다고 한다. 아른헴 동물원에서 암컷들 사이에 아주 오래 지속되고 있는 유대 관계들 대부분은 이처럼 함께한 긴 시간에 기반하고 있었다. 그런데 그것은 이곳으로 오기 전 역시 다른 동물원에서 함께 자란 수컷들인 예로엔과 루이트의 관계에서는 정반대였다. 둘은 아른헴에 온 뒤 여러 해 동안 수도 없이 이런저런 형태의 동맹을 맺었지만 둘 사이에는 한번도 이렇다 할 우정이 싹튼 적이 없었다.

예로엔은 3년 동안 우두머리로 군림했다. 녀석의 위치가 루이트와 니키의 연합으로 위협받자 암컷들이 무더기로 녀석을 보호하고 나섰다. 그러나 그것도 예로엔을 지켜주지는 못했다. 그리하여 1976년 가을에 루이트가 소위 최고 우두머리 수컷$^{alpha\ male}$, 즉 서열 1위의 수컷이 되었다. 그러자 곧 니키는 루이트의 지지자에서 가장 큰 라이벌로 바뀌었다. 루이트와 니키는 날마다 물러난 지도자 예로엔과 자기는 접촉하고 상대방은 못하도록 싸움을 벌였다. 둘 다 예로엔과 앉아서 그루밍을 하면서 동시에 라이벌은 그렇게 하는 것을 막으려고 했다. 1년 가량 계속된 이 쟁탈전에서 루이트가 패배한 것은 예로엔이 점점 니키를 선호했기 때문이다. 1977년 전 지도자 예로엔의 지원을 등에 업은 니키는 루이트에게 도전해 최고 우두머리 자리를 차지하는 데 성공했다. 그러한 권력 이양이 끝나자마자 예로엔은 — 다시 한번 암컷들의 지원을 얻어 — 니키에게 도전했다. 하지만 성공하지는 못했다. 니키와의 싸움이 장기화될수록 루이트에게만 이로울 뿐이었기 때문이다. 예로엔과 니키 모두 혼자서는 루이트를 누를 수가 없었다. 예로엔은 새로운 동맹을 더이상 위험하게 하기보다는 니키 다음으로 영향력 있는 서열로 만족하기로 했다.

일반적으로 말해서 수컷들은 어떤 해에는 라이벌이었다가 다음 해에는 동맹자가 되거나, 또는 그와 정반대로 되는 일이 흔하다. 이러한 융통성을 이해하려면 두 개체 간의 상호 지원을 가리키는 동맹 관계^{coalition}를 함께 앉아 서로 그루밍을 해주는 등의 친밀한 행동을 가리키는 사회적 유대$^{social\ bonds}$와 구분해야 한다. 만약 전자를 사회적 유대의 일부로 본다면 융통성 있는 지원망은 오직 유대 관계를 맺는 유형이 바뀌어야만 생겨날 수 있을 것이다. 하지만 우리의 데이터에 따르면 그러한 변화는 일어나지 않는다. 수컷들 사이의 사회적 유대 관계는 상당히 안정적이다. 대신 동맹 관계는 수컷들 사이의 유대 관계에 전혀 영향을 받지 않는다는 것을 알 수 있었다. 암컷들은 대부분 자식이나 가장 친한 친구들을 보호하기 위해 행동에 나서지만 수컷들 사이의 동맹 관계는 암컷들의 경우보다 훨씬 더 예측하기가 힘들다. 수컷들은 보통 때는 그루밍과 접촉 상대로 선호하는 동료에게도 떼를 지어 등을 돌리는 일이 흔하기 때문이다.

수컷들의 동맹은 집단에서 높은 자리를 획득하고 유지하기 위한 도구이다. 기회를 잘 타야 하는 이 같은 전략에 동정이나 적대감 같은 감정이 끼어들 여지는 없다. 수컷들이 친화를 위한 선택과 동맹 관계를 분리하려는 경향은 경쟁자를 교묘히 비집고 앞으로 나가려 할 때 가장 두드러지게 나타난다. 성인 수컷 침팬지들은 대체 가능한 동맹 파트너들로 구성된 서열이 정연한 세계에 살고 있으며, 이들의 영원하고 유일한 목표는 권력인 것처럼 보인다. 이에 반해 성인 암컷들은 사회적 관계들로 얽힌 수평적 세계를 형성하고 있다. 암컷들의 동맹 관계는 특정 개체에게 집중되어 있으며, 목표는 그들의 안전이다. 가령 마마와 같은 일부 암컷들은 집단에서 상당한 영향력을 행사하지만 그것을 위해 혈연이나 가까운 친구를 희생하는 법은 절대 없다. 내가 아른헴 동물원에서 연구하는 동안 마마가 친구인 고릴라를 배신한 적은 단 한번도 없었다.

인간을 대상으로 한 여러 심리학 실험을 통해 우리는 서구 문화에서는 인간 남녀도 침팬지 암수와 비슷한 차이를 보인다는 것을 알 수 있다. 예를 들어 사람들에게 오직 다른 사람과의 협력을 통해서만 승리할 수 있는 경쟁적인 상황 — 통상은 게임 — 이 주어질 수 있을 것이다. 남성들은 연합 관계를 형성할 때 게임을 하는 사람들 사이에서의 힘의 분배, 전략적인 고려 등에 민감한 반면 여성들은 주로 개인적인 매력에 근거해 파트너를 고른다. 매력이 전략적 가치보다 안정적이기 때문에 남성들의 특징은 아무래도 가변성에서 찾을 수 있을 것이다. 그러한 특징은 정치에서도 찾아볼 수 있다. 브라질의 대통령 당선자인 탄크레도 네베스는 이 분야에 대한 남성들의 태도를 이렇게 명료하게 요약해준 바 있다.

저는 절대 헤어질 수 없는 친구도, 절대 다가갈 수 없는 적도 만들지 않았습니다.

성별 간의 이러한 차이가 얼마나 널리 퍼져 있는지, 그리고 어떤 상황에서 그러한 차이가 나타나는지를 알려면 다양한 문화를 연구해봐야 한다. 또 야생 침팬지에 대한 관찰도 필요하다. 야생 침팬지에 관해 지금까지 알려진 데이터는 위의 가설을 대략적으로나마 뒷받침하고 있다. 사실 그러한 지식은 현재 탄자니아에서 진행되고 있는 감탄할 만한 두 개의 현장 프로젝트 덕분이다. 하나는 제인 구달에 의해 1960년 곰베 국립공원에서 시작되었고, 다른 하나는 도시시다 니시다를 비롯한 일본의 영장류학자들에 의해 마할레 산맥에서 1965년에 시작되었다. 침팬지 공동체에서 이루어진 몇 차례의 권력 이양을 목격한 바 있는 구달은 수컷들 사이의 연합 관계의 중요성을 반복해서 강조한 바 있다. 니시다는 마할레 집단에서 좀더 젊은 수컷 두 마리가 서로를 제압하기 위해 나이 많은 수컷의 지지를 필요로 하는 상황에서 나이 많은 수컷이 정기적으로 편을 바꾸는 현상에 대해 보고하고 있다. 정글에서 서로 싸우고 있는 수컷들을 몇 달간 계속 추적하면서 관찰하는 데 성공한 니시다는 그러한 현상을 '변덕스러운 충성 관계'라고 부르고 있다. 그러한 식으로 늙은 수컷은 핵심적인 역할을 차지할 수 있었으며, 성적 특권의 형태로 보상도 받았다.

그것은 아른헴 집단에서 니키가 우두머리로 올라선 첫 해에 예로엔이 사용한 전술과 똑같은 것이다. 예로엔은 성적으로 매력적인 암컷들에게서 니키를 쫓아내는 데서는 루이트의 도움을 받고, 다시 루이트를 쫓아내는 데서는 니키의 도움을 받았다. 교묘하게 이 두 젊은 수컷을 싸움을 붙여 덕을 본 예로엔은 무리에서 성적 접촉을 가장 많이 하는 특권을 누렸다. 그러한 권력 배치를 이해하려면 공식 서열과 권력을 구분할 수 있어야만 한다. 공식적인 서열은 두 마리의 침팬지가 만났을 때 서열이 높은 쪽은 털을 꼿꼿하게 곤두세우는 몸짓을, 낮은 쪽은 끙끙거리는 신음 소리를 내며 깊게 절하는 몸짓을 취하는 의식으로 표현된다. 니시다가 관찰한 늙은 수컷뿐만 아니라 예로엔도 더 젊고 힘이 센 수컷들을 정식으로 지배할 수 없는 것을 힘과 권력을 교묘하게 조작하는 방식으로 보완했던 것이다.

수컷들 사이의 서열은 철저하게 형식화되어 있다. 즉 수컷들은 빈번히 자기 지위를 서로에게 알리는 행동을 한다. 그처럼 심한 경쟁 체제에서 관계를 편안히 하려면 그러한 형식화가 반드시 필요하다. 지위와 관련된 의사소통이 붕괴될 때 심각한 싸움이 분출하는데, 승리한 쪽은 질서를 복구하기 위해 조건부 보장 메커니즘을 사용한다. 형식화된 위계는 경쟁 상황에서도 단결을 유지하기 위한 도구로 볼 수 있다. 따라서 아른헴의 수컷들은 암컷들에 비해 자기들끼리 공격적인 충돌을 20배나 많이 하지만 우호적인 만남을 갖고 그루밍을 하는 횟수는 적어도 암컷들만큼은 많다. 이에 비해 암컷들 사이의 위계는 상당히 모호하다. 암컷들 사이에서는 서열을 알리는 몸짓을 하는 일이 드물기 때문에 이들을 수직적으로 줄을 세우는 것은 어려울 뿐만 아니라 거의 아무런 의미도 없다. 그것은 야생 침팬지 암컷들의 경우에도 마찬가지다.

수컷들 사이의 화해 빈도가 아주 높은 것 — 수컷들 사이에서 벌어지는 싸움의 빈도가 높은 것을 감안하더라도 마찬가지이다 — 은 이러한 성별 간의 차이와 관련되어 있을 수도 있다. 무엇보다 먼저 분명한 위계질서가 있어 불화가 생긴 뒤에 화해할 수 있는 의식이 미리 정해져 있다. 흔히 수컷들 사이의 화해는 공식적인 서열을 확인하는 것으로 시작된다. 예를 들어 서열이 위인 수컷은 털을 모두 곤두세운 채 뒷발로 서고, 상대가 허리를 구부리면 상대의 등 위로 팔을 들어 힘 있게 휘두른다. 이렇게 서로 간의 서열 관계를 확실히 한 뒤에야 다가가서 입을 맞추고 그루밍을 하기 시작할 수 있다. 다음으로 수컷들 사이의 파워 게임은 한순간도 마음을 놓을 수 없는 마키아벨리적 속성이 있어 모든 친구가 언젠가는 적이 될 수 있고 반대의 경우도 가능하다는 것을 함축하고 있다. 따라서 수컷들은 깨진 관계를 정상화시켜야 할 충분한 이유가 있다. 지금은 가장 큰 경쟁자이지만 언제 그의 도움이 필요할지 아무도 모르는 것이다. 불만을 품고 화해하지 않으면 고립되고 마는데, 연합 체계가 생명인 집단 속에서 그것은 거의 정치적 자살에 가깝다. 인간 세계의 정치에서도 성공하려면 타협, 용서 그리고 잊어버릴 수 있는 능력이 반드시 필요하다. 앞서 인용한 문장에 비추어 볼 때 네베스가 그의 나라에서 '위대한 조정자'로 불렸던 것은 전혀 놀랄 일이 아니다.

그러나 암컷 침팬지들은 이와 완전히 다르다. 이들 사이의 연합 관계는 시간이 흘러도 변하지 않고 개인적 선호나 혈연 등과 겹쳐지며, 암컷들이 수컷들보다 훨씬 덜 지배 지향적이기 때문에 서열 경쟁에서도 상대적으로 덜 중요하다. 이들에게 가장 중요한 것은 작은 규모의 가족과 친구들과 좋은 관계를 유지하는 것이며, 따라서 그 밖의 구성원들과는 싸움을 해도 화해해야 할 이유가 별로 없다. 몇 년에 걸친 관찰 결과 나는 아른헴 집단의 암컷들은 누구나 꼭 숙적이 한두 마리 정도 있으며 이들과의 화해는 생각할 수도 없다는 느낌을 받았다. 수컷들보다 화해를 잘 안 한다고 하기보다는 암컷들이 훨씬 더 가림이 심하다고 표현하는 것이 더 나을 듯하다. 이들은 친구와 적을 수컷들보다 훨씬 더 확실하게 구분하기 때문이다.

아른헴 동물원에 사는 침팬지 암컷들 사이의 유대와 결속력은 야생 침팬지 암컷들보다 훨씬 더 강하다. 동물원에서는 먹이 경쟁이 생사를 결정하는 문제가 아니기 때문이다. 먹이 공급이 부족할 수도 있는 야생 환경에서 침팬지 암컷들은 숲 전체에 널리 흩어져 살면서 충돌을 피하는데, 이들은 10살까지의 자식을 데리고 생활한다. 이처럼 다소 고독한 삶은 수컷들이 긴장 상황을 조절하는 데 사용하는 사회적 메커니즘이 왜 암컷들 사이에서는 덜 발달했는지를 설명해준다. 종종 떼를 지어 옮겨 다니는 성인 수컷 침팬지들에게는 경쟁에 대처하는 방법이 절실히 필요하다. 수컷 집단의 핵심과 긴밀한 관계를 유지해야 한다는 각 개체들의 개인적 동기도 있지만, 긴밀한 유대 관계는 언제라도 다른 집단의 수컷들의 공격에 직면할 수 있는 모든 수컷들에게는 생사가 달릴 정도로 중요한 문제이기도 하다.

암수 간의 이처럼 다른 생활 방식을 고려할 때 아른헴 집단에서 관찰된 바 있는 성별 간의 차이가 구달의 『곰베의 침팬지들 *The Chimpanzees in Gombe*』에서도 재확인되고 있는 것은 놀랄 일이 아니다. 야생 침팬지들에서도 또한 공격한 후에 화해하는 빈도는 암컷들에게서보다 수컷들에게서 훨씬 더 높았다.

암컷 침팬지들은 소수의 친구와 혈연끼리 친밀한 관계를 유지한다. 사진에서는 다 자란 침팬지가 딸의 얼굴을 그루밍하면서 움직이지 않게 꽉 붙잡고 있다(여키스 영장류 센터).

우리 인간에게도 그와 유사한 성별 간의 차이가 존재할까? 아마 이만큼 까다로운 문제도 여간해서는 없을 것이다. 심지어 페미니스트들 사이에서도 의견이 분분하다. 예컨대 『권력을 넘어 Beyond Power』에서 마릴린 프렌치는 인간 사회에서 위계적인 구조는 전형적으로 남성적인 것으로, 평등한 네트워크는 전형적으로 여성적인 것으로 구분하고 있는데, 그것은 침팬지들에게서 발견되는 것과 흡사하다. 하지만 동시에 프렌치는 인간 여성들을 경쟁적 성향이라곤 전혀 없는 지구상에서 가장 평화로운 생물로 그리고 있다. 그녀는 선사 시대 사람들은 여성이 지배하는 사회에서 살았을 것으로 믿는다.

모계 세계는 공유하는 사회, 우정과 사랑으로 뭉친 공동체, 가정과 사람들 사이에서 감정이 중심이 된 사회로, 이 모든 것이 합쳐져 행복이 넘치는 세계였다.

그처럼 꿈과 같은 세계가 존재했다는 증거가 없다는 것은 둘째 치더라도 나는 그것이 이론적 가설로조차 성립 가능한지 의문을 제기하고 싶다.

모든 여성이 서로 사랑하고 돕고 사는가? 아주 친한 몇몇 친구들끼리라면 그럴 수 있다고 할 수 있다. 마치 침팬지 암컷들과 마찬가지로 말이다. 하지만 여성 일반이라면? 또 여성들은 항상 자기들끼리 잘 어울리는가? 마리안 우드커크-힘스커크라는 네덜란드의 한 수영 코치는 『NRC-한델스블라트 NRC-Handelsblad』와의 인터뷰(1981년 3월 5일자)에서 왜 남학생을 가르치는 것을 더 좋아하는지를 설명한 바 있다. 15년 동안의 코치 생활에서 그녀는 남학생들 사이의 좀더 솔직한 경쟁보다 여학생들 사이의 질투와 원한 때문에 훨씬 더 많은 어려움을 겪었다는 것이다.

뭐랄까, 남학생들끼리 치고받고 싸운 다음 한 시간쯤 후에 같이 앉아 맥주 마시는 꿀을 보는 것이 몇 달 동안 같은 일로 서로 알게 모르게 아웅다웅하는 여학생들을 보는 것보다 훨씬 더 낫지요.

설혹 이러한 상투적인 이분법이 진부한 것이라고 해서 그것이 반드시 사실이 아니라고 치부해서는 안 된다. 수녀원, 간호사 합숙소, 여자 대학 등 안에서의 인간관계를 체계적으로 연구해서 '여성'이 평화의 상징이라는 믿음이 신화에 불과한지 아니면 사실인지를 밝혀내야 할 것이다. 여성들은 온갖 교묘한 방식으로 경쟁을 벌인다. 예컨대 침팬지 암컷은 수컷 친구를 부추겨 다른 암컷을 공격하도록 유도하기도 한다. 이 암컷은 수컷 친구 옆에 앉아 팔을 어깨에 두르고 경쟁자 암컷을 향해 새된 소리로 비명을 내지른다. 수컷이 암컷 친구 뜻대로 경쟁자 암컷을 공격하면 연구원들은 그것을 수컷의 또 하나의 공격이라고만 기록한다. 달리 분류할 범주를 세분해두지 않았기 때문이다. 이와 마찬가지로 인간 사회에서도 여성들끼리의 경쟁은 종종 간과된다.

생물학적 관점에서도 여성들에게서는 공격성을 찾아볼 수 없다는 주장은 말이 되지 않는다. 자원은 한정되어 있으며, 남성이든 여성이든 집단의 각 성원은 생존하고 번식하기 위해 노력한다. 따라서 페미니스트 영장류학자들도 한 성은 전투적이고 한 성은 평화적이라는 가설에 이의를 제기하기 시작하게 되었다. 『진화하지 않은 여성 *The Woman That Never Evolved*』에서 새러 흐르디가 개괄한 새로운 데이터는 암컷 원숭이들도 물론 이유는 다르지만 수컷 원숭이들만큼이나 치열하게 경쟁한다는 것을 보여준다. 수컷 원숭이들은 주로 짝짓기 상대를 놓고, 암컷 원숭이들은 자신과 자식의 먹이를 놓고 경쟁을 벌인다는 것이다.

흐르디의 견해들 중 내가 보기에 억지 주장처럼 보이는 것이 딱 하나 있는데, 암컷 영장류들이 서열에 강하게 집착한다고 하는 것이 그것이다. 그러한 주장은 — 가령 비비와 짧은꼬리원숭이 같은 — 많은 원숭이 종에게 적용될 수 있는데, 이들 종의 암컷들은 엄격한 위계질서를 이루고 산다. 하지만 우리와 가장 가까운 친척인 유인원들에게는 적용하기 힘들다. 암컷 침팬지들 사이에서 자기 서열을 알리는 의식에 해당하는 몸짓을 찾아보기는 거의 힘들다. 6년 동안 아른헴 집단을 관찰하는 동안 나는 그러한 몸짓을 하는 암컷을 한번도 본 적이 없다. 또 침팬지 수컷들은 우두머리 자리를 놓고 맹렬한 싸움을 벌이지만 암컷들은 그렇지 않다. 사실 서열 문제를 놓고 수컷들끼리 빚는 갈등이 너무나 커서 침팬지들의 사회 구조가 공격성을 감소시키는 것이 아니라 오히려 증가시키지 않느냐는 주장이 나올 정도이다. 핵심적인 사실은 이러한 사회 구조 그리고 그와 관련되어 있는 우두머리와 부하들 사이의 상호 보장이 수컷들 사이의 경쟁을 암컷들 사이에서보다 훨씬 덜 분열적인 것으로 만들어준다는 것이다. 수컷들이 위계질서를 이루고 있기 때문에 공격 방향을 예측하는 것이 가능해지고, 경쟁자들이 연합할 수 있는 기회가 제공된다.

하지만 그렇다고 해서 그것을 수컷들은 암컷들만큼이나 평화롭다는 의미로 받아들여서는 안 된다. 그것은 현실을 크게 왜곡하게 될 것이다. 침팬지뿐만 아니라 인간에게서도 남성〔수컷〕이 물리적 폭력에 훨씬 더 의존하는 경향이 있다. 그리고 빈번히 말썽을 일으킨다. 내가 말하고 싶은 것은 여성〔암컷〕들은 전혀 경쟁을 하지 않는다고 가정해서는 안 된다는 것이다. 내가 보기에 성별 간의 차이에서 가장 흥미로운 점은 경쟁의 양이 아니라 형태, 그리고 관계에 끼치는 경쟁의 영향이다. 실제로 여성은 경쟁을 하지 않는다는 잘못된 이미지는 아마 침팬지 암컷들이 보이는 것과 비슷한 성향, 즉 경쟁자들로부터 멀찍이 떨어져 있으려는 성향에서 비롯되었을 확률이 높다. 이와 관련해 릴리언 루빈은 이렇게 지적하고 있다.

그리하여 경쟁심이 — 물론 때로는 서로를 앞지르고 싶어 하는 바람까지도 — 마음속에 자리 잡고 있다는 것을 인정하기보다는 경쟁 상대에게서 거리를 두는 쪽을 택하게 된다. 그렇게 해서 결국 우리가 그토록 보호하고 싶어 하는 것, 바로 친밀성이 훼손되고 마는 것이다.

연합 관계의 붕괴

평화로운 해결책이 실패하거나 무시당하면 폭력이 터져 나온다. 하지만 그러한 위험이 항상 눈에 띄는 것은 아니다. 공격성은 철저하게 완충되고 완화될 수도 있는데, 그리하여 그렇게 얻은 평화가 당연시되는 일까지 있게 된다. 아른헴 집단의 수컷들 사이에서 위계질서가 흔들리지 않는 동안 폭력 사태는 거의 없었다. 이들은 서열 확인 의식, 서로를 안심시켜 주는 몸짓, 그루밍 등을 통해 사회 구조를 조심스럽게 유지했다. 종종 서열이 바뀌어도 생명을 위협하는 다툼은 하지 않고 지나갔다. 물론 표면적인 평화 밑으로 엄청난 긴장감이 감도는 것이 느껴지기는 했다. 특히 수컷들이 생식기가 붉게 부풀어 올라 성적 매력을 풍기는 암컷 주변을 맴돌 때는 긴장감이 손에 만져지는 듯했다. 그러나 상황은 항상 질서 있게 유지되었다. 이런 상태가 처음 9년 동안 지속되어 연구팀은 이것을 정상적인 상태로 보았다. 상대적인 평화가 이토록 오래 지속된 터라 연구팀은 1980년 일시적으로 발생한 아른헴 집단의 구조 붕괴에 제대로 대비가 되어 있지 않았다. 지금 소개할 사태를 이해하려면 3년을 거슬러 올라가 당시 예로엔과 니키 사이에 맺어진 연합 지배 체제를 알아둘 필요가 있다.

역설적이지만 1977년 루이트가 예로엔과 니키에게 패배한 이유는 녀석이 혼자 힘으로 우두머리 자리를 유지할 수 있는 것처럼 보였기 때문이다. 최고 자리에 오른 루이트는 몇 달 안에 암컷들에게서 폭넓은 지지를 확보했다. 이전 우두머리 예로엔이 중립을 지켜주기만 하면 루이트는 라이벌 니키를 제어하는 데 별 문제가 없었다. 이와 반대로 니키는 예로엔의 적극적인 지원 없이는 우두머리 자리를 차지할 가망이 전혀 없었다. 예로엔이 결국 니키와 힘을 합치기로 결정한 것도 이해할 만하다. 자기에게 완전히 의지할 수밖에 없는 새로운 지도자(니키)의 오른팔이 되는 것이 우두머리로서 모든 특권을 독차지할 것이 뻔한 더 강한 지도자(루이트) 밑에 들어가는 것보다는 훨씬 더 득이 많을 테니 말이다. 루이트의 운명은 인간들 사이의 연합 관계 이론에서 잘 알려져 있는 "힘이 곧 약점이다"라는 규칙을 생생하게 보여주고 있다. 강력한 존재는 필연적으로 자신에 맞선 연합 전선이 형성되는 것을 되레 부추기는 것이다.

형식적으로는 니키가 최고 우두머리로 집단의 모든 성원이 복종의 표시로 인사를 건넸지만 처음 1년 동안 녀석의 지위는 취약했다. 앞서도 소개했지만 니키는 자신의 파트너 예로엔이 짝짓기에서 가장 큰 특권을 누리는 것을 막을 수 없었다. 암컷들은 니키보다 예로엔을 더 존중했고 니키에게 굴복하는 것은 마음에서 우러나오는 것이 아니었다. 하지만 니키

예로엔(왼쪽)과 니키의 연합 전선은 아른헴 집단을 3년 이상 지배했다. 더 젊고 힘이 센 니키가 형식적으로는 우두머리였지만 예로엔에게 전적으로 의존하고 있었다(아른헴 동물원).

와 루이트가 갑자기 예로엔이 두 수컷의 성적 질투심을 이용하는 것을 그냥 놔두지 않게 되면서 니키의 지위는 상당히 강화되었다. 하루아침에 예로엔의 행운은 바닥을 드러냈다. 니키나 루이트 둘 중 하나가 발정기의 암컷에게 다가갈 때면 간혹 예로엔이 소리를 지르면서 손을 내밀어도 녀석들은 예로엔의 그러한 요청을 무시해버렸다. 그 결과 니키의 집권 2년째에는 니키와 루이트가 가장 많이 짝짓기에 성공한 수컷이 되었다. 이후 둘 사이의 '불간섭 조약'은 일종의 연합 전선으로 발전했다. 둘은 정기적으로 한 팀이 되어 서식지 전체를 휘젓고 다니면서 예로엔이 매력적인 암컷 옆에 너무 가까이 오래 앉아 있으면 함께 돌격 과시 행동을 했다.

여기까지가 1979년 내가 『침팬지 정치학』을 쓰던 당시의 상황이었다. 세 마리 수컷 사이의 삼각관계의 균형은 처음에는 예로엔에 의해 아래에서 조정되다가 나중에는 니키에 의해 위에서 조정되게 되었다. 니키의 경우 루이트와의 협조는 엄격하게 성적 맥락에만 국한되었으며, 아직 예로엔의 영향력을 빌려야만 루이트를 누르고 최고 우두머리 자리를 유지할 수 있었다. 니키의 전략에서 핵심적인 요소는 루이트와 예로엔의 접촉을 막는 것이었다. 나의 지도 학생 중의 하나인 오토 아당이 소위 격리 간섭 작전을 기록했는데, 한 마리가 다른 두 마리 사이의 접촉을 깨는 이 현상은 주로 두 마리 바로 앞에서 과시 행동을 하거나 나뭇가지나 돌을 던지거나 돌격 위협 행동을 하는 등의 방법으로 이루어졌다. 그러한 간섭 행동을 한 것은 대부분 니키였다. 녀석은 특히 루이트가 예로엔과 접촉하는 것에 신경을 썼으며, 또한 루이트가 서열이 높은 암컷들과 접촉하는 것도 방해했다. 루이트 역시 그와 관련된 규칙들을 알고 있었음이 분명하다. 니키가 자기 쪽을 노려보기만 해도 루이트는 머리를 긁적이고 하늘을 쳐다본 다음 그루밍을 나누던 파트너 옆을 조용히 떠나곤 했다. 예로엔은 니키의 조력자 역할을 하기도 하거니와 때로는 이러한 간섭 작전을 조장하기도 했다. 후팅, 즉 큰 소리로 우우 소리를 내서 루이트가 다른 성원과 접촉하고 있는 쪽으로 니키의 관심을 끈 다음 니키와 함께 어깨를 나란히 하고 돌진해서 루이트와 함께 앉아 있던 무리를 흐트러뜨리곤 했다.

내 생각에 1980년 아른헴 집단에서 터져 나온 심각한 갈등은 점점 더 커져가던 예로엔의 불만에서 비롯된 것 같다. 니키를 권좌에 앉히고 루이트를 사회적으로 고립시키도록 도운 것이 바로 예로엔이었다. 그러나 섹스 문제에 관한 한 루이트는 순종적인 모습에서 자신감에 넘치는 모습으로 변신하곤 했다. 니키가 이 문제에 관해서만큼은 루이트에게 아주 관대했기 때문이다. 그러한 상황이 그다지 잦은 편은 아니었다. 모유를 먹이는 자식이 없는 암컷들만이, 그것도 매달 생리 주기 가운데 약 14일 정도만 짝짓기가 가능하기 때문이다. 그렇다고는 해도 예로엔으로서는 니키를 지지해서 얻는 이득이 점점 줄어드는 것처럼 보였다.

루이트의 짝짓기 때문에 집단의 두 우두머리인 예로엔과 니키 사이에 긴장이 고조되면서 작은 사건들이 끊임없이 벌어지던 어느 날 드디어 최초로 심각한 공격이 감행되었다. 7월 4일 크롬이라는 암컷이 침팬지 수컷을 성적으로 자극하는 분홍색 생식기를 드러내기 시작했다. 그날 아침 연구팀은 니키와 루이트 사이의 화해를 관찰했다. 예로엔이 크롬을 유혹하려 하자 니키와 루이트는 털을 곤두세우고 녀석에게 다가갔다. 예로엔은 크롬 옆을 떠나기는 했으나 니키를 밀어붙이고 루이트를 때렸다. 그러자 세 수컷 모두가 소리를 질러댔고, 니키와 루이트는 잠시 동안 서로의 등 위에 올라탔다.

몇 시간 후 세 마리 수컷은 모두 함께 크롬이 올라가 있는 나무 밑에 앉아 있었다. 루이트가 크롬이 있는 곳으로 올라가려 하자 예로엔은 눈길을 루이트에서 니키로 옮기면서 짖는 소리를 냈다. 루이트는 서둘러 다시 땅으로 내려와 다른 두 마리가 있는 곳으로 다가갔다. 그리고 세 마리는 함께 후팅을 했다. 그러나 몇 분이 지나 루이트는 다시 크롬이 있는 나무에 올라가기 시작했다. 그러자 예로엔은 루이트를 향해 큰 소리를 지르면서 니키에게 손을 뻗쳐 도움을 구했다. 니키는 자리를 떴다. 그러자 예로엔은 뒤에서 니키에게 뛰어 올라 등을 무는, 매우 예외적인 기습 공격을 감행했다. 루이트를 저지해달라는 자신의 요청을 니키가 무시한 것에 극도로 화가 난 것 같았다.

이 사건이 있은 지 이틀 후 밤을 지내는 우리에서 세 수컷이 또 싸움을 벌였다. 연구팀이 직접 관찰하지는 못했지만 세 마리 중 두 마리가 입은 상처로 미루어 보건대 아른헴 집단이 형성된 이래 가장 격렬한 싸움이었던 것이 틀림이 없었다. 니키는 손가락과 발가락 끝 여기저기와 엉덩이, 귀에 깊은 상처를 입었고, 예로엔의 손가락과 발가락은 물려서 부어올라 있었으며 손톱과 발톱 몇 개가 떨어져 나갔는가 하면 발가락 한 개는 아예 끝이 떨어져 나갔다. 그와 반대로 루이트는 가벼운 찰과상만 한 군데 입었을 뿐이었다. 수컷들 사이의 싸움은 통상 상처를 입지 않고 끝나는 경우도 많지만 상처가 나면 거의 대부분 손과 발에 난다. 따라서 이 싸움이 심상치 않았던 것은 상처들의 부위 때문이 아니라 개수 때문이었다. 게다가 지금껏 아른헴 집단의 수컷 누구도 손가락이나 발가락 부위가 떨어져 나간 적은 없었다.

비록 단순히 상처의 숫자로 누가 승자고 누가 패자인지를 가릴 수는 없는 노릇이었지만 니키는 분명히 패자처럼 행동했다. 사건이 일어난 전날 밤까지만 해도 녀석은 위풍당당하고 거대한 몸집을 지닌 최고 우두머리 수컷이었다. 하지만 이제 몰라볼 만큼 작고 풀 죽은 불쌍한 침팬지로 보였다. 루이트는 이번의 물리적 투쟁에 별로 관여하지 않은 것처럼 보였지만 이제 새로운 우두머리 수컷으로 군림하기 시작했다. 이들 사이의 일 대 일 관계에서 볼 때는 이해하기 어렵지만 세 마리의 수컷 사이 삼각관계를 전체적으로 놓고 보면 그것은 너무나 당연한 것이었다. 몇 년간의 정황 증거로 볼 때 예로엔과 니키는 서로의 도움이 필요했으며, 둘 사이의 연합 관계가 깨지면 그와 동시에 루이트가 재집권하리라는 것은 불 보듯 뻔한 일이었다. 루이트는 하룻밤 사이에, 그것도 겉으로 보기에는 그러한 자리를 쟁취하기 위해 싸우지도 않고 집단의 우두머리가 된 최초의 수컷이었다. 나의 해석으로는 예로엔과 니키의 연합 관계가 깨지면서 생긴 권력의 공백 상태를 루이트가 즉시 채운 것처럼 보인다. 루이트가 부전승을 거둔 것이다.

그날 밤에 벌어진 사건을 이와 다르게 재구성해볼 수도 있을 것이다. 즉 루이트가 예로엔과 니키 둘을 혼자 상대해 상처를 입혔을 것이라고 말이다. 하지만 이후에 벌어진 사건들에 의해서도 확인되듯이 그러한 정도의 대승은 루이트의 물리적 힘을 훌쩍 넘어서는 것이었다.

치명적인 폭력 사태

네 마리의 수컷이 1978년 5월부터 서로 연결된 두 우리에서 계속 밤을 지냈다. 가장 어린 수컷 댄디는 자기가 자고 싶은 곳이면 아무 데서나 잘 수 있었다. 어떤 때는 다른 수컷들과 함께 자고, 어떤 때는 혼자 자기도 했다(위에서 소개한 1980년 사건 당시에는 혼자서 잤다). 예로엔과 니키의 충돌 이후 우리는 사건에 연루된 세 마리 수컷들을 일주일 동안 집단에서 격리한 다음 감시가 가능할 때만 같은 공간에서 생활하도록 했다. 모든 것이 순조로웠다. 세 마리 수컷은 낮 동안은 커다란 실내 홀 중의 하나에서 지내고, 밤에는 서로 다른 우리에 격리된 채 잠을 잤다. 일주일 후 이들은 집단생활로 복귀했으며, 밤 동안만 격리된 채 지냈다.

그러나 얼마 후 사육사인 재키 홈스와 로이스 오퍼만스는 밤에 이 수컷들을 격리하는 데 점차 큰 어려움을 겪기 시작했다. 예로엔은 항상 니키와 같은 우리에 들어가려고 했다. 만약 예로엔이 성공하면 루이트는 극도로 흥분해 자기 우리에 들어가는 것을 거부하고, 심지어 종종 철창 사이로 사육사들을 공격하기까지 했다. 반대로 루이트와 니키가 같은 우리에 들어가면 예로엔이 똑같은 반응을 보였다. 루이트와 예로엔 양쪽 모두 다른 수컷들 둘이 같은 공간에 있을 때 자기만 혼자 있는 상황을 원하지 않는 것 같았다.

약 7주 후 우리는 문제를 침팬지들 본인들에게 맡기기로 결정했다. 같은 공간에서 잠을 자는 것을 강력하게 원하면 그렇게 하도록 허락했다. 그렇지 않으면 다른 공간에서 자도록 했다. 그러한 결정을 내리자 사육사들은 뚜껑문과 물 호스만을 도구 삼아 이 세 마리 수컷들을 격리해야 하는 피곤하고도 시간이 많이 드는 작업을 하지 않아도 되게 되었다 — 이전까지는 종종 밤늦도록까지 그러한 일에 매달리곤 했었다. 본인들의 관계 내에서 여러 가지 가능성을 예측하는 데는 침팬지들이 우리 인간 관찰자들보다 훨씬 더 낫다는 것이 당시 나의 철학이었다. 아마 그러한 가정은 아

루이트(오른쪽)가 이제 새로운 우두머리라는 것을 보여주고 있는 서열 확인 의례. 니키가 절을 하고 있는 동안 루이트는 몸을 세우고 털을 곤두세운다. 이런 동작을 할 때면(다음 쪽의 사진) 두 마리 수컷의 몸집이 엄청나게 차이 나는 것처럼 보인다. 하지만 실제로 이 둘은 몸집이 거의 비슷하다(아른헴 동물원).

직까지도 정확하다고 할 수 있을 것이다. 세 마리 수컷이 같은 우리에서 밤을 보내고 싶어 하는 욕구 그리고 그러한 욕구를 들어주기로 한 우리의 결정이 극적인 결과를 가져왔다 해도 침팬지들이 그러한 위험을 몰랐다고 할 수는 없기 때문이다.

첫번째의 심각한 싸움과 두번째의 싸움 사이 내내 니키는 루이트 앞에서 극도로 복종적인 태도를 보였다. 어떤 때는 말 그대로 땅에 머리를 조아릴 정도였다. 예로엔의 태도는 훨씬 덜 복종적이었다. 루이트가 털을 세우고 서열을 과시하는 자세로 다가오면 종종 맞서서 비슷한 동작을 하기도 했다. 그러나 예로엔이 드물게나마 루이트 앞에서 복종의 자세로 끙끙거리는 모습을 보인 것은 이전에 니키의 보호를 받던 당시 예로엔이 루이트에게 보이던 태도에 비하면 매우 큰 변화였다.

이 세 마리 수컷이 집단에 다시 합류하자 처음 며칠 동안은 열띤 그

침팬지 93

루밍이 대규모로 관찰되었다. 침팬지들은 너나없이 계속 파트너를 바꿔가면서 그루밍에 열중했다. 니키 근처에서 너무 오래 머무르는 암컷들을 루이트가 쫓아버리기는 했지만 암컷들은 니키의 상처에 (예로엔의 상처보다) 훨씬 더 많은 관심을 보였다. 집단 전체의 입장에서 보면 루이트가 우두머리가 되면서 좋아진 점이 많았다. 놀랄 만한 평화와 명랑한 분위기가 집단에 퍼져나갔다. 좀더 나이 든 암컷 침팬지들까지 전에 없이 펄쩍펄쩍 뛰면서 가르릉거리는 침팬지 특유의 쉰 듯한 웃음소리를 내고 다닐 정도였다. 루이트는 소위 조정자 역할을 맡아 편파적이지 않으면서도 권위를 잃지 않고 여러 가지 갈등을 조정하는 역할을 했다. 집단 내 긴장 상황을 신속히 파악하고, 소리를 지르며 싸워대고 있는 침팬지들 사이에 늠름하게 개입해 양쪽이 진정할 때까지 버티는 루이트의 지도력은 녀석이 전에 잠시 우두머리였을 때(1976~1977년)에도 이와 비슷한 조화로운 상태를 연출한 바 있었다.

하지만 그러한 평화는 성인 수컷들 사이의 관계들에까지 확대되지는 않았다. 긴장과 불안정의 징후가 역력했다. 변화하는 상황을 한마디로 요약하기란 매우 어려운 일이다. 어느 날의 관찰 일지에는 루이트가 (갑자기 보다 적극적으로 나오기 시작한) 댄디와 연합 전선을 구축하고 있는 것 같다고 기록되어 있다. 그러다가 바로 다음 날에는 루이트와 니키가 다른 두 마리 수컷 주위로 큰 원을 그리면서 위협 과시 행동을 해 이들을 공포의 비명 속으로 몰아넣고 있는 것이 목격되어, 향후 루이트와 니키의 연합 전선이 형성될 것이라는 예측이 나오기도 했다. 수컷들은 가능한 모든 상호 지원 결합 관계를 시도해보고 있는 듯했다. 그러나 여기에 예로엔-루이트의 결합은 포함되지 않았다. 루이트는 아주 자신감 있는 모습을 보이면서도 예로엔을 조심하는 듯 미묘한 분위기를 풍겼다. 예로엔이 다가와 그리 멀지 않은 곳에 앉으면 루이트는 몇 분간 불편한 모습을 보이다가 자리를 떴다. 루이트가 예로엔에게서 멀리 떨어진 곳에 다시 자리 잡은 후 깊은 한

숨을 내쉬는 것을 들은 적도 몇 번 있었다. 또 전혀 녀석답지 않게 팔짱을 끼고 몸을 작게 움츠리거나 두 팔을 무릎 밑으로 깍지 낀 상태로 마치 태아처럼 웅크리고 앉아 있는 것이 가끔 목격되기도 했다.

예로엔이 취할 수 있는 선택은 루이트가 이전에 우두머리로 군림했을 때와 다를 것이 없는 것 같았다. 루이트 편에 서는 것은 별다른 이득을 가져다주지 않을 것이고, 댄디는 루이트에게 심각한 위협이 되기에는 너무 어렸다. 따라서 예로엔이 할 수 있는 일이라곤 깨어져버린 니키와의 연합 전선을 재구축하는 것밖에 없었다. 연합 전선의 형성 여부를 측정하는 우리의 주된 기준은 두 마리가 서로의 싸움에 어떤 식으로 얼마나 많이 개입하는가, 어느 쪽을 돕는가(적인가 아군인가), 몇 번이나 함께 위협 과시 행동을 하는가 등등이다. 어느 기준으로 봐도 예로엔-니키의 연합 전선은 이전보다 훨씬 약해져 있었다. 예로엔은 관계를 다시 정상화하기 위해 최선을 다했다. 루이트와 니키가 함께 걸어가기라도 할라치면 화가 나서 소리를 지르며 이들을 따라다녔다. 루이트가 자리를 뜨면 니키와 함께 걷거나 옆에 앉아 그루밍을 하려고 시도했다. 녀석의 이러한 전술이 항상 성공한 것은 아니었는데, 두 가지 이유 때문이었다. 첫째, 루이트가 이 둘이 함께 있는 것을 알아차리면 시끄러운 소리를 내면서 위협 과시 행동을 해서 둘 사이를 떼어놓는 데 거의 항상 성공했기 때문이다. 둘째, 루이트가 안 보이는 곳에 있더라도 니키 본인이 예로엔과 혼자 접촉하는 것을 피하는 경우가 많았기 때문이다. 니키는 예로엔을 싫어하고 녀석의 의도를 못 미더워하는 듯한 인상을 내비쳤다. 하지만 상처가 아물어가면서 니키의 부정적인 태도도 서서히 사라져갔다.

9월 12일에서 13일로 넘어가는 밤. 침팬지들이 밤을 보내는 우리는 피바다로 변했다. 아침에 우리가 도착했을 때 이미 수컷들은 분명히 화해를 한 상태였다. 이들은 어느 정도 평온을 되찾았지만 사육사 재키는 녀석들을 떼어놓는 데 어려움을 겪었다. 루이트는 다른 두 마리 수컷들 곁에 있으려고 안간힘을 썼는데, 예로엔과 니키가 녀석에게 한 짓을 고려한다면 정말 믿기 어려운 일이었다. 그러한 태도는 침팬지들의 소속 욕구가 얼마나 강한지를 잘 보여주고 있다 — 바로 뒤에서 설명하겠지만 자연 상태에서 혼자 다니는 수컷은 집단 사이의 반감 때문에 살아남을 수 없는 이들의 자연 상태의 삶을 고려해볼 때 그러한 욕구는 어찌 보면 당연할 것이다.

루이트는 머리, 허리, 등, 항문과 음낭 주변에 여러 군데 깊은 상처를 입었다. 특히 발에 심각한 부상을 입었다(한쪽 발에서는 발가락 하나가, 다른 쪽에서는 여러 개가 떨어져 나가 있었다). 양쪽 손에도 몇 군데 물린 상처가 있었다(손톱 몇 개가 없어진 상태였다). 그러나 가장 끔찍한 사실은 양쪽 고환이 모두 없어진 것이었다. 떨어져 나간 신체 부위는 나중에 모두 우리

우두머리로 지내던 짧은 기간 동안 루이트는 권위와 자신감을 갖고 행동했다. 그러나 가끔 예로엔과 긴장이 지속되어 너무 스트레스가 쌓이면 루이트는 태아 자세로 웅크리고 앉아 있곤 했다(위 사진). 이 자세는 녀석이 평소에 보이는 위엄 있는 자세(다음 쪽)와는 완전히 다른 것이었다(아른헴 동물원).

바닥에서 발견되었다. 수술대 위에서 자세히 검사한 결과 루이트의 음낭은 우리의 예상과는 달리 크게 찢어진 것이 아니었다. 대신 비교적 작은 구멍이 몇 개 나 있었다. 고환이 어떻게 빠져 나갔는지는 불확실했다.

동물원의 담당 수의사 피에트 드 종과 그의 조수는 세 시간 반 동안 루이트의 생명을 구하기 위한 수술을 계속했다. 상처를 소독하고, 아마 100~200바늘은 꿰맸을 것이다. 하지만 저녁 무렵 루이트는 밤을 지내는 우리에서 아직도 마취에서 완전히 깨어나지 않은 채 숨을 거두었다. 사망의 주된 원인은 스트레스와 출혈이 결합된 것이었을 것이다. 루이트가 숨을 거둘 무렵 집단의 다른 성원들도 잠을 자기 위해 우리로 돌아왔다. 루이트의 시체가 우리에 놓여 있는 동안 침팬지들은 완전한 침묵을 유지했다. 다음 날 아침 먹이 시간에도 거의 아무런 소리도 들리지 않았다. 시체가 건물 밖으로 나간 뒤에야 소리가 다시 들렸다.

두번째의 야간 싸움에서 어떤 일이 벌어졌는지를 알려면 수컷들 중에서 심각한 상처를 입은 것은 루이트뿐이라는 사실을 유념하는 것이 중요하다. 니키는 전혀 상처를 입지 않았고, 예로엔은 가벼운 찰과상과 벤 상처만을 입었다(예로엔은 아주 여러 군데 상처를 입었지만 모두 얕은 상처였다). 힘이 센 루이트는 예로엔보다는 훨씬 더 강했고, 니키와 비교해도 적어도 비슷한 정도는 되었기 때문에 내가 보기에는 이렇게 불균등한 싸움의 결과가 나온 데 대해서는 니키와 예로엔 사이에 고도의 협조가 있었다는 것 말고는 달리 설명할 방도가 없다.

이번 사례를 일군의 수의사들에게 설명하는 자리에서 루이트가 자고 있는 사이에 두 수컷이 기습 공격을 감행했을 것이라는 또 다른 추정이 제기되었다. 고환 부위를 세게 치거나 물어뜯어 순간적으로 루이트가 마비된 틈을 타 계속 쉽게 공격했을 것이라는 이야기였다. 문제는 고통으로 인한 마비 상태가 그렇게까지 오래 지속되었을까 하는 점이다. 피가 바닥, 벽, 우리를 가로막은 빗장, 심지어 양쪽 우리 위를 덮은 철사 지붕에까지

범벅되어 있었고, 짚단이 어지럽게 흩어져 있었던 것으로 미루어 오래 쫓고 쫓기는 혈투가 벌어졌을 것이다. 루이트가 입은 상처와 난장판이 된 우리의 상태로 보아 이 혈투는 15분 이상은 지속되었으며 루이트도 결코 마비 상태가 아니었을 것이다.

9월 13일 아침 치료를 위해 루이트를 격리시키고 나서 우리는 니키와 예로엔을 집단 안에 풀어주었다. 니키와 예로엔이 보이자마자 서열이 높은 암컷인 퓨이스트가 이례적일 정도로 격렬하게 니키를 공격하기 시작했다. 끈질기게 공격하는 퓨이스트를 피해 니키는 나무 위로 몸을 피했다. 퓨이스트는 어느 누구의 협조도 구하지 않고 혼자서 니키를 주시하다가 니키가 내려오려고 할 때마다 소리를 지르며 달려들어 적어도 10분 이상 니키를 나무 위에 숨어 있게 만들었다. 퓨이스트는 암컷들 중에서 항상 루이트의 주요 동맹자였다. 이 암컷이 밤을 보내는 우리에서는 수컷들 우리가 잘 보이기 때문에 아마도 전날 밤의 사건을 모두 목격했던 모양이다. 같은 날 느지막할 무렵부터 집단의 성원들은 두 마리 수컷에 큰 관심을 보이며 그루밍을 하면서 둘의 눈치를 살폈다.

이날부터 댄디는 이전 어느 때보다 중요한 역할을 하게 되었다. 녀석은 니키의 격리 시도를 무릅쓰고 예로엔과 접촉하려고 몇 차례나 시도했다. 몇 개월이 흐르는 사이 수컷들 사이의 새로운 삼각관계는 진정 국면으로 들어섰다. 10월 14일 예로엔은 7월 6일 밤의 싸움 이후 최초로 니키에게 복종하며 맞이하는 신음 소리를 냈다. 이후 둘은 서로 집중적으로 그루밍을 하면서 남아 있던 긴장을 해소시키는 듯했다. 이제 점점 강해지는 댄디를 공적公敵 삼아 예로엔과 니키 사이의 관계는 이전처럼 밀접해졌다.

예로엔(아른헴 동물원)

어두운 면에 대한 생각들

저 운명의 토요일 아침, 자전거를 타고 동물원으로 가는 내내 머릿속은 너무도 혼란스러웠고 과학과는 한참 거리가 먼 생각과 감정들로 뒤엉켜 있었다. 상황을 설명하는 전화기 속 재키의 다급한 목소리가 여전히 귓가에 메아리치는 가운데 나의 마음은 슬픔과 실망으로 차올랐다. 앞뒤 가릴 것 없이 이 모든 것이 예로엔 짓이라는 생각부터 떠올랐다. 녀석이 침팬지 집단에서 모든 것을 결정했고, 아직도 그렇게 하고 있기 때문이었다. 그보다 10살 어린 니키는 예로엔이 벌이는 게임의 꼭두각시에 불과해 보였다. 그런 식의 도덕적 판단을 내려서는 안 된다고 계속 다짐하고 또 다짐했지만 사실 아직까지도 예로엔을 볼 때마다 살인자라는 느낌을 지울 수가 없다. 하지만 그러한 감정 때문에 사실을 제멋대로 혼동해서는 안 된다. 틀림없이 니키도 예로엔만큼이나 싸움에 관여했을 것이다. 또한 '살인자'라는 말에는 죽일 의사가 있다는 암시가 들어 있는데, 이 경우 그런 종류의 의사가 있었는지 아닌지를 증명하기가 불가능하다.

루이트가 피투성이가 되어 앉아 있는 것을 보았을 때 나의 감정 상태가 나아질 리 만무했다. 아무리 친숙해져도 보통 인간에 대해서는 무관심하고 고고한 태도를 취했던 루이트가 이제는 접촉을 원했고, 내가 자기 머리를 그루밍하도록 허락했다. "같이 두지 말았어야 했는데!" 사육사들과 나는 내내 이 말만 되풀이했다. 하지만 지금까지 이 집단에서 벌어진 어떤 사건도 이러한 드라마를 짐작케 한 것은 없었다. 루이트의 죽음과 함께 아른헴 프로젝트도 새로운 국면으로 접어들었다. 몇몇 낭만적 관념들은 포기해야만 했는데, 그러한 변화가 일어난 것은 우연히도 현지에서 연구하는 과학자들이 유인원의 본성의 좀더 어두운 면을 발견하기 시작한 때와 일치했다.

야생 침팬지들이 비비, 콜로부스속屬 원숭이, 멧돼지, 다이커영양 등을 비롯한 숲 속 짐승들을 사냥해 잡아먹는 습성이 있다는 관찰 결과가 보고되면서 귀엽고 사랑스러운 인간의 사촌이라는 침팬지의 이미지는 이미 많이 훼손된 상태였다. 다른 집단의 수컷들끼리 피를 흘리며 싸우고 때때로 암컷, 수컷 모두 새끼 침팬지들을 잡아먹는 것을 목격하게 된 것이 결정타였다. 이러한 발견들로 침팬지들은 이전에 생각했던 것보다 훨씬 더 인간과 닮은 짐승이 되었고, 일부 과학자들에게는 이제 이들이 가까이 하기에는 왠지 편치 않은 존재가 되고 있다. 예를 들어 애슐리 몬태규는 『뉴욕 타임스 New York Times』(1978년 5월 2일자)에 보낸 편지에서 다음과 같은 재치 있는 말로 도저히 피할 수 없는 것을 피해보려고 시도하고 있다.

어떤 상황에서는 인간이 침팬지처럼 행동하는 것보다 침팬지들이 더 인간처럼 행동한다.

이와 관련해 제인 구달의 설명이 여기서 특히 적절해 보이는데, 루이트에 맞서 예로엔과 니키가 어떤 식으로 협력했는지에 대한 단서를 제공해주기 때문이다. 거대한 곰베 집단이 분열되자 주된 그룹의 성인 수컷들은 보다 작은 그룹의 영역을 반복적으로 침략해 최소한 수컷 세 마리를 죽인 다음 그곳을 손에 넣었다(다른 두 수컷도 같은 기간에 사라졌는데, 마찬가지로 공격당한 것으로 추정된다). 세 차례의 공격이 관찰되었는데, 매번마다 모두 이웃 집단의 수컷이 혼자 있는 것을 멀리서 정찰한 수컷들 몇 마리가 덤불 밑으로 몸을 숨긴 채 민첩하고 조용하게 접근해 극도의 잔인성을 띤 조직적인 공격을 장시간 가했다. 공격하는 놈 중의 하나가 희생자를 땅에 꽉 붙들어 잡고 다른 패거리들은 차고, 밟고, 때리고, 물어뜯었다. 그런 다음 쇼크에 빠진 희생자는 온몸이 깊은 상처로 뒤덮인 채로 버려졌다. 희생자들 중 두 마리는 다시는 모습을 드러내지 않았고, 한 마리는 몇 달이 지난 후 초췌한 모습으로 단 한 번 목격되었다. 흥미로운 것은 이 희생자를 목격한 구달이 "녀석의 음낭은 보통 크기의 5분의 1 정도로 줄어들어 있었다"고 기록하고 있는 것이다.

청년기나 젊은 성인 암컷들은 영역 간의 경계들을 넘나드는 것이 허용되고 있다. 특히 발정기에는 더욱 그렇다. 앤 퓨지는 암컷 침팬지들의 생식기 주변이 밝은 분홍색으로 부풀어 오르는 것은 잠재적으로 공격적일 수 있는 수컷들에게는 마치 여권을 흔드는 것처럼 일종의 장거리 신호와 같은 기능을 한다고 추정한 바 있다. 반면 돌봐야 할 새끼들이 있는 좀더 나이가 든 암컷들은 떠돌아다니는 수컷들만큼이나 조심해야 한다. 다음에 소개하는 성인 수컷들과 이 수컷들이 확보한 영역 주변부로 발을 들여놓은 외부의 암컷 사이에 벌어진 충격적인 사건을 보면 침팬지들이 얼마나 외부 존재를 싫어하는지를 잘 알 수 있다. 구달의 이야기에 따르면 외부의 암컷은 수컷들의 위협에 복종하는 소리를 내면서 팔을 뻗쳐 수컷 중의 한 마리를 부드럽게 만졌다. 하지만 녀석은 접촉을 원하지 않았다. 즉각 몸을 빼더니 나뭇잎을 한 움큼 집어서 암컷 침팬지의 손이 닿았던 곳을 박박 문질렀다. 그러 연후에 암컷은 바로 포위되어 공격당했다. 함께 있던 어린 새끼는 수컷들에게 잡혀 죽임을 당했다.

유아 살해는 또 다른 대규모 연구지인 마할레 산맥에서도 보고된 바 있다. 하지만 그곳에서 연구를 진행하고 있는 일본 과학자들은 아직 서로 다른 집단의 수컷들 사이에 싸움이 벌어져 사망자가 나온 경우는 목격하지 못했다. 실제로 심각한 싸움을 일어나며, 그것이 죽음으로 이어지기도 한다는 징후들도 있다. 즉 어떤 집단의 건강한 수컷들이 몇 년에 걸쳐 하나씩 하나씩 사라지더니 결국 이웃의 다른 두 집단에 영역을 빼앗겼던 것이다.

영역권에 대해 어찌나 극도로 민감한지 수컷 침팬지들은 거의 자신이 속한 집단에 갇힌 포로나 마찬가지다. 집단의 행동권 밖으로 나가면 반드시 큰 문제에 봉착하기 때문이다. 루이트처럼 갑자기 어려운 지경에 처한 수컷 침팬지가 할 수 있는 일이라고는 고작 자기 집단의 영역 주변부로 도망치는 것뿐이다. 그러한 완충 지대에서 그는 한쪽 눈은 같은 집단의 다른 성원들에게 그리고 다른 한쪽 눈은 경계선 순찰병에게 고정시켜야만 할 것이다. 곰베와 마할레 산맥 모두에서 그러한 추방자들이 관찰되었다. 그들의 운명은 '망명을 떠나는 것'과 같은 것으로 묘사되어왔다. 사회적 긴장이 가라앉으면 이 수컷들은 통상 중심부로 되돌아올 수 있다. 그러나 최소한 다음에 소개할 한 가지 사례는 그것이 현명하지 않은 선택일 수도 있음을 알려주고 있다. 마할레 집단에서 한 '추방자'가 집단으로 돌아가는 것이 관찰되었는데, 이 집단에서 가장 나이가 많은 수컷은 연합 전선을 형성하는 데 아주 변덕스러운 것으로 알려져 있었다. 추방자가 돌아온 지 얼마 되지 않아 가장 나이가 많은 수컷은 녀석을 도와 서열 1위의 자리에 앉을 수 있도록 지원해주었다. 하지만 몇 달 후 이 새로운 우두머리는 아무런 이유 없이 종적을 감추었다.

이러한 야생 침팬지들의 이유 없는 실종이 집단 내부나 외부의 공격으로 인한 사망에 의한 것이라면 아른헴 동물원 사건도 우리가 처음에 생각했던 것만큼 특이한 일은 아닌 셈이다. 물론 우리에 갇혀 지내야 하는 환경 자체가 원인일 가능성도 배제할 수는 없지만 그렇다고 해서 그것이 설명으로서 충분한 것처럼 보이지도 않는다. 스트레스와 밀집 생활 같은 단순한 개념들로는 동일한 수컷들이 그와 똑같은 환경 속에서 아무런 극적인 사건 없이 거의 800일에 달하는 밤을 함께 보낸 것을 설명할 수 없다. 게다가 이들 세 마리 수컷들은 반드시 같은 공간에서 밤을 지내지 않아도 되었다. 내 생각으로는 밤을 지내는 우리의 환경이 이들에게 기회는 제공했던 것 같다. 그것이 공격을 가능하게 했지만 보다 심층적인 원인을 설명하지는 못한다.

아른헴 동물원에서 밤에 벌어진 싸움들 중 첫번째 사건은 예로엔에 대한 니키의 의존도는 낮아지고 루이트가 누리는 성적 특권은 점점 증가

하면서 이 두 관계의 균형이 심하게 기울게 된 것과 관련되어 있던 것 같다. 니키를 최고 우두머리 자리에 앉힌 예로엔은 암컷들에게서 존경을 되찾고 또 성적 특권을 충분히 누릴 수 있었다. 나는 그것을 '거래'라고 해석하게 되었는데, 노회한 책략가 예로엔은 그러한 거래의 이행 여부를 면밀히 감시했다. 니키가 거래에서 자기 의무를 다하지 않자 예로엔은 협력 관계에 종지부를 찍었다. 그러자 세 마리 수컷 모두 갑자기 거북한 상황에 처하고 말았다. 니키는 최고 우두머리 자리를 잃었고, 예로엔은 이전의 협력 관계를 복원하는 것 말고는 다른 선택의 여지가 없어 보였으며 루이트는 최고 우두머리가 되었지만 예로엔 앞에서는 편치가 않았다. 두번째의 큰 싸움이 경쟁자를 제거해 이러한 문제들을 해결하기 위한 니키와 예로엔의 의도적인 공격이었는지, 이 둘이 너무 화가 나서 무작정 저지른 일인지 혹은 다른 원인이 있었는지는 알 도리가 없다. 그러나 중요한 것은 그로 인해 갈등이 해소되었다는 사실이다.

설혹 살아남았더라도 거세되었기 때문에 루이트는 집단 내에서 이전과는 다른 역할을 맡았을 것이다. 거세는 극히 찾아보기 힘든 유형의 부상이다. 영장류에 관한 문헌들을 두루 살펴봐도 그와 비슷한 경우는 극히 드물다. 음낭 크기가 줄어든 곰베의 수컷의 경우 그리고 다른 수컷 네 마리의 공격을 받아 고환에 깊은 열상을 입은 인도의 붉은원숭이 사례 정도가 있을 뿐이다. 나도 게잡이원숭이 수컷들의 싸움에서 한 놈이 적과 얼굴을 맞대고 싸우는 사이 다른 한 놈이 뒤에서 물어뜯어 고환 한쪽이 떨어져 나가는 것을 목격한 적이 있기는 하다. 또 야생 비비를 마취총으로 쏘자 약간 멍한 상태에 빠진 이 수컷 근처의 다른 수컷들이 그 틈을 타 곧바로 공격을 시작하는 것을 현지 연구를 하는 학자들이 목격한 사례가 두 차례 보고되기도 했다. 연구원들이 녀석들을 쫓아버리기는 했으나 서로 상관이 없는 두 사례 모두에서 희생자들은 음낭 가까운 곳에 깊은 상처를 입었다.

음낭 부상에 관해 떠도는 몇몇 다른 이야기들에 대해서는 진위를 확인할 수 없었다. 그것들은 침팬지를 비롯해 동물원에서 기르고 있는 영장류들에 관한 것이었다. 동물 권익 보호 운동이 활발한 최근의 상황에서 실험실과 동물원들이 그러한 정보를 애써 공개할 리가 없다. 나도 동물 권익 보호 운동가들의 주장에 많은 부분 공감하지만 그로 인해 정보의 흐름이 숨 막힐 정도로 단절된 것은 유감이라 하지 않을 수 없다. 동물들을 더 잘 보호하려면 성공 사례뿐만 아니라 실패 사례도 자세히 알 수 있어야 한다. 다행히도 아른헴 동물원의 안톤 반 호프 원장은 이 문제를 충분히 인식하고 있었기 때문에 루이트의 죽음에 관한 상세한 정보를 공개하는 데 전혀 주저하지 않았다.

인간은 실용적인 목적을 위해 거세를 하기도 한다. 고음의 카스트라토를 만들기 위해, 강간범을 치료하기 위해, 특정 노예들(소위 내시들)이 자손을 갖지 못하도록 하기 위해서 말이다. 하지만 생식기를 훼손하는 것은 대부분 폭력과 억압 행위이다. 예를 들어 아직도 수백만 명의 여성들에게 행해지고 있는 음핵 절제는 남성 우월주의의 가장 잔인한 표현이다. 이 수술은 성적 즐거움을 느낄 수 있는 능력을 없애서 아버지와 남편들이 딸과 아내를 좀더 철저하게 통제할 수 있게 해주는데, 성적 즐거움을 느끼지 못하면 울타리 밖으로 나가 모험을 할 동기가 줄어들기 때문이라는 것이다. 그러한 관행이 어떻게 시작되었는지는 아무도 모르지만 어쩌면 간음한 여성에 대한 처벌로 시작되었을 수도 있다. 이와 비슷한 맥락에서 살해된 마피아 단원의 입에 절단된 생식기가 물려 있는 것은 특정한 여성에게 너무 많은 관심을 가졌다는 표시이다. 성적 질투심이 성과 관련된 중요 기관에 대한 훼손으로 이어지는 것은 인간 사회에서는 그다지 충격적이지 않을지 모르지만 루이트의 운명도 똑같은 유형을 따르고 있다. 이것이 루이트를 공격한 놈들이 의도한 것인지의 여부는 미스터리로 남아 있다.

인간들이 적을 거세하는 또 다른 상황으로는 전쟁이나 쿠데타가 있다. 수리남에서 최근 그러한 사례가 보고되었다. 1982년 남미에 위치한 이

나라에서 군부 과도 정부를 전복하려는 계획을 세웠다는 혐의로 15명이 처형되었다. 목격자에 따르면 이들 중 일부는 거세되었다고 한다. 거세의 가능성을 부단히 상기시키기라도 하려는 듯 많은 언어에는 남성의 생식기와 관련된 위협적인 표현들이 풍부하다. 동서고금을 막론하고 남성들은 자기 '보물'에 집착을 보이는데, 공격적인 어투로 공공연하게 그에 대한 언급을 하는 것보다 더 위협적인 것은 없을 것이다. 예를 들어 제임스 클라벨의 『노블 하우스$^{Noble\ House}$』에서는 한 여인이 저속한 광둥어로 이렇게 내뱉고 있다.

"내가 한마디만 하면 땅콩만 한 네 불알은 그 흉측한 몸뚱이하고 영영 이별이야. 너 퇴근하고 나서 한 시간 안에 그 사람이 와서 뭉개버릴 거니까."
웨이터는 새하얗게 질렸다. "네?"
"뜨거운 차! 빌어먹을 뜨거운 차를 빨리 가져와. 거기 침이라도 뱉는 날에는 남편한테 얘기해서 네가 방망이라고 부르는 그 지푸라기 같은 물건을 꽉 묶어버리겠어!"
웨이터는 줄행랑을 쳤다.

로렌츠는 『공격성에 관해』에서 인간이 동종을 살해하는 유일한 포유류라고 서술했지만 그와 반대로 이제 생물학자들은 인간을 상대적으로 평화적인 동물로 보고 있다. 동물의 왕국에서 동종 간의 폭력으로 사망하는 일이 날마다 발생하거나 하지는 않지만 그러한 일은 야생뿐만 아니라 동물원에서도 분명히 일어나며, 또 단순히 사고로 일어나는 것만도 아니다. 이처럼 새로운 통찰에 대해 논하면서 E. O. 윌슨은 한 동물 종을 1,000시간 정도만 관찰하면 살상 행위를 목격하게 되는 경우가 많다고 지적한 바 있다. 그는 일반적인 인간 집단에서 그와 동일한 행동을 목격하려면 그보다 훨씬 더 많은 시간을 관찰에 투자해야만 할 것이라고 추정하고 있다.

어쩌면 그것들은 동일한 행동이 아닐 수도 있다. 때로는 인간의 공격 행위는 문화적이고 동물의 그것은 본능적이라고 주장되기도 한다. 하지만 그것은 잘못된 이분법이다. 그것은 마치 핏불테리어들(1983~1987년 사이 미국에서 개에 물려 사망한 사건 29건 중 핏불테리어로 인한 것이 21건이었다)의 위험성이 타고난 사나움 때문인지 주인의 사육 방법 때문인지를 가리려는 것과 비슷한 태도이다. 당연히 유전자와 주인의 훈련 둘 다 모두 중요하다. 골든 리트리버〔영국의 사냥개〕보다 핏불테리어를 살상용 맹수로 만드는 것이 훨씬 더 쉽다. 모든 아이들은 공격적인 행동을 발전시킬 수 있는 잠재성을 갖고 태어난다. 그리고 일부 어린이들은 다른 아이들보다 그러한 잠재성이 더 강할 것이다. 그러나 정확한 결과는 아이의 환경에 따라 달라진다. 따라서 동물행동학자들이 인간은 공격적 본성을 갖고 있다고 주장한다면 그것은 인간이라는 종이 공격적인 행동을 상당히 쉽게 배운다는 의미이다. 하지만 그렇다고 하여 그것이 폭력과 전쟁이 일어나는 것은 우리로선 어쩔 수 없다고 이야기하는 것은 아니다. 문화가 개입해서 영향을 미칠 수 있는 여지가 충분히 있기 때문이다. 폭력과 비폭력 모두 학습될 수 있는 것이니 말이다.

앨버트 반두라의 연구팀이 수행한 일련의 실험 결과를 보면 아이들은 쉽게 공격 행위를 모방하는 것을 알 수 있다. 큰 인형과 다른 물건들이 있는 방에 아이들끼리 두면 보통 조용히 잘 논다. 그러나 어른이 이 인형을 발로 차고 때리고 소리를 지르는 것을 본 어린이들은 그 후로는 이 인형을 마구 때린다. 모델이 된 어른의 거친 말투와 싸움 기술을 그대로 본뜨고 자신만의 공격적인 행동을 덧붙이면서 다른 장난감들까지도 난폭하게 다루게 된다.

공격적인 행동에 강한 학습 요소가 들어 있음은 부인할 수 없다. 이 원칙은 인간과 동물 모두에게 적용된다. 침팬지들의 공격성에서도 모방은 일정한 역할을 한다. 그러한 사실은 아른헴 집단에서 루이트가 사망한 저

운명적인 사건 이후에 확연히 드러났다. 내가 처음 그것을 눈치 챈 것은 다 자란 암컷 테펠이 댄디를 공격하는 것을 목격하면서부터였다. 댄디는 테펠 근처에서 반복적으로 위협 과시 행동을 하고 테펠의 아들 우터를 때리면서 테펠의 화를 부추겼다. 댄디를 쫓기 시작한 테펠은 다른 암컷들이 날카로운 소리를 내며 응원하자 용기를 얻었는지 갑자기 추격 속도를 높였다. 그러고는 두 번이나 댄디 밑으로 뛰어들어 다리 사이를 물어뜯으려 했다. 댄디는 어느 암컷보다도 훨씬 더 빨랐기 때문에 테펠에게 잡히지는 않았다. 그럼에도 불구하고 댄디의 날카로운 비명 소리와 정신없이 도망치는 모습으로 보아 그러한 싸움 기술이 댄디를 완전히 기겁하게 만든 것 같았다. 아른헴 집단을 몇 년간이나 관찰해왔지만 그와 조금이라도 비슷한 공격은 한번도 본 적이 없었다. 퓨이스트와 같은 우리에서 밤을 지내는 테펠은 루이트에 대한 공격을 보면서 허리 아래 부분을 공격하는 기술을 배웠을 가능성이 있다. 테펠이 댄디를 공격한 것은 루이트가 죽은 지 1개월이 지난 뒤에 일어난 일이었다.

    몇 달 후 암컷 한 마리가 배에 특이한 모양의 상처를 입었다. 크기와 모양으로 봐서 성인 수컷의 날카로운 송곳니 때문에 생긴 상처로 보였다.

테펠(왼쪽)이 댄디(오른쪽)의 공격에서 아들을 보호하기 위해 아들을 넘어 뛰어들고 있다. 테펠이 댄디의 고환을 물어뜯으려 한 사건(카메라로 잡을 수 없는 곳에서 벌어진 일이다)의 발단이 된 장면이다(아른헴 동물원).

이처럼 위험한 무기를 암컷에게 사용한 것도 이례적이었지만 그때까지만 해도 송곳니는 항상 등이나 어깨 등 덜 취약한 부위에만 사용되었다. 이번 배의 상처가 단순한 사고였을 확률은 아주 낮다. 수컷 침팬지들은 맹렬하게 싸우는 와중에도 놀라운 정도로 빼어난 운동 신경 통제 능력을 보여준다. 내 뒤를 이어 아른헴 집단을 연구한 오토 아당은 위의 두 사례 이외에도 야외 우리에서 벌어진 세 차례의 싸움에서 여러 수컷들이 손가락과 발가락의 지골을 잃는 것을 목격했다. 이렇게 신체의 일부가 영구히 떨어져 나가는 것은 소수의 야생 침팬지들에게서도 관찰된 바 있기는 하지만 1980년 이전까지 아른헴에서는 선례가 없던 일이다. 루이트의 살해와 함께 아른헴 집단은 좀더 심각한 부상을 입힐 위험성으로 향하는 문턱을 넘어선 듯하다.

　　침팬지들 본인들도 사회적 분위기가 그런 식으로 위험하게 바뀌었다는 것을 알고 있는 듯했다. 평화 노력을 강화한 것이 한 가지 지표였다. 그리데는 루이트의 죽음 이전과 이후의 관찰 기록을 비교해보았다. 그녀는 화해 빈도와 '망설임'의 양을 측정한 데이터를 수집했다. 망설임은 화해를 하기 위한 접촉이 개시되기 전 싸움을 한 당사자들이 상대에게 몇 번 접근했는지를 세어 계산했다. 화해 시도가 실패로 끝나거나 이를 거부하는 일은 아주 흔하다. 한 번 화해하려면 몇 번의 접근이 필요하다. 그리데는 루이트의 죽음을 몰고 온 싸움 직후 몇 달 동안은 이전에 비해 화해 빈도가 훨씬 더 높고 망설임도 적어진 것을 발견했다. 어쩌면 침팬지들도 관리자들만큼이나 지난 사건으로 충격을 받아 다시는 그런 일이 안 일어나도록 하겠다고 결심했는지도 모른다.

　　나는 편안한 분위기에서 점점 규모가 커져가는 침팬지 집단을 뒤로 하고 아른헴 동물원을 떠났다. 루이트가 죽은 1980년에는 새로 태어난 새끼가 없었지만 그 이듬해는 새끼 세 마리가 새로 태어나고 암컷 세 마리가 새로 임신을 하는 등 그야말로 베이비붐의 해였다. 더구나 아무도 자식을 낳아 기를 것이라고 기대하지 않던 암컷 두 마리가 어미가 되었다. 새로 태어난 새끼를 만지려고도 하지 않으며 거부하기를 몇 차례 거듭했던 스핀은 1981년 새끼를 드디어 받아들였다. 수컷처럼 보이는 암컷 퓨이스트는 짝짓기를 항상 거부해왔는데 — 대신 녀석은 다른 암컷들 등으로 타오르곤 했다 — 니키의 끈기 덕분에 임신하게 되었다. 퓨이스트는 완벽한 엄마 노릇을 해냈다.

자의식과 침팬지 중심주의

앞서 소개한 소름 끼치는 침팬지들 사이의 폭력 이야기들은 곰베 국립공원에서 25년, 마할레 산맥에서 20년, 아른헴 동물원에서 15년 동안 진행된 치열한 연구에서 나온 것들이다. 폭력은 침팬지의 보통의 사회생활에는 끼어들지 않는다. 그것은 저류底流, 지속적인 위협으로 존재하지만 침팬지들은 99퍼센트의 경우 머리를 수면 위로 유지하고 있다. 공격이 격렬해질 때도 나는 그것을 화해 실패 탓으로 돌리는 것을 주저하게 된다. 모든 상황에서 평화가 최선책일 수는 없을 것이며, 침팬지들도 신중하게 〔평화 아닌〕 다른 길을 선택했을 수도 있기 때문이다.

일반적으로 침팬지들은 극히 효율적으로 갈등을 관리한다. 폭력 사태에 대한 이야기들은 단지 침팬지들이 사회적 관계의 균형을 유지하려는 절박한 이유가 있다는 것을 암시할 뿐이다. 바로 그러한 목적을 위한 행동들 중 일부는 문제가 평화적으로 해결되지 않을 때 어떤 위험이 따를지를 암시하고 있다. 예를 들어 가벼운 갈등 상황에서 수컷 침팬지들은 손가락으로 상대방의 고환을 건드리는 습관이 있는데, 현지 연구자들은 이를 장난삼아 '공치기'라고 부르고 있다. 이처럼 취약한 신체 부위를 건드리는 것보다 더 우호적인 의도를 확실하게 알리는 방법이 있을까? 그러한 유형은 일련의 인간 문화에서도 발견된다. 예를 들어 뉴기니의 부족들은 인사할 때 상대방의 고환을 위쪽 방향으로 잠깐 쓰다듬는 동작을 한다. 1977년 이레노이스 아이블-아이베스펠트는 그러한 제스처를 경험한 사례를 소개한 바 있다. 6살 난 소년에게 사탕수수를 조금 나눠주자

> 소년은 기쁜 마음을 표현하기 위해 뒤쪽에서 오른손을 내 다리 사이로 집어넣고 바지 위로 가볍게 내 고환을 세 번 쓰다듬었다. 동시에 밝은 미소를 내게 지어 보였다.

키스 또한 아주 흥미로운 동작이다. 키스는 무는 행동과는 전혀 다른 메시지를 전달하고 있지만 (적어도 입에 하는 키스를 제외하면) 두 동작은 비슷한 유형을 따르고 있다. 키스와 심하게 무는 것 사이에는 일련의 서로 다른 동작이 존재한다. 살짝 물기, 가짜로 물기, 장난스럽게 자근자근 물기, 러브 바이트 등등. 키스는 정반대 행동인 물기 동작에서 감정과 턱 근육을 더 잘 조절해서 변형시킨 행동이라는 말이 있는데, 내 맘에 쏙 드는 말이다. 바로 화해의 궁극적 패러독스를 잘 표현하고 있기 때문이다. 화해야말로 '양극단이 서로 만나는*les extrêmes se touchent*' 경우이니 말이다. 아이블-아이베스펠트의 추측대로 입과 입으로 하는 키스만큼은 다른 여러 종류의 키스와는 별도로 어미가 새끼에게 음식을 씹어서 입에 넣어주는 것에서 진화했을지도 모른다. 이런 식으로 먹이를 주는 방법은 유인원들 사이에서도 사용되고 있는 것이 여러 차례 관찰된 바 있으며, 고대 그리스를 포함해 일련의 인간 문화에서도 행해진 것으로 알려져 있다.

침팬지들에게는 서열이 높은 침팬지의 이빨 사이에 손가락이나 손등을 넣어주는 습관이 있다. 우호적인 이 제스처는 서열이 높은 동료의 흥분 상태를 시험하기 위한 것으로 종종 모호한 상황에서 사용된다. 네이메헌 대학에서 청소년기의 침팬지 두 마리를 대상으로 심리 실험을 할 때 나도

그것을 직접 경험한 적이 있다. 날마다 나는 몇 시간씩 같은 방에서 이들과 함께 시간을 보냈는데 간혹 이 둘의 끊임없는 장난기가 신경을 건드리곤 했다. 내가 짜증을 낼 기미라도 조금 보이면 두 녀석은 서둘러 다가와 큰 손들을 내 입에 집어넣곤 했다. 물론 나는 한번도 물어뜯지 않았지만 아른헴 집단에서는 침팬지들 입으로 들어간 손가락이 성한 상태로 나오지 못한 예도 몇 차례 있었다. 대개 그러한 제스처를 취해도 과연 안전한지 그렇지 않은지를 판단할 만한 경험이 부족한 3세 이하의 침팬지들이 그렇게 해서 손가락을 물리는 주 희생자들이었다.

침팬지들의 상호 보장 메커니즘은 엄청난 힘을 갖고 있어 지대한 결과를 가져오며, 그들이 이루는 사회가 좀더 복잡한 구조를 띠게 만든다. 영장류학자들은 일반적으로 어떤 원숭이가 동료들에게 다가갈 때 다른 원숭이들이 길을 피해주면 서열이 높은 것으로 간주한다. 하지만 침팬지들에게는 그처럼 단순한 기준을 적용할 수 없다. 몸집 큰 성인 수컷들이 나이가 더 어린 수컷들과 암컷들을 피하는 사례도 관찰할 수 있는데, 적어도 먹이가 근처에 있을 때는 그렇다. 다른 동료의 먹이를 힘으로 빼앗는 일은 흔치 않으며, 심지어 서열이 가장 높은 수컷들조차도 모든 것을 독식하려 들지 않는다. 야생뿐만 아니라 동물원에서도 이들 강한 수컷들은 다른 성원들이 먹이를 조금 떼어가도록 놔두기도 하고 애걸하는 놈들에게는 자기 먹이의 일부를 땅에 떨어뜨려서 먹도록 해준다. 양보는 거의 의무적인 것처럼 보인다. 서열이 낮은 침팬지들은 요구가 무시되면 떼를 쓰고 골을 부릴 수 있기 때문이다. 그처럼 난처한 상황을 피하기 위해 먹이를 손에 넣은 녀석은 서열에 상관없이, 특히 욕심이 많은 동료가 다가오면 종종 자리를 피한다. 서열이 높은 침팬지들이 자리를 피하고, 낮은 놈들이 높은 놈들의 음식을 빼앗아가는 것은 원숭이 사회의 일반 규칙과는 정반대이다.

일찍이 1930년대에 헨리 니슨과 메러디스 크로퍼드는 어린 침팬지 몇 마리를 창살로 가로막은 인접한 우리들에 넣어 실험을 한 바 있다. 한

침팬지들이 먹이를 나누어 먹고 있다. 애틀랜타 근처의 여키스 영장류 센터의 필드 스테이션에서 나뭇가지 한 아름을 여러 마리의 침팬지에게 주자 우두머리 수컷(왼쪽)이 가장 먼저 차지했다. 얼마 가지 않아 다른 침팬지들도 다가와 몇 개씩 나눠 가졌다.

쪽에는 먹이를 주고 다른 한쪽에는 주지 않았다. 일부 녀석들은 위협과 공격적인 행동을 보였으나 다른 녀석들은 그루밍, 장난으로 하는 몸싸움, 상대방의 손, 얼굴, 생식기 등을 가볍게 쓰다듬는 등의 우호적인 상호 관계를 통해 먹이를 나누어 먹었다. 먹이를 나눠 달라고 요청하는 몸짓 중 가장 흔한 것은 먹이를 가진 녀석에서 손을 벌린 채 팔을 쭉 뻗는 제스처로, 아른헴 집단에서는 싸우고 난 뒤 상대방에게 화해를 청하는 데 그와 똑같은 동작이 사용된다. 이처럼 화해를 청할 때와 먹이를 나누어 달라고 요청할 때 사용되는 몸짓이 비슷하고 신체 접촉을 통해 상대방을 달래주는 행동이 중요한 것은 화해와 먹이 공유 사이의 연관성을 잘 보여준다.

　　침팬지들이 좀더 복잡한 사회 체계를 따르고 있음을 보여주는 또 다른 사례는 성적 경쟁에 대한 이들의 반응에서 찾아볼 수 있다. 대부분의 영장류 종들의 경우 성적으로 매력적인 암컷이 있으면 다 자란 수컷들은 서로 피하고 접촉량을 줄인다. 그와 반대로 아른헴 집단의 수컷들은 그러한 긴장 상태를 서로 그루밍을 해주는 것으로 극복하려 한다. 성적 경쟁에 직면하게 되면 수컷들이 흩어지기보다는 한데 모이는 것이다. 심지어 일종의 거래 같은 것이 진행되고 있다는 일부 징후가 발견되기도 한다. 수컷들끼리 긴 그루밍을 끝낸 뒤에는 서열이 낮은 수컷이 암컷을 차지해 다른 놈들의 방해 없이 짝짓기를 즐길 때가 있다. 이러한 상호 작용은 마치 수컷들끼리 그루밍이라는 현금으로 대가를 지불하고 방해받지 않고 짝짓기를 할 수 있는 '허가권'을 사는 것 같은 인상을 준다. 그리하여 이러한 현상은 성적인 거래라는 별칭으로 불려져왔다.

이러한 가능성은 그리 놀랄 만한 것도 아니다. 침팬지들은 거래에 능하기로 유명하기 때문이다. 특별히 어떤 훈련을 받지 않아도 침팬지들은 그러한 능력을 보인다는 것이 실험을 통해 입증되었다. 가령 어쩌다가 비비 우리에 빗자루를 두고 나온 적이 있는 사육사라면 누구나 다시 우리로 들어가서 가지고 나오는 수밖에 다른 도리가 없다는 것을 알고 있다. 그러나 침팬지라면 이보다 간단히 해결할 수 있다. 먼저 사과를 보여주고 빗자루를 가리키거나 그쪽을 향해 고개를 끄덕이면 침팬지들은 사육사의 거래 의사를 이해하고 철창 사이로 빗자루를 건네준다.

어떤 종이 서열에 따른 권리와 위세라는 원칙을 넘어 공유와 거래의 원칙을 이해하는 수준으로 발전하려면 경쟁을 제어할 필요가 있다. 서열이 낮은 구성원들이 공격적인 상위 구성원들을 진정시켜서 관용적인 태도를 지니도록 유도할 수 있어야 한다. 또 지배적인 구성원들은 교환 체제의 혜택을 누리기 위해 노골적인 이기심을 조절할 줄 알아야 한다. 어쩌면 성적인 거래는 가장 오래된 형태의 일 대 일 교환, 즉 유화적인 행동을 통해 관용적인 분위기가 조성되는 형태 중의 하나일 것이다. 하지만 지금 우리가 여기서 다루고 있는 쟁점들은 아주 복잡한 것이다. 왜냐하면 분명 거기에는 선의 이상의 다른 많은 것이 연루되어 있기 때문이다. 동물들 또한 상호 협조를 통한 장기적인 이득을 위해 독점적인 소유에 따른 단기적인 이득을 포기하는 것이 이익이 되려면 먼저 계산과 예측 능력이 필요하다.

이러한 능력은 특히 인간에게 고도로 발달되어 있다. 우리의 원초적 기질은 아직도 모든 것을 독점하고 싶어 한다. 그러나 우리는 또한 공유와 교환을 위한 관계망을 형성하기도 하는데, 그것을 통해 모든 사람이 협력하지 않고 얻을 수 있는 것보다 훨씬 더 많은 것을 얻기도 한다. 인간 본성에 대한 회의론자들의 주장에도 불구하고 물질주의가 극도로 팽배한 사회에서조차 노골적이면서 극단적인 이기적 경쟁에 대한 강력한 제어 장치는 존재한다. 동서고금을 막론하고 인간은 주고받는 것을 배운다. 이러한 능력이 없다면 얽히고설킨 인간 사회가 유지될 수 없을 것이다.

심지어 일부 원숭이 종에서도 그러한 능력에 필요한 지능이 관찰되기도 한다. 야생 비비에 대한 크레이그 패커, 바버러 스머츠, 로널드 노에 등의 연구에 따르면 좀더 나이가 많은 비비들은 좀더 젊고 힘이 센 수컷들을 발정기 암컷들에게서 떼어놓기 위해 연합 전선을 구축한다고 한다. 이 연합 전선은 종종 호혜적인 것이기도 하다. 승자가 자기를 지지해준 팀 동료들에게 다음 기회를 주는 식으로 보답하는 것이다. 집단의 우두머리가 누가 될지를 분명하게 규정해주는 침팬지들 사이의 연합 관계와는 달리, 비비들은 우두머리가 혼자 모든 특권을 누리는 것을 견제하기 위해 연합 관계를 형성한다. 대개 젊은 어른 수컷들이 지지자들 없이 순전히 물리적 힘과 민첩성만으로 우두머리 자리에 오르는 비비 집단에서는 그러한 연합 전선이 서열에 미치는 장기적인 효과는 미미하다.

영장류의 사회생활을 구성하는 요소들 — 연합, 갈등의 해소, 사회적 관용 그리고 전략적 사고 — 은 서로 밀접하게 연결되어서 한 가지가 발전하면 다른 나머지 요소들도 발전을 자극받는 것으로 보인다. 지능은 협력에 도움이 되고, 화해는 관용을 증가시켜주며, 관용은 공유를 가능하게 해주고, 거래 능력은 지능이 더 발전하면서 가능해지는 등의 식으로 말이다. 이러한 능력들 전부는 분명히 자그마한 진전이 연속성을 이루며 부단히 이어지면서, 즉 한 발걸음이 다음 번 발걸음을 위한 길을 닦으면서 공진화했을 것이다. 침팬지들이 원숭이들보다는 그러한 발걸음을 한층 더 많이 옮겼으리라는 것은 의심의 여지가 없지만 이 두 종의 능력 사이에서 차이를 발견할 수는 없다. 침팬지들의 공유와 거래 능력 — 그것은 물질적 재화에까지도 연장된다 — 은 원숭이 사회에 존재하는 것으로 알려진 사회적 호의 같은 무형적 혜택의 교환의 논리적 연장처럼 보인다. 이렇게 연속성을 강조하는 이유는 최근 원숭이와 유인원들 사이에 근본적인 차이가 있다는 주장이 대두되고 있기 때문이다. 자기 인식에 관한 연구에서 나온 이 이론은 유인원과 인간만이 의식적인 정신을 갖고 있다고 주장한다. 이 가설을 검토해보기로 하자.

    거울을 처음 대했을 때 모든 영장류는 깜빡 속아 넘어간다. 녀석들은 위협적인 몸짓 아니면 우호적인 몸짓 등으로 사회적으로 반응하며, 거울 뒤를 보려 한다. 그러나 시간이 흐르면서 유인원과 원숭이 사이에 중요한 차이가 나타난다. 원숭이들은 대부분 관심이 서서히 사라질 때까지 거울에 비친 자기 모습을 동료 아니면 적으로 대한다. 그러나 이와 대조적으로 유인원들은 거울을 사용해 보통 때는 잘 보지 못하는 신체 부위(이빨, 엉덩이 등)를 살피기 시작한다. 또 거울을 보면서 이상한 표정을 지어보기도 하고 몸을 치장하기도(예를 들어 채소를 머리 위에 올려본다든지) 하는 것을 즐긴다. 유인원들은 그러한 활동에 꽤나 열중하고, 평생 거울을 도구나 장난감으로 이용하는 데 대한 관심을 잃지 않는다. 쾰러가 1925년에 처음으로 이처럼 놀라운 현상을 기록한 바 있다. 이후 40년이 지난 뒤 고든 갤럽이 이 현상을 검증하기 위한 기발한 방법을 생각해냈다.

    실험에서는 이전에 거울을 경험해본 침팬지를 마취시킨 다음 냄새와 자극이 없는 페인트를 눈썹 위에 발랐다. 마취에서 깨어난 침팬지는 거울에 비친 자기 모습을 보자마자 이 밝은 빨간색 점을 문지르며 살펴보기 시작했다. 거울을 보면서 빨간 점이 칠해져 있는 이마를 만져본 다음 녀석은

어린 침팬지가 물에 비친 자기 모습을 보면서 놀고 있다. 물에 비친 자기 모습을 응시하다가 가끔씩 손으로 물을 쳐서 물에 비친 그림자를 흔들어보기도 한다(아른헴 동물원).

손끝의 냄새를 맡아보았다. 그리고 이로써 남아 있던 모든 의혹이 말끔히 해소되었다. 빨간 점을 만지고 있는 거울 속의 모습이 다른 침팬지의 모습이라고 해석했다면 녀석은 본인의 손끝을 냄새 맡을 이유가 전혀 없었을 것이기 때문이다. 이 실험은 침팬지들이 자기 인식 능력을 갖고 있음을 보여주는데, 그것은 '타인'과 구분되는 '자기'라는 개념 없이는 불가능하다. 상이한 종의 영장류들을 대상으로 동일한 실험을 반복해본 결과 지금까지는 인간을 제외하면 침팬지와 오랑우탄만이 거울에 비친 모습과 자신과의 연관성을 이해하는 것으로 나타났다.

1982년 갤럽은 이러한 발견을 한 걸음 더 진전시켰다. 그는 자기 인식을 의식 및 내성(內省)과 연결시킨 뒤 다른 소위 정신의 경험적 표지(標識)를 제시했다. 거기에는 동정심, 다른 성원들의 의도를 파악하는 능력, 고의적 기만 — 그리고 화해 행동 등이 포함되어 있었다. 실제로 침팬지들이 이 모든 능력을 갖고 있다는 증거는 계속 증가하고 있지만 그렇다고 인간과 가장 가까운 사촌인 침팬지들이 — 갤럽의 말대로 하자면 — "다른 대부분의 영장류들과 구분되는 인지 영역에 들어섰다"고 할 수 있을까?

여기서 잠깐 뒤로 돌아가 보자. 거울에서 자기를 알아보지 못하는 것이 의식이 없다는 의미일까? 마이클 폭스는 태국산 버들붕어와 잉꼬는 거울에 비친 자기 모습을 공격하고, 유혹하고 심지어 먹이를 먹여주는 행동을 기진맥진할 때까지 반복하지만 개, 고양이, 원숭이 등은 얼마 후면 관심을 잃어버린다는 사실을 지적했다. 폭스는 이 포유류들이 자기와 거울의 타자 사이의 이원성이 허상이라는 것을 깨닫는다고 본다. 그렇다면 그것이야말로 자의식의 첫번째 징후가 아닐까?

모든 원숭이가 거울에 흥미를 잃는 것은 아니다. 인도의 정체성 연구소(Identity Research Institute)에 있는 게잡이원숭이 아지우트는 항상 거울을 갖고 논다. 녀석은 거울을 사용해서 혼자 힘으로 자기 뒤에서 인간이나 개가 무엇을 하는지 알아내는 방법을 터득했다. 아주 정확한 각도로 거울을 들고 뒤를 살피다가 때로는 머리를 돌려서 거울의 이미지와 실제 상황을 비교하기도 한다. 아지우트는 또 먹이를 잡는 자기 손을 거울에 비춰 움직이는 모습을 실험해보기도 하고, 거울 하나를 발로 잡아 땅에 고정시키고 다른 하나는 손으로 머리 위쪽으로 들어 올려 마주 보게 하기도 한다. 이 모든 것을 과연 거울에 속는 동물의 행동이라고 할 수 있을까?

다음 장에서 살펴볼 붉은원숭이 성인 암컷들의 예를 여기에 추가하기로 하자. 이 원숭이들이 들어 있는 우리에는 땅에서 5미터 이상 떨어진, 거의 천장 근처에 우리 내부가 반사되는 6개의 커다란 관측창이 한 줄로 나 있다. 분만 계절마다 여기서는 암컷들이 새로 태어난 새끼를 바닥에 내려놓은 뒤 몇 발자국 걸어가서 창문 중의 하나를 유심히 쳐다보며 마치 창에 비친 특정한 모습을 찾기라도 하는 듯 머리를 이쪽저쪽으로 기울이는 장면이 목격된다. 그런 다음 녀석들은 새끼를 다시 안아 올린다. 이러한 행동은 분만 후 하루 이틀이 지나면 시작된다. 연구원이 어느 유리창 뒤에 서 있는지에 상관없이 모든 유리창이 그러한 용도로 사용된다.

나로서는 이러한 행동을 설명할 길이 없다. 어쩌면 어미들은 새끼에게서 너무 멀리 떨어지는 위험 부담 없이 [유리에 비쳐] 10미터 이상 떨어져 보이는 새끼들의 모습을 보는 것을 좋아하는지도 모른다. 어미들은 자기가 새끼를 안고 있거나, 다른 어미의 새끼가 근처를 걸어 다니고 있을 때는 결코 이런 식으로 유리창을 쳐다보지 않는다. 이들은 본인의 행동(새끼를 바닥에 내려놓는 것)과 거울에 비친 이미지의 연관성을 이해하고 있는 것 같다. 침팬지들처럼 이들이 자기 자신을 보기 위해 거울을 사용하지 않는다는 사실은 원숭이들이 자기 새끼와 같은 매력적인 생명체들에 비해 자기 자신에게 얼마나 더 많은 관심을 갖느냐 하는 것과 관계있을 수도 있다. 폭스는 유인원과 인간들은 단지 좀더 높은 단계의 나르시시즘에 도달했을 뿐이라고 추측한다.

거울이 없을 경우 자의식에 대한 정보를 얻기가 더 힘들다. 그러나 패커는 현지에서 수컷 비비들의 과장된 하품 과시 행동은 멋진 송곳니를 과시하기 위한 것으로, 송곳니의 상태에 따라 그러한 동작을 하는 빈도가 크게 달라진다는 것을 알아차렸다. 나이와 상관없이 송곳니가 부러졌거나 많이 닳은 수컷들은 건강하고 커다란 이를 가진 녀석들에 비해 하품을 덜 한다. 그러나 다른 수컷들이 주변에 없으면 송곳니가 시원치 않은 녀석들도 다른 수컷들과 마찬가지로 하품을 한다. 패커는 하품을 참는 이러한 행동의 뒤에 숨어 있는 심리를 추측하려 들지 않지만 나는 그것이 자의식에 가까운 것이라고 장담할 수 있다.

요컨대 침팬지와 인간 이외의 대부분의 다른 영장류 간의 의식상의 차이는 급진적인 것이라기보다는 점진적인 것으로 보인다. 침팬지들의 인상적인 정신적 능력을 우상화하려는 점증하는 경향을 벤저민 벡은 침팬지 중심주의적인 편견이라고 부른 바 있는데, 그러한 경향은 인간 중심주의만큼이나 우리를 오도할 수 있다. 지난 수십 년 동안 침팬지는 인간의 특이성에 대한 극단적으로 단순화된 규정을 찾고 있던 언어학자, 심리학자, 인류학자, 철학자들을 궁지에 몰아넣어 왔다. 그러나 인간과 유인원이 많은 심리적·정신적 특징을 공유하고 있는 것처럼 침팬지와 나머지 영장류들 사이에도 연속성이 존재한다. 이는 화해 행동을 포함해 존재 가능한 모든 특징에 해당된다. 나는 화해를 사람과 비슷한 동물에게만 존재하는 '정신의 표지'로 보기보다는 응집성이 있는 무리를 이루어 살고 있는 모든 종, 즉 불화가 있는 다음 관계를 회복할 필요가 있을 만큼 오랫동안 관계를 유지해오고 있는 모든 종에서 찾아볼 수 있는 현상으로 보고 싶다. 엄밀히 말해서 화해하기 위해 필요한 능력은 각 개체를 식별하고 정확하게 기억하는 것뿐이다. 하이에나에서 코끼리까지, 돌고래에서 얼룩말까지 사회생활을 하는 많은 종류의 동물들에게서는 이 두 가지 능력을 찾아볼 수 있다.

이를 배경으로 원숭이들의 평화 유지 전략을 살펴보기로 하자.

3

붉은원숭이

> 사랑의 대상이 되는 것이 더 나은가 아니면
> 두려움의 대상이 되는 것이 더 나은가에 대한 피렌체적 논평:
> "나는 둘 다가 되려고 해야 한다고 대답하겠다.
> 하지만 둘을 겸비하는 것은 어렵기 때문에 둘 중의 하나를 포기해야 한다면,
> 사랑의 대상보다는 두려움의 대상이 되는 편이 훨씬 더 안전할 것이다."
> — 니콜로 마키아벨리, 『군주론』, 17장

붉은원숭이 수만 마리가 서구의 실험실로 수출되던 관행에 인도 정부가 제동을 걸기 전, 마지막으로 생포되어 미국에 실려 간 붉은원숭이 무리가 1972년에 매디슨에 있는 위스콘신 지역 영장류 센터에 도착했다. 이후 이 원숭이들은 빌라스 파크 동물원에 있는 우리 시설에서 대중에게 공개되고 있다. 이들은 동시에 동물행동학 연구와 번식 용도로도 이용되고 있다. 붉은원숭이는 전 세계 여러 동물원에서 번식 목적으로 기르고 있는데, 이 원숭이 종이 영장류 중 실험용으로 가장 많이 사용되고 있기 때문이다. 이 강인한 종 가운데서 최초의 우주 비행 '인'이 선발되었다. 또한 우리가 모두 갖고 있는 Rh 혈액 인자에서 Rh는 이들의 영어 이름 레서스 멍키Rhesus Monkey에서 따온 것이다. 또 이들에 대한 연구가 아니었다면 인류는 아직도 소아마비의 고통에서 벗어나지 못하고 있을 것이다.

여가장과 모계주의

　매디슨에 도착한 붉은원숭이 집단은 인도 북부 히말라야 산맥 근처에 있는 우타르프라데시 주에서 왔다. 이곳의 원숭이들은 90%가 사람들이 사는 촌락, 도시, 도로 주변 그리고 힌두교 사원 등에서 산다. 수세기 동안 붉은원숭이들은 인간과 긴밀하게 접촉한 채 살아왔으며, 그리하여 이들의 '자연' 서식지가 어떤지는 딱히 말하기가 어렵다. 따라서 이들의 사회 조직의 주요한 모습을 소개하기 위해 사람들이 버리고 떠나간 마을을 원숭이들이 점령한 모습을 상상해보는 것이 어떨까 하는 생각이 든다.

　이 가상의 마을에는 길이 단 하나밖에 나 있지 않고, 길을 따라 예를 들어 1번지부터 10번지까지 번지수가 붙은 집들이 늘어서 있다. 각 집은 암컷 원숭이 가장이, 즉 나이 든 암컷이 차지하고 있는데, 이 암컷 가장의 딸들은 벌써 새끼까지 본 상태이다. 모계 혈통에 따라 딸, 손녀, 증손녀, 고손녀들은 모두 이 여가장의 집에서 살고 있다. 아들들의 역할은 주변적인 것이다. 어렸을 때 집을 떠나기 시작해 또래의 다른 수컷들과 놀기도 하고, 마을의 몇 안 되는 다 자란 수컷들과 어울리기도 한다. 청년기가 되면 아들들은 대개 마을을 완전히 떠나는 경향이 있다. 또 성인 수컷들은 보통 이웃 마을에서 오며, 이 모계 가족들과는 아무런 관련도 갖고 있지 않다. 수컷들이 오고 가고 하는 것은 자기들끼리의 경쟁에 따라 좌우되는데, 또한 공동체의 암컷들이 그들을 어떻게 생각하느냐에 따라서도 달라지는 것 같다. 마을에서 살던 수컷이 마을 바깥에서 들어온 수컷의 도전을 받으면 암컷들은 현상을 유지하느냐 아니면 새로 들어온 수컷을 지지하느냐를 선택할 수 있다. 이 과정에서 승자로 결정된 수컷은 꼬리를 치켜들고 거리를 활보하면서 모두의 존경을 한 몸에 받는다. 그러나 마을은 근본적으로 암컷들의 것이다.

　1번지에 사는 여가장은 마을의 암컷들을 철권으로 통치하고 있다. 그

붉은원숭이들은 저마다 다른 얼굴과 독특한 개성을 갖고 있다. 다 자란 이 암컷 원숭이의 이름은 티슬이다(위스콘신 영장류 센터).

녀의 딸은 모두 마을의 다른 암컷들보다 서열이 높다. 이 과정은 아주 어린 나이에서부터 시작되기 때문에 다 자란 암컷이 아주 작은 어린 원숭이에게 쫓겨 다니는 광경도 그리 드물지 않다. 쫓기던 좀더 나이 많은 암컷이 감히 되받아치기라도 하면 어린놈은 큰 소리로 비명을 질러 친척들을 불러 모은다. 이러한 메커니즘은 거리 전체에 걸쳐 작용하고 있다. 예를 들어 7번지에 사는 암컷들은 집안의 새끼들이 8번지, 9번지, 혹은 10번지의 원숭이들과 싸우면 언제라도 도울 준비를 한다. 그 결과 암컷들 사이에 위계 전통이 생겨나는데, 이것은 세대에서 세대로 전해진다. 어떤 원숭이는 날 때부터 귀한 몸으로, 어떤 원숭이는 더 낮은 신분으로 태어나는 것이다.

마을 전체가 잘 융합해 살 수 있는 것은 이웃들끼리 긴밀히 결합되어 있는 덕분이다. 이들은 먼 집의 원숭이들보다는 담을 맞대고 사는 이웃과 훨씬 더 많은 시간을 보낸다. 물론 예외는 있다. 일부 우두머리 암컷들은 길 저편 끝에 사는 원숭이들과 친한 친구 사이인 경우도 있기 때문이다. 그러나 보통은 비슷한 서열의 암컷들끼리 더 많은 접촉을 한다. 비슷한 나이도 중요하다. 또래의 암컷들끼리 어울리는 것을 좋아하는 것이다. 이러한 경향은 여가장들 사이에서 너무나 확연하게 드러나기 때문에 '올드 걸 네트워크old-girl network'라는 말이 나올 정도이다.

이렇게 마을에 비유하면 설명은 편리해지지만 암컷 원숭이들은 특정한 '집'에 속하고, '이웃들'은 많은 접촉을 하는 것이 거의 당연한 것처럼 보이는 점에서 심각한 오류를 가져올 수 있다. 물론 실제로는 이렇게 질서 정연하게 줄지어 선 채 번지수가 말끔하게 매겨진 집들은 없다. 우리 눈에 비치는 것은 그저 수많은 원숭이들이 끊임없이 이리저리 움직이는 모습뿐이다. 어쨌든 녀석들은 각 구성원이 수세대에 걸쳐 어떤 혈족 집단에 속해 있는지를 알아본다. 또 자신의 혈족 집단이 다른 혈족과 비교해 볼 때 어떤 서열에 속해 있는지도 알고 있다.

모계에 따른 서열은 1950년대 일본에 서식하는 짧은꼬리원숭이[일본

원숭이)(이들은 "악한 일은 보지도, 듣지도, 말하지도 말라"는 의미로 눈, 귀, 입을 가리고 있는 조각들로 유명해진 일본 토착종이다)를 연구하던 슌조 가와무라, 마사오 가와이를 비롯한 일본 과학자들에 의해 발견되었다. 짧은 꼬리원숭이^{macaque}에는 여러 종이 있는데, 붉은원숭이도 여기에 속한다. 하지만 모계에 따른 서열은 마카카^{Macaca}속에만 국한되어 있지 않다. 암컷 비비와 [긴꼬리원숭이의 일종인] 베르베트원숭이들도 그러한 것으로 알려져 있다. 침팬지의 사회 조직과는 얼마나 다른가! 암컷 침팬지들은 위계질서가 분명한 응집력 있는 집단을 결성하지 않는다. 침팬지들은 부계 체계에 따라 살고 있으며, 수컷들이 안정적인 핵심을 이루고 청년기의 암컷들은 떠나간다. 이와 반대로 붉은원숭이는 소위 암컷들 간의 유대가 중심이 되는 종이다. 어린 암컷들은 어미와 자매들과 함께 살면서 평생 동물의 왕국에서 알려진 가장 단단하고 복잡한 사회 체계 중의 하나를 형성한다.*

서열의 세습

매디슨에 도착하자마자 나는 즉각 영장류 센터의 원숭이들을 하나하나 구분하기 시작했다. 그러한 작업은 선생님이 새 학급의 학생들을 기억하는 것과 비슷했다. 유일한 차이라곤 내가 직접 이름을 지어주어야 하는 것뿐이었다. 야생에서 태어난 암컷은 서로 다른 글자로 시작하는 이름을 받았다. 모계 혈통의 시조가 되는 이 암컷들의 나이는 15~30세 사이였다. 각 여가장의 새끼들에게는 동일한 글자로 시작하는 이름을 주었다. 예를

* 원숭이들의 복잡한 사회생활에 대한 인식이 생기면서, 이들을 우리에 한 마리씩 가두어두는 동물원 관행에 변화가 왔다. 이제 이 문제는 윤리적 이슈가 되어 있다. 운동, 더 넓은 공간, 장난감 등은 매우 유용하나, 실험실 영장류들의 복지를 향상시키는 데는 동종과의 접촉만큼 효과적인 것이 없다. 사회적 체계를 이룰 수 있도록 우리 혹은 서식지를 디자인해야 한다는 주장은 집단 단위로 사육하면 번식을 더 많이 함에도 불구하고 유지비가 덜 든다는 사실로 더욱 힘을 얻고 있다.

들어 1번 족보에서 여가장의 이름을 밝은 털 색깔을 따서 오렌지^{Orange}라고 지었다면 딸은 옴미^{Ommie}, 오키드^{Orkid}, 손녀는 오우나^{Oona}, 오커^{Ochre}, 오이스터^{Oyster} 등으로 부르고 이 혈족을 O-가족이라고 불렀다. 한 가지 기억해야 할 점은 이 '가족'이라는 단어가 다 자란 암컷들 그리고 이들에 의존해 살고 있는 새끼들로 이루어진 혈족 단위를 가리킨다는 것이다. 그것은 인간의 핵가족과는 전혀 관련이 없다. 처음 작업을 시작하는 현지 연구자들에 비해 나는 조건이 훨씬 유리했다. 원숭이들에게는 각자 가슴에 숫자 표시가 있었으며, 상세한 기록이 보존되어 있어 3세대에 걸친 모든 혈연관계를 알 수 있었던 것이다.

우리의 매디슨 집단에서 딸들의 서열은 어미의 서열에 달려 있는 것이 분명했다. 암컷 새끼가 새로 태어나면 커서 어떤 서열을 차지할지를 거의 틀림없이 예측할 수 있었다. 서열의 전달에서 유전적 요소는 그다지 큰 역할을 하지 않는 것 같다. 짧은꼬리원숭이 암컷들 사이의 서열이 몸무게, 건강 상태를 비롯해 싸움 능력을 나타내는 다른 지표들과는 거의 무관하다는 것은 입증된 사실이다. 위계 전통은 기본적으로 사회적 제도이다. 혈족의 서열이 높은 어린 새끼들은 친척 주변에 있을 때만 지배적인 행동을 한다. 즉 이들의 위계는 어떤 타고난 성향이 아니라 지지자의 존재에 달려 있는 것이다.

이들의 서열 결정에서는 유전적 요소가 아니라 사회적 요소가 중요하다는 것을 보여주는 또 다른 증거는 위스콘신 영장류 센터에서 동종 번식을 막기 위해 시행하는 새끼 바꿔치기 과정에서 찾을 수 있다. 우리 센터에서는 종종 새로 태어난 새끼를 같은 시기에 센터에서 태어난 다른 새끼와 바꿔서 무리에 새로운 피를 도입한다. 태어난 지 하루 이틀 사이에 성별이 같은 새끼로 바꿔치기하면 아무런 문제도 일어나지 않는다. 현재 이 집단에는 그런 식으로 입양되어 어른까지 자란 경우가 세 건 있는데, 친자식이 가질 서열을 그대로 물려받았다. 오키드라는 이름의 새끼는 오렌지라는 이름의 최고 우두머리 암컷에게 입양되었는데, 이제는 집단에서 두 번째로 서열이 높다.

    어린 암컷들은 미리 정해진 서열상의 위치에 자리 잡기 전에 수많은 싸움을 거쳐야 한다. 몸집이 더 크고 강한 아래 서열 암컷들의 저항을 제어하는 것은 쉬운 일이 아니다. 어린 원숭이들은 끊임없이 친척들에게서 필요한 지원을 받지만 집단의 암컷 공동체 전체가 이러한 혈족 체제를 지지한다는 증거도 있다. 제프리 월터스는 비비에 관한 현지 연구에서 청년기의 암컷 비비들은 친척뿐만 아니라 자신의 혈족보다 서열이 높은 혈족의 성원들에게서도 지원을 받는다는 사실을 알아냈다. 그는 "비비들은 현존하거나 당연시되는 위계질서에 맞서 개입하는 것을 극도로 꺼린다"고 지적하고 있다. 이것은 종종 패배자 편에 서기도 하는 인간이나 침팬지와는 다른 흥미로운 점이다. 인간이나 침팬지는 그런 식으로 위계 체제에 내재해 있는 '불의'를 부분적으로나마 바로잡고, 보다 융통성 있고 민주적인 구조로 한 발 다가갈 수 있다. 이에 비해 붉은원숭이 사회는 놀라울 정도로 비민주적이다.

    어미를 잃은 붉은원숭이 암컷들은 때때로 '친족 밖에서의' 도움으로 자기에게 원래 주어진 위치를 되찾을 수도 있다. 월터스도 몇 가지 사례를 소개했지만 우리 매디슨 그룹에서도 동일한 사례가 한 번 있었다. 로피는 우리 센터에서 태어나서 아무런 친척도 없이 자란 유일한 원숭이였다. 3살이 되기도 전에 어미가 죽은 것이다. 그럼에도 불구하고 로피는 어미가 누렸던 O-가족 바로 밑의 높은 서열을 상속했다. 어떻게 그런 일이 가능했을까? 물리적 힘 덕분이 아니었던 것은 분명하다. 로피는 5킬로그램을 조금 넘는 정도였던 반면 로피가 지배한 일부 암컷들의 몸무게는 9킬로그램 또는 그 이상이나 나갔기 때문이다. 우리는 로피가 O-가족과 자기 바로 밑 서열인 B-가족의 지지를 업고 어미가 누렸던 서열을 차지하는 데 성공했다고 추측한다. 로피의 과거를 잘 알지 못하는 사람은 이 암컷이 B-가족의 여가장이라고 착각할 정도로 로피와 B-가족은 강한 연대를 유지했다. 로피와 B-가족의 진짜 여가장인 비틀^{Beatle}은 서로 뗄 수 없이 가까운 친구 사이로 집단 전체의 어떤 자매들보다 함께 보내는 시간이 많았다.

로피의 높은 서열은 어쩌면 유전적 요소 덕분인 것으로 해석될 가능성도 없지는 않다. 예를 들어 녀석이 어미의 강인한 성격을 물려받았을 수도 있기 때문이다. 이처럼 앞에서 열거한 여러 가지 이유로 대다수 영장류학자들은 암컷 짧은꼬리원숭이들의 서열 세습은 거의 전적으로 사회적 환경이 결정한다고 믿지만, 유전학적 요소가 어떤 연관성이 있는지를 밝히기 위한 여러 형태의 교배 실험 역시 필요하다. 그것은 긴 시간을 요하는 프로젝트가 될 텐데, 현재 몇 개가 진행 중이다. 그러한 실험들의 결과가 몹시도 기다려지는데, '귀족 혈통' 가설을 둘러싼 논란이 워낙 치열하기 때문이다 — 그리고 그것은 비단 생물학 내에만 국한된 것이 아니기 때문이다.

공격성의 수위

공격성은 붉은원숭이들의 사회생활에서 상당히 두드러진 측면이다. 성질 급하고 호전적인 이 원숭이들의 기질의 일부인 것이다. 공격의 빈도와 격렬함은 놀라울 정도이다. 야생의 붉은원숭이들에게는 흉터, 긁힌 상처, 부상으로 너덜너덜해진 귀, 일부가 잘려 나간 손가락 등 치열한 싸움의 흔적을 보여주는 상처가 많다. 애틀랜타 주 여키스 지역 영장류 센터의 어윈 번스타인과 그의 동료들은 10시간 동안 붉은원숭이 한 마리당 평균 18건의 공격적 행동을 관찰한 것으로 보고하고 있다. 이 원숭이들은 매디슨의 원숭이 우리보다 20배가 넘는 넓고 탁 트인 장소에 마련된 야외 연구 센터 우리에 살고 있다. 우리 매디슨 집단의 원숭이들이 수가 더 적고 우

대부분의 다른 영장류들 사이에서처럼 붉은원숭이들의 물리적 폭력도 예외적인 일은 아니다. 서열이 높은 암컷이 희생자를 먹이가 흩어진 우리 바닥에 찍어 누른 채 등을 물어뜯고 있다(위스콘신 영장류 센터).

리의 구조도 더 수직적이지만 여키스 집단보다 서식 밀도가 훨씬 더 높다. 여키스에서 사용한 것과 비슷한 방법으로 관찰한 결과 우리 집단에서도 10시간당 한 마리 평균 18건의 공격 행위가 기록되어 여키스 집단과 정확히 동일한 결과를 얻었다. 물리적 공격 행위(때리기, 잡기, 물기)만을 비교해도 두 집단 사이에 아무런 차이도 발견되지 않았다.

야생의 붉은원숭이들에게도 그와 비슷한 수준의 공격성이 나타난다. 제인 티스의 연구팀은 네팔의 카트만두에 있는 고대 사원 두 곳을 누비고 다니면서 사원의 참배객들이 남긴 제물을 먹고 사는 약 700마리의 원숭이 집단을 연구했다. 연구팀은 데이터를 성별로 구분해 10시간당 암컷은 평균 16회, 수컷은 38회 공격 행위를 한다고 보고했다. 우리 매디슨 집단의 수컷의 경우 단 한마리만 그처럼 공격 빈도가 높았고, 암컷들의 경우에는 티스 연구팀의 집계와 유사했다. 각각 별도로 보고된 이러한 세 연구 결과 사이의 이와 같은 유사성은 사실 믿기지 않을 정도로 완벽하다. 그러나 원숭이들의 행동을 기록하는 방법은 철저하게 표준화되어 있어, 비록 밀도가 높아지면 공격성이 증가한다는 통념에는 완전히 어긋나지만 나는 이 결과들을 신뢰한다. 안정적인 집단을 이루고 먹이가 충분하면 밀도가 높아지는 것은 공격성에 아무런 영향도 미치지 않는 것 같다. 따라서 집단생활은 서식지가 야생이냐 넓은 인공 사육지냐 아니면 단순한 우리냐에 상관없이 붉은원숭이들 사이에 일정한 수준의 충돌을 불러일으킨다는 결론을 내릴 수 있다.

물론 그것은 적절한 범위에서만 타당한 이야기이다. 원숭이들을 빽빽이 함께 가둬놓으면 통제할 수 없을 정도로 공격 행위가 늘어날 것은 뻔하다. 그러나 매디슨 집단이 처해 있는 환경은 그렇지 않다. 이곳에서는 약 50마리의 원숭이가 100평방미터 넓이의 반원형 땅에 살고 있는데, 높은 바위 절벽 구조로 표면적은 더 넓어진 상태라고 할 수 있다. 이 구조의 가장 먼 두 점 사이의 거리는 15미터, 가장 높은 바위의 높이는 6미터이다. 같은 건물에 다른 세 집단의 원숭이들이 살며 2층에는 창문이 있어 위쪽에서 연구팀이 관찰하도록 되어 있다. 우리의 관찰 프로그램은 다양하고 광범위하다. 보편적인 범주에 속하는 행동이라고 할 수 있는 그루밍이나 연합 관계 같은 행동을 장기간에 걸쳐 기록하고 데이터를 모으는 일도 이에 속한다. 가장 시간이 많이 드는 작업은 수백 건이나 되는 소위 집중 관찰인데, 우리는 한 번에 한 마리씩을 집중적으로 관찰하면서 녹음기에 그의 사회적 상호 관계를 모두 기록한다.

관찰은 작업의 일부일 뿐이다. 녹음기의 관찰 기록을 컴퓨터 파일에

6개월 된 원숭이 두 마리. 붉은원숭이들은 짝짓기 철이 일정해서 새끼들은 늘 나이가 같은 친구들이 있다(위스콘신 영장류 센터).

옮겨 적고, 도표와 그래프로 만든 뒤에야 해석이 가능하다. 행동학 연구도 다른 여느 자연 과학 분야와 마찬가지로 지루한 부분이 있다. 한 집단 이상을 동시에 연구하는 나와 러트렐은 100마리가 넘는 원숭이들을 모두 알아본다. 가슴에 쓰인 숫자는 관찰 동안에는 별 도움이 되지 않는다. 사실 움직이거나 한데 모여 있는 원숭이들의 가슴에 적힌 숫자는 읽을 수도 없다. 우리는 얼굴, 크기, 털 빛깔의 차이를 보고 어느 놈이 어느 놈인지 알아본다. 사람들은 원숭이들이 다 똑같다고 생각하지만 익숙해지면 질수록 얼마나 서로 다르게 생겼는지를 깨닫게 될 것이다.

붉은원숭이의 생식 주기는 야생이건 인공 시설이건 상관없이 정확히 계절을 따른다. 9~12월 사이에 모든 암컷이 발정기를 맞아 엉덩이와 다리의 피부가 주홍빛을 띤다. 이 기간은 암컷, 수컷 모두에게 무척 바쁜 때이다. 수컷 중 서열이 제일 높은 스피클스는 짝짓기 철마다 4개월 만에 체중이 13킬로그램에서 9킬로그램으로 줄어든다. 스피클스는 늠름하게 생긴 25세 정도의 나이 든 수컷으로, 보통 때는 느릿느릿 움직이고 날이 궂으면 신경통으로 고생하는 듯하다. 그러나 짝짓기 철이 되면 모든 일에 관여하려 들고 마치 그것도 부족한 듯 이웃 우리의 암컷들에게까지 구애를 한다. 그럴 때면 녀석은 문 밑으로 이웃의 암컷들을 지켜보면서 입술을 쑥 내미는 특유의 구애하는 표정을 짓는다.

공격 행위는 4계절 내내 일어난다. 짝짓기 철에는 수컷이 경쟁적으로 된다. 분만 철에는 어미가 새끼를 보호하느라 민감해진다. 지난해 태어난 새끼들은 동생이 태어나면 언니 노릇을 해야 하고, 이 무렵부터 서열이 낮은 가족의 암컷들에게 도전하기 시작한다.* 10시간 동안 한 마리당 18회

* 이 책에서 다루고 있는 영장류들은 종에 따라 성장 속도가 큰 차이를 보인다. 어미에게 먹이와 이동을 전적으로 의존해야 하는 유아기는 짧은꼬리원숭이 종류의 경우 약 1년 정도여서, 침팬지, 보노보와 같은 유인원들의 평균 5년과 큰 차이를 보인다. 장난기가 넘치는 유년기는 짧은꼬리원숭이들은 3년, 유인원들은 8년이다. 이어서 청년기가 찾아온다. 성적으로 성숙하고, 독립심이 생기는 이 기간은 개체에 따라 차이를 보인다. 성인기를 완전히 다 자란 신체로 규정한다면, 짧은꼬리원숭이들은 약 7

공격적 행동을 벌이는 원숭이 50마리가 한데 모여 있으면 어떤 일이 벌어질까? 계산은 그다지 어렵지 않다. 자그마치 1분에 1회 반의 공격 행위가 발생할 것이다. 하지만 그러한 수치는 약간 설명이 필요하다. 우선 공격 행위는 많은 원숭이들이 결부되어 한꺼번에 터지는 경우가 많다. 싸움이 전혀 일어나지 않는 평화로운 분위기가 오랜 시간 동안 계속되다가 순간적으로 몇 분씩 격렬한 활동이 벌어진다. 갑자기 서로 쫓고 쫓기면서 비명을 지르는 복잡한 상황이 생기는 현상은 전문적인 배경 지식 없이 보면 전혀 이해할 수 없다. 그러나 그러한 혼란의 배후에는 기존의 위계질서와 후원자 관계망으로 형성된 고도로 복잡한 사회 구조가 자리 잡고 있다. 둘째, 공격 행위는 대부분 단순한 위협에 그친다. 사납게 물어뜯는 등의 치열한 공격은 집단 전체에서 평균 세 시간에 한 번씩 발생한다.

    붉은원숭이는 위협할 때 두 가지 방법을 사용한다. 입을 크게 벌리고 눈을 부릅뜨는 몸짓은 보통 지위가 확고한 높은 서열의 원숭이들이 사용한다. 귀를 납작하게 하고 턱을 앞으로 내미는 몸짓은 자신감이 조금 부족한 원숭이들이 사용하는 방법이다. 시끄러운 신음 소리를 동반하는 이 두 번째 방법은 높은 서열에 도전하는 청년기 원숭이들의 전형적인 몸짓이다. 첫번째 유형의 위협에 대한 반응은 대부분 줄행랑이다. 도망갈 뿐만 아니라 서열이 낮은 쪽은 비명을 지르면서 두려움에 찬 표정으로 이를 드러낸다. 아무 소리도 내지 않고 이런 얼굴 표정을 짓기도 한다. 우리 눈에는 우호적인 미소처럼 보이지만 실은 무척 초조한 표정이다. 이 표정은 서열이 높은 원숭이가 다가올 때 낮은 서열의 원숭이들이 주로 보내는 신호이기도 하다.

    싸움과 경쟁의 결과는 예측이 가능하지만 확실한 것은 아니다. 특정 상대와 싸워서 이기는 횟수가 더 많은 쪽이 지배적이며 서열이 높다고 말

세 정도에, 유인원들은 16세 정도에 성인이 된다. 그러나 생식 능력은 성인이 되기 전에 완전히 발달한다.

붉은원숭이들의 전형적인 위협 방식은 입을 벌리고 귀를 앞으로 쏠리게 한 채 노려보는 것이다. 위스콘신의 한 농장 옥외에서 기르는 이 두 암컷 원숭이들은 다가오고 있는 사람에게서 밤에 사용하는 우리(뒷배경)를 지키려 하고 있다.

할 수 있지만 예외는 있다. 하극상은 대부분 영향력 있는 제3자가 개입했을 때 일어난다. 예컨대 어떤 암컷이 발정기가 되어 성적 매력을 풍긴다면 수컷 친구는 이 암컷보다 서열이 높은 다른 암컷들을 상대로 한 싸움에서 암컷을 돕고 나설 것이다. 그러나 위에서 설명한 '이를 드러내고 웃는 듯한 승복하는 얼굴 표정'은 항상 한쪽 방향으로 행해진다. 일정 기간 동안 A원숭이가 B원숭이에게 그러한 표정을 짓는다면 같은 기간에 B는 A에게 결코 그러한 표정을 짓지 않는다. 어떤 신호가 사회적 상황의 부침에 아무런 영향도 받지 않으려면 아주 근본적인 것에 기초하고 있어야 한다. 나는 그러한 얼굴 표정이 기존의 위계질서를 인정하기 위해 사용되고 있다고 생각한다. 어떤 원숭이도 다른 원숭이와 열 번 싸워서 한 번은 이길 수 있지만 두 원숭이 모두 정상적인 상태가 무엇이며 예외가 무엇인지 잘 알고 있다. 대부분의 싸움에 지는 원숭이는 자신의 서열이 더 낮다고 인정해 싸움에서 이긴 원숭이를 만날 때마다 복종의 신호로 그러한 사실을 알리는 것이다.

우리는 이처럼 눈에 잘 띄는 신호의 방향을 공식 서열을 가리는 기준으로 사용했다. 높은 서열과 권력이 통상 같은 손 안에 있는 것은 분명하다. 침팬지의 위계 관계와 비교해볼 때 붉은원숭이 집단에서는 서열이 낮은 원숭이가 사회를 변화시키거나 영향을 줄 만한 여지가 별로 없다. 붉은원숭이만큼 서열상의 차이를 엄격하게 준수하고 있는 사회는 영장류, 아니 더 나아가서 포유류 전체에서도 찾아보기 힘들다. 서열이 높은 붉은원숭이들은 조금이라도 불복종의 기미가 보이면 위협을 가해 바로잡거나 공격해서 처벌한다. 분명 이들은 둘 중의 하나를 선택해야 한다면 사랑받기보다는 두려움의 대상이 되는 쪽을 기꺼이 고를 것이라는 마키아벨리의 말에 동의할 것이다. 이처럼 서열 문제에서 그토록 엄격하기 때문에 심지어 붉은원숭이들은 '영장류 세계의 닭'이라는 소리를 들었을 정도이다. 하지만 '모이 쪼기 순서peck order'에만 초점을 맞추는 연구로는 이 종을 제

위스콘신의 한 농장에 사는 집단 중의 한 유년기 붉은원숭이(다음 쪽 사진)가 위협하고 있는 다 자란 수컷에게 이를 훤히 드러낸 표정을 보이고 있다. 이러한 얼굴 표정은 유해한 자극에 대한 반응으로 입술을 말아 올리는 행동에서 진화해온 것으로 추정되고 있다. 선인장을 먹고 있는 비비의 표정(위 사진)에서 원래의 그런 반사적 행동을 찾아볼 수 있다(케냐, 길길 지역). 사회적 상황에서 그러한 표정은 복종과 두려움을 나타낸다. 붉은원숭이 사이에서 그것은 서열이 낮음을 나타내는 가장 확실한 표시다. 다른 종, 예를 들어 인간이나 유인원들에게서 그러한 얼굴 표정은 화해와 우호의 신호인 미소로 진화했다. 그러나 여기에도 초조감의 요소는 여전히 남아 있다.

대로 이해할 수 없을 것이다.

　붉은원숭이들이 항상 사납고 심술궂기만 한 건 아니라는 증거가 있다. 정신과 의사인 줄스 매서만, 스탠리 위츠킨, 윌리엄 테리스 등이 시행한 심리 실험에서는 원숭이 몇 마리를 훈련시켜 먹이를 얻기 위해서는 줄을 잡아당기도록 가르쳤다. 그러한 반응을 다 학습하자 옆 우리에 다른 원숭이를 집어넣었다. 이번에는 줄을 잡아당기면 먹이가 나오지만 동시에 옆 우리의 원숭이가 전기 충격을 받게끔 되어 있었다. 대부분의 원숭이는 줄을 잡아당겨 먹이를 보상으로 얻기보다는 동료가 고통받는 모습에 줄 잡아당기기를 멈추었다. 일부는 5일 동안 굶기까지 했다. 연구팀은 이전에 이웃 원숭이와 비슷한 고통스러운 경험을 한 원숭이들이 그러한 희생을

붉은원숭이

더 많이 감수하는 것을 볼 수 있었다고 덧붙였다.

　이러한 결과를 인간이 다른 사람들에게 전기 충격을 주게 했던 스탠리 밀그램의 유명한 실험과 비교해보기로 하자. 이 실험에서는 어떤 시험에 틀린 답을 제시하는 다른 사람들을 처벌하는 과제가 주어졌다. 사실 희생자들은 전기선에 연결되어 있지 않았다. 그렇지 않았다면 살아남지 못했을 것이다. 하지만 울며 벽을 치거나 혹은 실험을 중단하도록 애걸하는 등 전기 충격을 받은 것처럼 가장했다. 많은 참가자들이 수백 볼트의 전기 충격을 다른 사람에게 가할 용의가 있는 것으로 밝혀졌다. 발전기에는 '위험: 심각한 충격'이라고 표시되어 있었고 모두 그것을 볼 수 있었는데도 말이다. 붉은원숭이 실험과 다른 점은 실험에 참가한 사람들이 정확한 정보를 제공받지 않았다는 것이다. 실험의 참가자들에게는 실험 목적이 희생자들의 기억력에 처벌이 어떤 효과를 끼치는지를 밝혀내기 위한 것이라고 말했다. 그러나 진짜 목적은 이들이 얼마나 복종적인지를 테스트하는 것이었다. 연구팀이 권위적인 존재로 계속 상주하면서 명령을 내렸고, 실험 참가자들은 연구를 돕는다며 지시 사항을 곧이곧대로 따랐다. 이 실험은 곧 수십 만 명의 유대인을 죽이고도 자신은 그저 다른 사람들의 도구에 불과했다고 주장한 나치 전범의 이름을 따 '아이히만 실험'이라고 불리게 되었다.

　우리는 서열과 권위가 우리 행동에 얼마나 많은 영향을 미치는지를 과소평가하는 경향이 있다. 엘리엇 애론슨은 매년 자신의 심리학 강의를 듣는 학생들에게 위의 밀그램의 실험에 대해 설명해준 다음 학생들 같으면 복종하겠느냐고 질문한다. 복종하겠다고 답한 학생은 1%에 지나지 않아 밀그램 연구팀의 실험 결과에 비하면 60분의 1에 그쳤다. 애론슨은 자기 학생들이 인류의 나머지보다 더 낫다고 믿는 대신 언행이 항상 일치하는 것은 아니라는 결론을 내렸다.

탐구 단계

현대의 일부 교과서들은 과학이란 먼저 가설을 세운 다음 이를 객관적으로 실험해서 수용 여부를 결정하는 식으로 시작된다고 이야기한다. 그러나 나는 과학은 매혹과 경이에서 시작된다고 생각한다. 찰스 다윈은 어떤 이론을 시험하기 위해 비글 호를 타고 항해에 나선 것은 아니었다. 그러나 돌아올 때는 이론 하나를 세우는 데 필요한 재료들을 갖고 올 수 있었다. 탐구 단계라고 부르는 이 단계는 창의적인 연구에서라면 필수 불가결한 요소이다. 익숙하지 않은 종에 대한 연구를 시작하는 동물학자가 제일 먼저 해야 할 일은 연구하려는 동물의 입장이 되어보는 것이다. 그 동물의 수준에서 생각해보고, 관찰의 거장 로렌츠가 강조했듯이 새로운 종을 실제로 사랑할 수 있어야 한다. 1981년 나는 붉은원숭이들과 '사랑에 빠졌고' 그들의 분주한 생활 방식에 푹 젖어들었다.

몇 년 동안 관찰한 필자에게 가장 인상적이었던 것은 이들 붉은원숭이들의 신속하고 직접적인 행동이었다. 거대 유인원들에게서는 자극과 행동 사이에 상당한 지체가 있다. 침팬지들은 행동을 취하기 전에 모든 상황을 조심스럽게 고려한다. 또한 의도를 숨기는 데도 능하기 때문에 예측 불허에 기만적이라는 등의 악명을 얻기도 했다. 그러나 붉은원숭이들은 이와는 전혀 다르다. 이들은 감정을 항상 겉에 드러내놓고 생활한다. 거의 투명한 종이라고까지 할 수 있을 정도다.

붉은원숭이는 분명 보통의 애완동물보다 더 영리하다. 하지만 이들의 지능은 유인원들이 막대를 이어서 높은 곳에 열린 바나나를 따는 것과 같은, 눈으로 쉽게 볼 수 있는 행동에서 드러나는 것이 아니라 날마다 벌어지는 사회생활의 자잘한 실제 상황에서 엿볼 수 있다. 예를 하나 들어보자. 비틀이라는 이름의 암컷이 두 자매가 있는 곳으로 가기 위해 바위를 타고 오르기 시작했다. 바로 그때 두 자매 바로 뒤에 서열 2위의 수컷 헐크가 앉아 있는 것을 발견했다. 비틀은 주저했다. 헐크가 어떻게 반응할지 몰랐기 때문이다. 녀석은 바위에서 내려와 바닥에 널린 먹이를 먹기 시작했다. 몇 분 뒤 헐크가 내려와 비틀이 있는 곳에서 그다지 멀지 않은 곳에서 먹이를 먹기 시작한다. 헐크가 내려와 있는 것을 알아차린 비틀은 곧바로 헐크에게서 눈길을 거두어 자매들 쪽을 바라본 다음 잽싸게 자매들 쪽으로 가서 함께 앉았다. "만일 헐크가 여기 있으면 저기에는 헐크가 없다"라는 단순한 유추를 한 것이다. 자세히 살펴보면 원숭이들이 항상 머리를 쓰고 있다는 것을 '볼' 수 있다.

 개인의 정체성은 대단히 중요하다. 녀석들은 누가 누구인지 혼동하는 일은 절대 없는 듯하다. 붉은원숭이들은 적들에게 일어난 일은 물론 친족과 친구에게 일어나는 모든 중요한 일들을 일일이 기억한다. 로피는 처음으로 새끼를 낳고서 며칠 뒤 비틀과 부둥켜안고 놀고 있었다. 아직 아주 작은 로피의 새끼는 두 마리의 암컷 사이에 완전히 가려서 보이지 않았다. 그때 두 마리 모두와 절친한 옴미가 약간 의아한 표정으로 가까이 다가왔다. 옴미는 로피의 다리를 쳐들고 두 친구 사이를 들여다보았다. 새끼를 보고는 다리를 내려놓고 입맛 다시기* 동작을 한 다음 로피의 어깨에 팔을 얹었다. 곧 세 마리 모두가 함께 입맛 다시기를 하면서 가까이 다가앉았다. 분명 로피가 새끼를 낳았다는 것을 기억하는 옴미는 새끼가 아직 거기 있는지를 확인한 것이다.

 먹이를 주는 넓은 장소에서 오렌지가 예상치 못한 공격을 두 차례나 했다. 먼저 터프라는 이름의 젊은 암컷을 물더니 조금 있다가 비틀을 우악스럽게 잡았다. 보통 이런 갑작스러운 행동들은 원인을 알 수 없는 경우가 많지만 이번 일은 몇 가지 암시가 있었다. 이 일이 있기 전 나는 오렌지를

---

* 입맛 다시기 동작은 상대방을 잠깐씩 쳐다보면서 입술과 혀를 연달아 재빨리 움직이는 행동이다. 리듬감 있는 입맛 다시기 동작은 그루밍을 하는 동안에 많이 하는데, 멀리서도 눈썹을 위로 올리면서 입맛 다시기 동작을 하기도 한다. 이는 우호적인 의도를 나타내는 시각적 표시이다.

30여 분 동안 관찰하면서 공격 행동을 하기 12분 정도 전부터 상황을 기록하고 있었다.

    오렌지가 나이 든 수컷인 스피클스에게 그루밍을 해주고 있다. 터프가 와서 스피클스의 등에 기대어 앉으려고 한다. 스피클스는 계속해서 터프를 밀어내고 결국은 터프가 포기하고 자리를 뜬다. 조금 뒤에 비틀이 오렌지에게 그루밍을 해주기 위해 다가온다. 그러나 비틀이 오렌지의 털에 손을 댈 때마다 오렌지가 돌아보면서 비틀을 위협했기 때문에 결국 다섯 번의 시도 끝에 비틀이 포기한다.

이 기록으로 볼 때 터프와 비틀은 두 우두머리 원숭이들 사이의 접촉을 방해했고, 오렌지는 이 중요한 만남 도중에 행동을 취하는 대신 그러한 방해 행위를 기억했다가 나중에 처벌했다는 것을 알 수 있다.
    동료들의 정체성을 인식하는 능력, 기억력 그리고 단순한 논리력들 덕분에 자신이 직접 연관되지 않은 사회적 관계를 이해할 수 있는 또 다른 능력이 계발된다. 바로 그러한 능력이 가령 해리가 밥과 마이크를 상대할 때 둘 사이의 관계를 고려해서 행동할 수 있도록 해준다. 예를 들어 밥과 마이크가 연합 관계에 있으면 마이크가 있는 곳에서는 해리가 밥에게 우호적으로 대하는 것이 유리하다. 반대로 둘이 적이라면 해리는 그러한 관계를 이용해 둘을 경쟁에 붙일 수도 있을 것이다. 해리가 세 개의 관계를 고려해야 하기 때문에 학계에서는 이것을 3자 관계에 대한 의식이라고 부른다. 이러한 능력을 구체적으로 몇 가지만 살펴보아도 앞으로 살펴볼 화해 행동이 독자적으로 발달한 행동이 아니라 복합적으로 작용하는 놀라운 기술의 일부분이라는 것을 알 수 있다. 붉은원숭이들의 일반적인 사회 구조가 얼마나 복잡한지를 이해하지 않고서는 이 종의 평화 전략을 이해할 수 없다.

가장 기초적인 사회적 연결 고리는 어미와 새끼 사이의 유대감이다. 다른 원숭이들이 그러한 유대 관계를 인식한다는 첫번째 신호는 갓 태어난 새끼가 있을 때만 특별히 내는 소리다. 베이비 그런팅$^{baby\ grunting}$이라고 부르는 이 소리는 시끄럽게 헛기침하는 소리와도 비슷해서 기침 그런팅$^{cough\ grunting}$, 깔깔 웃음, 꿀꺽 소리 등으로 부르기도 한다. 어미와 새끼를 만난 원숭이는 이 둘을 번갈아 바라보면서 이 소리를 연달아 낸다. 어미가 새끼를 안고 있으면 번갈아 보는 동작이 확연히 눈에 띄진 않는다. 그러나 새끼가 어미한테서 떨어져 있으면 새끼 쪽과 어미 쪽을 번갈아 보면서 이 소리를 낸다. 이 소리를 내는 원숭이는 새끼가 아무리 어미에게 멀리 떨어져 있고, 아무리 다른 원숭이들이 주변에 많아도 절대 다른 암컷을 어미로 오인하는 일이 없다. 이 소리의 의미는 분명하지 않지만 의도는 의심할 여지 없이 우호적인 것이다. 사람으로 치면 "어쩜 아기가 이렇게 예뻐요"라는 칭찬 정도가 아닐까?

원숭이들이 다른 원숭이들과의 관계를 인식한다는 사실은 베레나 다세르의 기발한 실험으로도 증명된다. 리치라고 하는 게잡이원숭이는 대규모 인공 집단에서 사는 암컷 원숭이로, 동료 원숭이들의 컬러 사진에 대한 반응을 시험하기 위해 잠시 격리되었다. 이 실험 기간 동안 리치는 많은 동료들 가운데 한 마리씩이 따로따로 담긴 독사진 세 장을 동시에 보았다. 가운데 사진은 항상 다 자란 암컷을 보여주게 되어 있었다. 그리고 이 암컷의 새끼가 나머지 두 장 중의 한 장에 담겨 있었다. 새끼 사진이 어미 사진 오른쪽에 나올 수도, 왼쪽에 나올 수도 있기 때문에 어떤 사진이 어미의 새끼일지 예측하는 것은 쉽지 않았다. 리치는 이 실험 전에 서로 다른 사진들을 보고 맞는 짝을 골라내는 훈련을 받은 바 있었다. 이번에도 그와 비슷한 방법으로 어미와 새끼를 짝짓는 것이 리치의 임무였는데, 거의 실수 없이 해냈다. 세 장 중에서 두 장 사이에 존재하는 연결 고리를 확실히 인식하고 있다는 증거다.

어미와 새끼가 닮았다는 사실이 단서가 되었을까? 그렇지 않다. 옛날 사진을 갖고 한 실험에서는 둘 사이의 연결 고리를 알아차리지 못했기 때문이다. 오래된 사진이라고 해서 가족끼리 닮은 것이 변하는 것은 아닌데도 말이다. 따라서 이 결과는 리치가 원숭이들 하나하나를 알아보고 행동했다는 것으로밖에는 달리 해석되지 않는다. 원숭이의 외양은 시간이 흐르면서 변하기 때문에 사진을 찍은 지 오래될수록 알아보기가 힘들어진다. 최근 사진을 갖고 한 실험에서만 리치가 성공적으로 임무를 수행했다는 실험 결과를 놓고 다세르는 리치가 각각 누가 누구인지를 알아본 다음 집단의 사회적 네트워크에 대한 지식을 동원해 어미-새끼 짝을 지었을 것이라고 결론지었다.

원숭이들은 가족 간의 유대 관계를 기초로 각 개체를 구분하기 때문에 나는 매디슨 집단에서 일어난 자연적 입양이 어떤 결과를 낳게 될지 몹시 궁금했다. 생후 3개월 만에 어미가 죽은 수컷 원숭이 캐슈는 헤비^{Heavy}(덩치가 아주 크다)라는 여가장이 이끄는 H-가족과 점차 가까워졌다. 캐슈에 대한 헤비의 태도는 시간이 흐르면서 점점 나아져서, 처음에는 그루밍을 해주고 그의 존재를 참아주는 정도에서 안아주고 젖을 빠는 것(아마도 젖이 나오지는 않았을 텐데)까지 허용하는 정도로 발전했다. 헤비가 이 양아들을 안고 다니면서 다른 원숭이들에게서 보호해주기 시작한 것은 3개월이 지나서였다. 하지만 집단의 다른 원숭이들이 캐슈를 H-가족의 일원으로 대우하기 시작한 것은 이보다 훨씬 더 늦은 1년도 더 지난 뒤부터였다. 그러던 어느 날 오렌지와 로피가 함께 캐슈를 공격하고 나서 첫번째 사건이 발생했다. 서열이 높은 이 암컷 두 마리는 즉시 그 자리에서 멀찍이 떨어져 몸을 피해 있던 헤비와 헤비의 다 자란 딸한테까지 곧장 달려들어 위협했다.

공격의 일반화라고 부르는 이러한 현상은 누군가를 공격할 때 한 개체가 속한 전체 가족까지 함께 공격하는 것으로, 붉은원숭이들 사이에서는 흔한 일이다. 한번은 암컷 한 마리가 다른 암컷을 위협하고 쫓아다니는 상황이 벌어졌는데, 녀석은 자신이 공격하고 있는 암컷의 딸한테도 여러 번 다가가 위협을 가했다. 처음에는 그것이 일반화인지 확실치 않았다. 딸이 접근했거나 공격자의 주의를 끌 만한 다른 무슨 행동을 했을 수도 있었기 때문이다. 그런데 공격하던 놈이 갑자기 한데 모여 잠을 자던 원숭이들 가운데로 뛰어들어 아무 죄도 없는 원숭이 한 마리를 붙들어 잡았다. 알고 보니 잡힌 원숭이는 적의 자매였다.

나이 든 여가장 노즈를 집중 관찰하는 동안 녀석의 다 자란 딸이 헐크의 공격을 받았다. 노즈는 내가 관찰하고 있던 창문 옆, 사건이 일어난 곳에서 상당히 떨어진 위쪽에 자리 잡고 앉아서 현명하게도 꼼짝하지 않고 있었다. 그러나 헐크는 주변을 살피기 시작해 바위 위에 모여 있는 원숭이들을 샅샅이 뒤지다가 마침내 노즈를 찾아내고는 즉시 뛰어올라 녀석을 쫓기 시작했다.

또 한번은 암컷 두 마리가 싸우다가 한 놈이 상대의 가족 다섯 마리 중 네 마리를 찾아내 위협했다. 화를 피한 마지막 한 녀석은 상대의 어린 조카였다. 이 어린 원숭이는 지붕에 거꾸로 매달려 친구들과 놀고 있었다. 이런 자세로 있으면 누군지 알아보기가 힘들다. 그러나 사건이 일어나고 나서 몇 분 후 앞의 암컷은 아직 유일하게 위협하지 않은 이 원숭이를 쫓기 위해 결국 지붕으로 급히 달려갔다.

그와 비슷한 전술은 야생의 베르베트원숭이와 사바나비비들에게서도 관찰되었다. 수컷 비비 두 마리가 싸운 뒤에 적이 가장 좋아하는 암컷 친구에게 달려가 화풀이를 하는 모습은 그리 드물지 않다. 스머츠는 이런 형태의 복수 방법에서 어딘지 모르게 낯익은 점을 발견했다. "X를 처치하지 못하면 X에게 의미 있는 다른 대상을 찾는다." 케냐에 서식하는 베르베트원숭이들에 대한 연구 결과는 주의 깊게 자세히 기록한 수많은 사례를 담고 있어서 특히 신뢰할 만하다. 도로시 체니와 로버트 세이파스는 서로 다른 가족 출신 둘이 싸웠을 때 두 가족에서 누군가가 그날 안으로 다시 싸울 확률이 높은데 이들은 — 이 부분이 중요하다 — 꼭 처음 싸운 장본인들이 아닐 수도 있다는 것을 발견했다. 이들의 친척들도 서로 대적하게 된 것이다. 분명 이들은 진행되고 있는 싸움을 유심히 지켜보다가 자기 친척과 싸운 원숭이의 가족 전체에게 화를 내는 듯하다. 체니와 세이파스는 두 개체 사이의 긴장이 이들이 속한 모계 혈통 전체로 퍼지는 현상은 이들 베르베트원숭이들이 본인이 맺고 있는 여러 관계뿐만 아니라 다른 원숭이들의 관계들까지도 상세히 알고 있다는 사실을 증명한다고 결론짓고 있다.

인간 사회에서도 공격의 일반화는 아주 흔한데, 앞의 원숭이들의 예와 같이 작은 규모에서나 더 큰 규모에서 모두 찾아볼 수 있다. 소수의 행동에 대해 어떤 종교 집단 전체 또는 민족 집단 전체에 책임이 전가될 때 그것은 어마어마한 규모로 비화되기도 한다. 1984년 인도에서 시크교도 경호원 두 명이 인디라 간디를 암살한 뒤 불과 며칠 사이에 인도 전역에서 1천 명이 넘는 시크교도들이 힌두교도들에게 살해되었다. 집단의 다른 성원들 사이의 관계를 이해하는 이처럼 아주 유용하며 그 자체로는 무해한 능력이 무고한 사람들을 낙인찍고, 따돌리고, 심지어 죽이기까지 하는 데 사용되기도 하는 것이다.

암묵적 화해

붉은원숭이의 집안싸움 시스템은 공격뿐만 아니라 화해에도 영향을 미친다. 먼저 가족 내 단결은 어떤 대가를 치르더라도 유지된다. 둘째, 가족 내의 중요한 구성원 한둘이 다른 가족과 맺는 관계 양상을 결정할 수 있다. 이들이 어느 가족과 전투 중이라면 나머지 식구들도 힘을 합치고, 화

자매지간인 오키드(왼쪽)과 옴미(오른쪽)가 심각한 싸움을 한 뒤에 화해하는 감동적인 장면. 두 딸 사이에 앉아 있는 오렌지는 우호적인 신음 소리를 내고 옴미가 오키드에게 우호의 표시로 입맛 다시기 동작을 하고 있다. 그러자 오키드도 오렌지의 새끼를 향해 입맛 다시기 동작을 한다. 이 원숭이들은 서로 마주하고 앉아 있기는 하지만 직접 눈이 마주치는 것은 피하고 있다(위스콘신 영장류 센터).

해하면 나머지들도 긴장을 풀고 정상적인 관계로 돌아간다. 나는 그러한 과정을 추적하는 데 많은 시간을 들였다. 붉은원숭이들은 싸운 후에 화해할까? 사례마다 다르다. 키스와 포옹이 기준이라면 이들은 인간이나 침팬지만큼 성적을 올리진 못한다. 그러나 싸우던 적과 열정적으로 화해하는 모습도 가끔 관찰되는데, 특히 친족 단위 내 혹은 절친한 친구들끼리 심각한 갈등을 빚은 후가 그렇다.

오렌지의 두 딸 옴미와 오키드가 격렬한 싸움을 벌이자 가족 전체가 관여하게 되었다. O-가족 전체가 이 싸움에 개입해서 오렌지도 작은딸인 오키드 편에 섰다. 서로를 물어뜯는 데 그치지 않고 이 두 자매는 옆에 서서 구경하는 원숭이들까지 위협하며 화풀이를 했다. 이 사건은 옴미와 오렌지가 함께 나이 든 암컷 원숭이 하나를 공격하는 동시에 옴미가 오렌지에게 우호의 표시인 입맛 다시는 동작을 하면서 끝났다. 나는 이 싸움이 끝나는 순간 초시계를 작동시켰다.

    채 1분이 지나지 않아 옴미와 오렌지는 서로 주변을 맴돌기 시작했다. 옴미가 자기 엉덩이를 어머니인 오렌지 쪽으로 대줬지만 무시당했다. 그러자 아주 조심스럽게 옴미는 어미의 등을 그루밍하기 시작했다. 그로부터 1분 안에 옴미의 적수였던 오키드도 다른 쪽에 앉아 어머니인 오렌지를 그루밍하기 시작했다. 곧 어색한 분위기가 없어지고 세 원숭이들은 격렬하게 입맛 다시기 동작과 포옹을 반복했다. 보통 이런 화해 동작은 몇 초면 끝나지만 이번에는 조금 멈춘 후에 세 마리 중 한 마리가 다시 시작하고 나머지 두 마리도 이에 응하기를 몇 번이나 반복했다. O-가족의 입맛 다시기 동작은 2분 동안 계속됐다. 한편 오렌지와 옴미가 함께 공격했던 나이 든 암컷 원숭이는 그들을 향해 멀리서 입맛 다시기 동작을 했다. 이 원숭이가 다른 세 마리가 있는 곳으로 다가갈 용기를 내기까지는 21분이 걸렸다. O-가족은 43분 이상 함께 모여 있었다.

    중간 서열 정도인 G-가족과 T-가족은 종종 서로 상처를 주고받지도 않고 그렇다고 별다른 결론도 나지 않는 긴 싸움을 한다. 어느 날 G-가족의 여가장 그레이가 자기보다 훨씬 몸집이 큰 T-가족의 암컷 테일을 추격하자 테일은 오렌지 근처로 피신했다. 테일은 최근에 새끼를 낳았기 때문에 서열이 높은 암컷들과 접촉하는 것이 허용되었다. 오렌지의 존재는 분명 그레이의 공격성을 제어하는 효과를 낳았다. 그레이는 테일이 앉은 자리에서 그리 떨어지지 않은 곳에 앉아 스스로 자기 털을 고르면서 계속 테일 쪽을 흘낏흘낏 쳐다보았다. 녀석은 스스로 그루밍을 하면서 안정을 찾는 것 같았다. 1분 이상 고개를 들지 않고 있던 그레이가 고개를 들었을 때는 이미 테일이 사라진 뒤였다! 그레이는 여러 마리가 몰려 있는 원숭이들 사이에서 테일을 찾기 위해 뒷발로 서서 살피기 시작하더니 급기야는 뒷발로만 서서 돌아다니면서 한 그룹 한 그룹 뒤지는 체계적인 수색을 시작했다. 결국 어미와 함께 앉아 있는 테일을 발견한 그레이는 그쪽으로 걸어가 등을 돌린 상태에서 몸을 쭉 폈다. 테일과 테일의 어미는 이 요청을 수락하고 그레이를 그루밍하기 시작했다.

모든 화해가 싸운 뒤 바로 이루어지는 것은 아니다. 예컨대 헐크가 평소에 가장 절친했던 친구인 서열 3위 수컷 모피를 추격해서 문 일이 있었다. 얼마 후 이 둘은 서로 반대편 벽에 붙어 있는 철봉에 상대에게 등을 돌린 상태로 매달려 있었다. 서식지로 정해진 구내에서 이보다 더 멀리 떨어질 수 없는 위치를 선택한 것이다. 내 계산으로는 이 둘은 한 시간 이상 서로 바라보지 않았던 것 같다. 그러다가 헐크가 모피 쪽으로 다가갔고 두 수컷은 번갈아가며 상대방의 등에 올라탔다. 나이 어린 수컷들이 둘 사이의 화해를 지켜보기 위해 서둘러 모여들었다. 이들은 모두 헐크, 모피와 함께 우리가 수컷 클럽이라고 부르는 그룹으로 한데 모여 앉았다(매디슨 집단의 수컷들은 누구나 아주 어려서부터 암컷들과 따로 한데 모여 앉기를 좋아했다.

한 다 자란 암컷(오른쪽)이 집단 내 서열 2위 수컷 헐크에게 꼬리를 들어 올린 채 엉덩이를 내보이고 있다. 헐크는 방금 전까지 온 우리를 헤집으며 이 암컷을 추격해온 상태였다. 헐크는 암컷의 제안을 무시했지만 나중에 암컷이 그루밍을 하는 것을 허락했다. 어린 새끼가 이 장면을 지켜보고 있다 ― 그리고 아마 뭔가 배운 것이 있을 것이다(위스콘신 영장류 센터).

스피클스만이 한번도 여기에 끼지 않았다).

오렌지의 딸 옴미가 서열이 높은 B-가족 암컷들에게 도전할 나이가 되었다. 옴미는 보스^{Boss}를 추격해서 붙들었고 보스가 성공적으로 맞싸우고 있는 도중에 오렌지가 개입했다. 이후의 보스의 행동을 보면 녀석이 옴미와의 관계보다 오렌지와의 관계를 더 중시한다는 것을 알 수 있다. 보스는 옴미를 무시하고 그날 오후 내내 오렌지를 졸졸 따라다니며 주변 몇 미터 이내에 머물렀다. 보스는 조금 떨어진 곳에서 오렌지를 향해 입맛 다시기 동작을 했고, 오렌지의 가장 어린 새끼가 걸어 다니면 베이비 그런팅을 하는가 하면 서열 낮은 원숭이들을 위협하면서 자기 엉덩이를 오렌지 쪽으로 돌려 녀석의 지지를 유도하는 등의 동작을 세 시간 동안이나 했다. 나는 이 두 암컷 사이의 접촉을 보지 못하고 귀가해야 했다. 보스가 오렌지에게 이렇게 조심스럽게 접근해야 했던 데는 이유가 있었을 것이다. O-가족의 성원과 맞싸움을 벌인 것은 모든 규칙에 위반되는 것이었으며, 오렌지는 관대한 성격과는 거리가 멀다는 평판을 지니고 있었기 때문이다.

분만 철에는 새끼들의 존재가 평소에 적대적이던 암컷들 사이의 접촉에 촉매제로 작용하기도 한다. 위에 소개한 사례에서는 보스가 베이비 그런팅 전술을 사용한 것이 별 효과를 거두지 못했지만 때로 효과를 발휘하기도 한다. 예컨대 한번은 오렌지가 헤비를 위협하며 추격한 일이 있었다. 헤비는 우두머리 암컷인 오렌지와 철망을 오르고 있는 오렌지의 새끼를 향해 베이비 그런팅을 하며 대응했다. 조금 뒤에 헤비의 새끼가 오렌지 근처로 왔다. 이번에는 오렌지가 베이비 그런팅을 했다. 오렌지가 베이비 그런팅을 한 것은 헤비가 접근해도 좋다는 신호였다. 두 마리 암컷은 함께 꼼지락거리는 새끼들을 거꾸로 들고 꼼꼼히 살피면서 입맛 다시기 동작과 베이비 그런팅을 반복했다. 둘 사이의 긴장은 어느덧 사라져버렸다.

거의 우연인 것처럼 화해하는 형태는 붉은원숭이들 특유의 습관이다. 싸운 뒤 종종 마치 아무 일도 없었던 것처럼 행동하는 것이다. 그러한 인상은 붉은원숭이들이 사방을 쳐다보면서도 싸웠던 적의 얼굴만은 정면으로 쳐다보는 것을 피하는 경향 때문에 생긴다. 인간 관찰자는 이런 장면에서 혼동하기 십상인데, 이들 사이에서의 눈 맞추기 규칙이 인간 사회에서와는 전혀 다르기 때문이다. 인간과 유인원들은 긴장이 고조되면 눈을 마주치는 것을 피하고 화해할 준비가 되었을 때 눈을 맞추려고 애쓴다. 이와 반대로 붉은원숭이들은 싸우는 도중에 상대방의 눈을 정면으로 쳐다본다. 서열이 높은 쪽은 낮은 쪽을 꼼짝 않고 쳐다보는 것으로 겁을 준다. 이처럼 오랜 시간 눈을 마주치는 것이 험악한 의미가 있기 때문에 화해를 포함해 우호적인 접근을 하는 동안에는 눈길을 서로 피하는 것이 논리적으로 맞다.

결국 이들은 심각한 충돌 다음에는 갖은 '핑계'를 만들어 상대방에게 접근한다. 한번은 스피클스가 헐크를 추격했으나 끝내 잡지 못한 적이 있었다. 헐크가 나이 든 수컷인 스피클스보다 훨씬 날랬기 때문이다. 5분 뒤 헐크가 물통에서 물을 마시자 스피클스도 얼른 다가가 서로 머리가 맞닿을 정도로 가까이에서 물을 마시기 시작했다.

또 한번은 보스가 함께 몰려 앉아 있던 그룹에서 친구 팁을 위협하며 밀어내는 일이 있었다. 이 사건 뒤 보스가 몇 번 접근을 시도했지만 팁은 물러서기만 했다. 그러자 보스는 휙 낚아채는 듯한 손동작으로 파리를 잡기 시작했다. 이것은 녀석들이 흔히 쓰는 기술인데, 이런 시늉을 하면서 보스는 팁을 쳐다보지 않은 채 점점 녀석 쪽으로 다가갔다. 보스는 팁의 앞뒤를 돌며 파리를 잡았다. 그러다가 너무 높이 날아다니는 파리를 잡는 것처럼 하면서 팁에게 몸을 기댔다. 얼마쯤 이러고 있게 되자 결국 팁이 보스를 그루밍하기 시작했다.

가장 흔히 사용하는 '핑계'는 소위 지나가다가 우연히 스치는 것이다. 한 원숭이가 일부러 우리의 A지점에서 B지점으로 옮겨가는 과정에서 싸움을 했던 상대와 '우연히 마주치게' 되는 것이다. 팁은 우리의 천장을 따라 서열이 가장 낮은 암컷인 콥지를 추격했다. 출산을 불과 며칠 앞둔 만삭의 콥지는 추격전이 끝난 뒤 약 6분 동안 꼼짝도 않고 앉아서 힘겹게 탈출하느라 가빠진 숨을 고르고 있었다. 팁은 콥지가 앉아 있는 곳에서 1미터 떨어진 위쪽 바위로 이동했다. 콥지는 1분에 적어도 20차례는 뒤를 돌아보며 팁의 행방을 살폈다. 그러다가 팁이 바위에서 내려오면서 콥지가 앉아 있는 곳 가까이로 지나갔다. 팁이 너무 가까이 지나갔기 때문에 이 둘의 털이 스쳤다. 그러한 접촉이 있고 나서 콥지는 즉시 긴장을 풀고 앉아 있던 바위에서 내려와 팁이 있는 곳에서 멀지 않은 장소에서 먹이를 먹기 시작했다.

지나가면서 서로 스치는 것은 아마도 상대를 달래려는 메시지를 담고 있는 듯하다. 어떤 일이 일어나서가 아니라 일어날 수 있었는데 일어나지 않았기 때문이다. 스쳐 지나가는 동안에 서열이 높은 쪽은 서열이 낮은 쪽을 쉽게 잡을 수도 있지만 대신 평화롭게 가던 길을 계속 간다. "봐, 널 해칠 생각이 없어!"라는 식의 동일한 메시지는 하위 서열의 원숭이 바로 근처에 온몸을 훤히 드러내고 잠깐 앉았다 다른 곳으로 옮겨가는 동작으로도 전달된다. 이런 상호 작용들은 어쩌면 화해라기보다는 긴장 상황을 깨주는 역할을 한다고 표현하는 편이 더 정확할 것이다. 내가 보기에 붉은원숭이들은 화해에 그다지 능하지 못하다. 그러나 이들에게도 상대에게 갈등 상황이 끝났음을 알리는 미묘한 방법들은 아주 많이 있다.

인간에게서도 이 두 가지 수준의 화해 방법이 모두 관찰된다. 나는 그것을 암묵적 화해와 명시적 화해라고 부른다. 이전의 갈등에 대해서 아무런 언급도 하지 않는 전자의 방법은 붉은원숭이의 방법을 닮았다. 예를 들어 어제 다툰 동료를 만나서 아무 일도 없었던 것처럼 행동할 수 있다. 커피를 가져다준다든지, 날씨에 대해 이야기한다든지, 일과 관련된 이야기를 시작한다든지 하는 식으로 접촉하면 동료도 어제의 사건에 대해서는 아무런 언급도 하지 않은 채 보통 때처럼 너무 차갑지도, 너무 열정적이지도 않게 반응함으로써 유감이 없다거나 적어도 당분간은 유감이 없는 것처럼 행동하겠다는 신호를 보낸다.

　나는 한 과학 학회에서 두 여성 사이에 벌어진 극적인 사례를 목격한 적이 있다. 한 여성이 이끈 워크숍 도중 활발한 수준 이상으로 토론이 오가자 이 여성은 나이가 어린 다른 여성을 한쪽으로 데려가 너무 흥분했다는 이유로 혼을 냈다. 어린 여성은 극도로 모욕감을 느꼈다. 너무 화가 난 나머지 위가 쓰릴 정도였으며, 그날 내내 창백해진 얼굴로 아무 말도 하지 않았다. 내가 다음 날 저녁 학회가 열리고 있던 독일의 한 작은 도시의 중앙 광장에서 만났을 때는 훨씬 기분이 나아진 상태였다. 우리는 함께 걷기 시작했다. 확실히 나는 이러한 종류의 상황을 보는 눈을 발달시켜온 모양이다. 동행하던 여성의 싸움 상대가 누군가와 바삐 이야기하면서 멀리서 오는 것을 먼저 알아본 것은 나였으니 말이다. 둘은 길 한가운데서 만났다. 둘 사이에 흐르는 긴장감. 그건 전날 무슨 일이 벌어졌는지를 아는 사람들 눈에만 보였을 터이다. 그런데 나이가 많은 여성은 다가오더니, 허리를 굽혀 젊은 여성의 색색으로 된 벨트를 만지면서 멋있다고 감탄했다. 이처럼 짧은 그루밍 접촉이 있기 전 두 사람은 눈을 거의 마주치지 않았다. 그러나 짧은 접촉 후 둘은 식당이며 기타 사소한 일들에 대해, 처음에는 조금 불편했지만 시간이 갈수록 더 편안한 분위기로 수다를 떨었다. 어제의 충돌에 대해서는 전혀 말이 오가지 않았지만 이야기하는 동안 그것이 두 사람의 마음속에 자리 잡고 있었음은 의심할 여지가 없다.

　명시적 화해란 양쪽이 전에 있던 충돌에 대해 이야기하는 것을 말한다. 양쪽은 사과하고, 오해를 풀기 위해 노력한다. 이 과정은 갈등이 다시 시작된 것처럼 보일 수도 있다. 의견 충돌이 완전히 사라진 것은 아니기 때문이다.* 평등한 관계에서는 양쪽이 책임을 공유하기로 하고 타협하는 것이 전형적인 형태다. 그러나 강력한 위계적 요소가 있다면 서열이 낮은 쪽이 잘못을 대부분 떠안는다. 그렇지 않으면 갈등은 악화될 가능성이 크다.

서열이 높은 쪽이 자기 권위가 흔들린다고 생각하기 때문이다.

가장 명시적으로 화해하는 종이 바로 사람이라는 데에는 이론의 여지가 없다. 우리에게만 서로를 가르고 있는 문제를 토론할 수 있는 언어가 있기 때문이다. 그러나 보통 때는 전혀 키스나 포옹을 하지 않던 침팬지 두 마리가 큰 싸움을 벌이고 나서 이런 행동을 한다면 명시적 화해 행위라고 보지 않을 수 없다. 둘 사이에 일어난 일들은 들먹일 필요가 없다. 그러한 행동이 너무도 예외적이어서 의심할 여지 없이 과거에 대한 언급으로 받아들여진다. 이런 의미에서 이들의 행동은 붉은원숭이들 사이에서 일어나는 접촉들 대부분과는 다르다. 이 원숭이들의 경우 전에 싸운 당사자들은 모르는 척, 아니면 핑계를 만들어내 상대방에게 접근하기 때문이다. 우리 인간들도 우리가 가진 능력과는 상관없이 대부분 암묵적인 화해를 택한다는 말을 덧붙이고 싶다. 그렇게 하는 쪽이 덜 무안하고, 받아들여지기만 한다면 많은 경우 관계를 원활한 상태로 되돌리는 데 충분한 역할을 하기 때문이다.

확고한 증거

훈련받은 곰과 사람에게 씨름을 시키면 일화가 된다. 그런데 만약 이런 일을 수백 번 반복해 그때마다 다른 곰과 다른 사람을 쓴다면 곰과 사람의 싸우는 능력 차이를 비교해서 사실에 근거한 어떤 결론을 내릴 수 있다. 과학은 일화적 증거와 확고한 증거를 명확하게 구분한다. 일화는 단 한

---

* 남아 있는 적대감은 제어된 공격 형태로 말없이 표현될 수 있다. 사람들 — 주로 어린이들, 그러나 서로 아주 가까운 어른들도 — 은 화해하는 과정에서 서로 밀고, 가볍게 치거나, 다리를 차는 동작들을 하기도 한다. 이 제스처들은 농담처럼 행해지지만, 메시지는 "너한테 바로 이렇게 해주고 싶어!"이다. 원숭이와 유인원들 사이에서도 이와 비슷한 가장된 처벌이 관찰된다.

번의 관찰 결과이다. 그러나 그러한 일이 일어난 것이 우연 이상의 것이라는 결론이 나오지 않는 한, 그 관찰은 어떤 의심쩍은 현상을 아주 인상 깊게 슬쩍 엿본 것에 불과하게 된다. 확고한 증거란 다양한 상황에서 반복된 관찰로 얻은 결과를 가리킨다.

증거가 어떻게 수집되는가를 설명하면서 나는 과학 바깥의 사람들이 종종 과학의 따분한 부분이라고 부르는 것, 즉 통계, 제어된 변수, 대안적 가설 등으로 들어서게 되었다. 이 경우 원숭이들은 비인격적인 조사 대상이, 즉 어떤 의미에서는 살과 피가 하나도 없는 대상이 되어버린다. 그러나 추상적 진실을 추구하는 과정에는 신나는 면도 있다. 우리의 추정을 명확하게 하고, 최초의 해석을 비판적으로 돌아봐야 하기 때문이다. 커다란 도전이 아닐 수 없다. 원숭이를 관찰하는 것이 달을 쳐다보는 것과 같다면 원숭이를 연구하는 것은 달에 가는 것과 같다.

앞서 말한 붉은원숭이들의 공격의 일반화와 화해에 관한 이야기들은 일화와 확고한 데이터의 중간쯤에 속한다. 그러한 관찰들은 늘 일어나는 사건들을 묘사하고 있으므로 일회적인 것이 아니다. 반면 그것들이 증명하고 있는 것은 별로 없다. 예컨대 공격 행위 뒤의 접촉은 정말로 우연이기 때문에 우연적으로 보이는 것일 수도 있으니 말이다. 따라서 다음 단계에서는 대조 표준 데이터(과학에서는 극히 중요하다) 등을 포함한 좀더 체계적인 관찰이 필요하다.

대조 표준 데이터를 위해 나는 싸운 뒤의 당사자들끼리의 접촉과 보통 때의 접촉을 비교해야만 했다. '보통' 활동은 대개 정해진 시간표에 따라 동물들을 지켜보고 측정한다. 하지만 내 연구에서는 싸움이 벌어진 뒤 행하는 각 관찰과 대조 표준 관찰을 주의 깊게 서로 맞추는 편이 더 바람직했다. 가령 로피와 헤비가 오후 2시 10분에 싸웠다고 하자. 이들의 행동은 두 번에 걸쳐 기록된다. 우선 싸움이 일어난 뒤 10분 동안 관찰한 것을 한 번, 그리고 다음 날 2시 10분부터 다시 한번 10분 동안 관찰해서 두 개의 기록이 만들어진다. 그러나 두번째 10분의 경우 그 전에 공격 행위가 없어야 한다. 이러한 방법은 대조 표준 데이터가 동일한 개체가 같은 계절의 하루 중 같은 시간대에 하는 행동에 관한 것이라는 장점이 있다. 따라서 두 데이터군의 차이는 우리가 관심을 갖고 있는 특정한 요소, 즉 이전에 행해진 공격 행위 때문에 생겨난다고 할 수 있다.

기술적인 부분을 담당한 데보라 요시하라와 나는 이 프로젝트에 몇 개월을 전념했다. 우리는 거의 600쌍에 달하는 원숭이들이 벌인 싸움에 관해 앞서 말한 두 가지 유형의 관찰을 행했다. 동물의 행동은 이전의 갈등에 의해 다음과 같은 세 가지 방식으로 영향을 받을 수 있다.

분산. 공격에 대한 전통적인 생각은 그것이 동물들이 서로 회피하도록 만들어, 결국 이들을 흩트려놓는다는 것이다. 만약 그것이 사실이라면 대조 표준 관찰 때보다 싸움을 한 직후에 싸운 장본인들 사이에 접촉 횟수가 더 적을 것이다.

아무런 효과 없음. 소위 '영(0)'이라는 가정에 따르면 화해에 대한 나의 생각은 모두 상상에 불과하다. 이 가정에 따르면 두 관찰 사이에 아무런 차이도 발견할 수 없을 것이다.

화해. 세번째 가능성은 붉은원숭이들이 화해를 하거나 적어도 긴장을 완화하기 위한 노력을 하리라는 것이다. 이 가정이 옳다면 대조 표준 때보다 싸움을 한 직후에 접촉이 늘 것으로 예상된다.

처음의 두 가정은 옳지 않다는 것이 증명되었다. 공격한 뒤에는 종종 접촉이 이어졌기 때문이다. 갈등이 있은 뒤 21%의 쌍이 우호적인 접촉을 한 데 반해 대조 표준 기간 동안에는 12%만이 같은 행동을 했다. 싸운 뒤 신체적 접촉을 하는 데 실패한 적수들은 보통 때보다는 훨씬 더 자주 서로에게서 가까운 곳에 앉았다. 단순한 위협만 동반한 싸움은 데이터 수집에서 제외했기 때문에 그토록 많은 수가 금방 심각하게 싸운 적과 가까이 자리 잡는 것은 상당히 놀라웠다. 모든 충돌은 이런저런 추격 행위를 동반하는데, 금방 쫓고 쫓기는 행동을 하고서는 서로 가까이 있고 싶은 감정이 자연스럽게 들 리는 만무하기 때문이다.

이 모든 관찰 결과는 과연 싸운 당사자들끼리 실제로 화해했다는 결론을 내릴 만큼 강력할까? 사실 한 가지 위험이 도사리고 있다. 이론적으로 보아 공격 행위가 상대가 금방 싸운 적인지 아닌지에 상관없이 집단의 많은 성원을 포함하는 우호적인 접촉의 물결을 일으키는 것일 수도 있는 것이다. 무작위적 성격이 강한 만큼 행동의 그러한 전반적인 변화를 화해라고 부를 수야 없는 노릇이다. 하지만 이 이론은 옳지 않음이 증명되었다. 우리의 데이터에 따르면 접촉은 **특별히** 싸운 당사자들 사이에 일어났다. 우리는 붉은원숭이들은 자신과 싸운 특정한 원숭이에 끌린다는 결론을 내렸다. 그것은 단지 마음을 안정시키기 위해 같은 종과의 접촉을 구하는 문제에 그치는 것이 아니다. 이전에 싸웠던 적을 더 찾는 것이다.

놀랍게도 우리는 붉은원숭이에게서도 침팬지와 동일한 성별 차이를 발견했다. 수컷-수컷, 수컷-암컷 사이의 싸움은 암컷끼리의 싸움보다 화해로 끝나는 경우가 더 많았던 것이다. 사실 수컷들의 화해 빈도 수치가 높은 것이 놀라운 것이 아니라 암컷들의 수치가 낮은 것이 당혹스러웠다. 침팬지들에게서 나타나는 성별 차이에 대한 설명을 기억해보자. 수컷 침팬지들은 서로 악감정을 갖고 생활하기가 어렵다. 변화무쌍한 연합 관계들로 이루어진 고도의 경쟁 체제에서는 친구뿐만 아니라 라이벌과도 끈을 유지해야 한다. 암컷 침팬지들은 좀더 고립적인 생활을 하면서 새끼들과 몇 안 되는 가까운 친구들하고만 두터운 관계를 유지한다. 따라서 암컷들은 화해를 하는 데 있어서 더 선택적일 여지가 있다. 이러한 논리의 첫 부분은 약간만 수정하면 수컷 붉은원숭이들에게도 적용할 수 있다. 하지만 똘똘 뭉친 대규모 집단을 유지하고 사는 암컷 붉은원숭이들에게는 위 논리의 두번째 부분을 적용하기가 어렵다.

성별 차이에 대한 또 다른 설명으로는 그러한 차이는 성별보다는 서열과 더 관련이 있다는 것이 있다. 흐트러진 관계를 바로잡으려는 노력은 특히 서열이 높은 구성원들 사이에서 빈번한데, 이들에게는 갈등의 고조가 더 큰 위험으로 작용하기 때문이다. 따라서 침팬지 수컷들이 통상 높은 서열을 차지하고 있는 사실이 화해가 성과 연결되어 있는 것처럼 보이도록 만드는 것이다. 나는 서열과 성별의 영향을 분리하기 위한 실험을 계획했다. 이를 위해서는 새로운 원숭이들이 많이 필요했다. 번식용 집단으로는 실험을 하지 않는 것이 우리의 정책이었기 때문이다.

나의 실험을 위해 새로 들여온 원숭이들은 사회생활의 기본 원리를 알고 있는 녀석들이었다. 위스콘신 영장류 센터의 실험실에서 사용하는 표준적인 원숭이 양육 방식은 새끼들이 어미와 다른 어미-새끼들과 9개월이 될 때까지 함께 지내다가 그 뒤에는 동년배 집단과 함께 지내도록 하는 것이다. 이 실험 계획의 일부는 동료인 데이비드 골드풋에게서 차용했다. 골드풋과 우리 센터의 소장인 로버트 고이는 몇 년에 걸쳐 원숭이의 행동에서 나타나는 성별 차이를 호르몬과 사회적 원인에서 고찰하는 연구를 진행해오고 있었다. 이들이 진행하는 프로그램 중에는 암수가 섞인 집단과 암컷끼리 또는 수컷끼리만 모아놓은 집단을 비교하는 것이 있었다. 암컷끼리만 모아놓은 상황에서는 수컷들에 의해 독점되지 않은 위계 체제 내에서 암컷들이 어떻게 행동하는지가 드러난다.

나는 동성의 원숭이를 네 마리씩 모은 그룹을 여섯 개 만들었다. 암컷끼리만 모아놓은 그룹이 세 개, 수컷끼리만 모아놓은 그룹이 세 개였다. 그리고 각각의 구성원들은 서로 모르는 사이였다. 다 자란 원숭이들은 처음에 한데 모이면 너무 많이 싸우므로 3살 이하의 원숭이들을 사용했다. 그룹 안의 세력 형성은 양성이 비슷했다. 같이 모인 지 몇 분 되지 않아 두 마리가 연합해서 나머지 원숭이들에 대항했다. 서열 2위에 앉은 원숭이들이 대부분 가장 공격성이 강했다. 이 원숭이는 처음 며칠 동안을 우두머리 원숭이와 나머지 원숭이들 사이의 우호적인 접촉과 놀이 활동을 방해해서 자신과 우두머리 사이의 연합 관계를 방어하는 데 혼신의 힘을 다했다. 일주일쯤 지나 그러한 상황이 안정되자 실험을 시작했다.

한 번에 한 그룹씩만을 상대로 한 이 실험에서 나는 사과 4분의 1쪽을 우리에 던진 뒤 30분 동안의 행동을 기록했다. 대조 표준 실험에서는 모든 것을 같은 방식 — 실험실에 들어가서, 우리 문을 열었다 닫고, 옆에 앉는 과정 — 으로 진행했다. 다른 점 하나는 원숭이들이 사과 등의 간식거리를 전혀 받지 못했다는 것이다. 실험의 목적은 순간적인 긴장과 경쟁 상황을 조성한 다음 바로 이어서 그루밍, 놀이, 단체로 껴안기 등의 긍정적인 행동이 증가하는지를 관찰하는 것이었다. 대규모 혼성 집단에서 이전에 발견된 성별 차이가 서열상의 차이 때문이 아니라면 암컷 그룹보다 수컷 그룹에서 긴장 회복을 위한 행동이 더 많이 일어나야 했다.

사과 조각에 대한 최초의 반응은 공격적인 경쟁으로, 모든 그룹에서 동일했다. 95%가 넘는 갈등은 단순한 위협과 추격으로 그쳤다. 주목할 만한 것은 모든 상위 서열 원숭이가 모든 하위 서열의 원숭이에게서 사과를 빼앗았지만 최고 우두머리가 서열 2위의 원숭이에게서만은 빼앗지 않은 것이었다. 그 결과 1위와 2위 원숭이들이 사과를 차지한 비율은 비슷했다. 최고 우두머리 원숭이의 위치는 서열 2위 원숭이와의 연합에 의존하고 있는 것처럼 보였다. 즉 이 둘은 좋은 관계를 유지할 수 있도록 신경을 써야 한다는 의미이다. 최고 우두머리가 너무 이기적으로 행동하면 2위 자리의 파트너를 화나게 해 서로 의지하는 관계가 깨질 수도 있다. 이 논리는 침팬지 니키와 그의 교활한 파트너 예로엔이 부딪혔던 문제를 보다 단순한 형태로 보여주는 것 같았다.

우두머리 수컷 딕이 속임수로 사과를 차지하려다 실패한 사건이 있었다. 딕의 파트너인 빅터가 사과를 차지하자 딕은 계속 녀석을 쫓아다니면서 공격은 하지 않고 위협만 가했다. 4분이 지나자 딕은 포기한 것처럼 보였다. 이후 6분 동안 딕은 빅터에게 입맛 다시기 동작을 해 보였고 빅터는 사과를 먹기 시작했다. 딕은 꼬리를 쳐들고 엉덩이를 빅터 쪽으로 돌렸다. 빅터는 그러한 우호적인 표시에 보통 때처럼 반응해서 딕의 등을 올라탔다. 그러나 일단 빅터가 자기 위로 올라오자 딕은 갑자기 돌아서서 사과를 가로채려 했다. 짧은 몸싸움 끝에 빅터는 사과를 지킬 수 있었으며 딕은 손가락만 빨면서 물러났다.

여러 차례 행한 사과 실험은 나의 예상을 다시 한번 확인해주었다. 초기의 공격적인 분위기가 지나 사과를 다 먹은 수컷들은 많은 시간을 함께 보냈다. 이들은 대조 표준 실험 때보다 훨씬 더 강한 응집력과 더 많은 그루밍 활동을 보이며 긴장 상황을 해소하기 위해 노력했다. 그러나 암컷들 그룹에서는 사정이 달랐다. 암컷들 사이에서는 보통 때보다 접촉이 줄어들었다. 이러한 결과들은 성별이 아니라 위계가 핵심 요소라는 가설을 전혀 뒷받침하지 않는다. 따라서 일단은 붉은원숭이들의 화해 심리학에는 순수한 성별 차이가 존재한다고 결론을 내려야 할 것이다.

계급 구조

야생의 짧은꼬리원숭이 수컷들은 회전문 형태의 집단생활을 한다. 수컷들은 어디선가 와서 집단에 합류해 1~2년 머무르다 다시 다른 집단으로 이주하거나 당분간 혼자 산다. 이 수컷들이 집단에 처음 합류할 때는 종종 저항이 따르지만 새로 온 놈은 집단의 암수 핵심 성원들과 좋은 관계를 유지해야 한다. 피라미드의 맨 밑바닥에 머무르지 않으려면 두 가지 일을, 즉 친구를 사귀고 자기주장을 세우는 일을 동시에 해야 한다. 그것은 때리고 악수하는 것을 번갈아가면서 하지 않고서는 함께 해내기가 힘들다. 이 문제는 평생을 자기가 태어난 집단에 머무르는 침팬지 수컷들의 경우와는 다르지만 기회주의적인 요소가 포함되어 있다는 점에서는 유사하다. 라이벌에게 접근할 줄 알고 싸움에서 승리하면 상대를 달랠 줄도 알아야 한다. 우리의 연구에서 확연히 드러난 유화적 태도는 이주해 다니는 짧은꼬리원숭이 수컷들의 전통을 반영하고 있다.

붉은원숭이 암컷들이 어떻게 이처럼 화해하는 데 별다른 노력을 기울이지 않고도 고도로 조직화된 사회 구조 속에서 살아갈 수 있는지를 살펴볼 필요가 있다. 이번에도 역시 답은 침팬지와 마찬가지로 이들이 화해 기술이 부족한 것이 아니라 이 기술을 수컷들보다 더 선택적으로 사용한다는 것이다. 이를 뒷받침하는 한 가지 증거는 큰 집단의 어미, 딸, 자매들 사이의 화해 빈도가 높다는 사실이다. 그러나 소위 물 마시기 실험을 하고 나서야 비로소 암컷들이 화해 노력을 얼마나 한 곳에 집중하는지를 완전히 이해할 수 있었다.

기존의 고전적인 지배력 실험에서는 동물들에게 물과 먹이를 24시간 이상 주지 않은 후 물을 얻을 수 있는 유일한 창구, 예를 들어 한 놈이 독점할 수 있는 젖꼭지 같은 것을 준다. 물론 이 때문에 극도의 긴장감이 감도는 견딜 수 없는 상황이 야기된다. 동물들은 한 마리씩 차례로 와서 물을 마신다. 관찰자는 어떤 순서로 이들이 물을 마시는지를 기록하기만 하면 된다. 하지만 이처럼 편리한 방법은 비판의 대상이 되었다. 사회생활을 일차원적으로 보여주기 때문이다. 우리가 거기서 보게 되는 깔끔한 위계질서는 우리가 만들어낸 것으로, 동물들에게는 주어진 상황 때문에 강요된 것이라고 할 수 있다. 자연 상태에서는 먹이와 물은 시간과 공간적으로 넓게 분산되어 있다. 드물게 발생하는 가뭄이 아닌 이상 원숭이들은 갈증을 해소하기까지 24시간이나 기다리지 않아도 되고, 웅덩이나 냇가에서 모두 함께 나란히 물을 마실 수 있다.

나는 연구소가 보유한 대규모 붉은원숭이 집단을 상대로 자연의 상황을 흉내 내보기로 마음먹었다. 화해에 대한 연구는 주기적으로 싸우는 동물들에 대해서만 정보를 수집할 수 있으므로 한계가 있다. 하지만 평화 전략이라는 관점에서 보면 가장 흥미로운 관계는 서로 간에 공격 행위가 잘 일어나지 않는 관계들이다. 이들의 관계를 기록하기 위해 나는 새로운 지배력 실험을 고안해서 동물들에게 경쟁이냐 사회적 관용이냐를 선택할 기회를 주기로 했다. 내가 그러한 유형의 실험을 택한 것은 그것이 기존의 고전적인 실험처럼 동물들을 스트레스가 쌓이고 불안정한 상황에 빠뜨리지 않아도 되기 때문이었다.

물 공급은 오직 세 시간 동안만 중단되었다. 그런 다음 물을 다시 공급할 때는 다 자란 원숭이 네 마리, 작은 원숭이라면 여덟 마리까지 함께 마실 수 있는 큰 대야에 주었다. 물 마시는 패턴은 질서 정연하지 않았다. 원숭이들은 실로 다양한 조합으로 물을 마셨다. 어떤 놈들은 서로 밀기도 하고 어떤 놈들은 즐겁게 함께 물을 마셨다. 러트렐과 나는 거의 50차례 이상의 실험을 비디오테이프에 담았는데, 이 과정에서 물 주변에서는 다 자란 원숭이들 사이의 만남이 수천 건이나 있었다. 원숭이들이 보인 반응

하위 계층의 원숭이 몇 마리가 함께 물을 마시고 있다. 두 마리는 서열이 높은 원숭이가 접근하는지 살피고 있다(위스콘신 영장류 센터).

은 다음과 같이 크게 넷으로 나눌 수 있다. 두 마리가 함께 마시는 경우(26%), 한 마리가 마시고 한 마리는 근처에 앉아 있는 경우(15%), 한 원숭이가 다른 원숭이를 피하는 경우(51%), 한 원숭이가 공격 행위를 해서 다른 원숭이를 쫓아내는 경우(8%).

집단의 공식적인 위계질서는 둘로 나눌 수 있다. 나는 상위 계층과 하위 계층으로 이들을 분리했다. 그러나 한쪽이 다른 쪽보다 본질적으로 우월하다는 의미는 아니다. 두 계층 간에는 단지 특권의 차이가 있을 뿐이다. 이러한 차이의 원인은 집단의 역사 어디엔가 뿌리를 두고 있다. 우리 실험에서 모든 상위 계층 성원은 모든 하위 계층 성원들보다 먼저 물을 마셨다. 하지만 같은 계층 안에서는 물을 마시는 순서와 서열 사이에 사실상 아무런 연관성도 없었다. 최고 우두머리 수컷인 스피클스가 상위 계층 대여섯 마리 다음에 오는 일도 흔했다. 스피클스라면 원하는 아무 때나 물을 차지하는 것쯤은 문제도 아니었지만, 녀석은 그저 서둘러 다른 원숭이들을 쫓아낼 마음이 없는 것 같았다. 물을 함께 마시는 것은 친척 간이든 아니든 계층이 같은 원숭이들 사이에서는 흔한 일이었다. 그러나 계층이 다른 원숭이들이 같이 마시는 경우는 드물었다. 중간 서열 암컷들이 특히 서로를 못 참아 하는 듯했다. 상위 계층의 최하위 암컷들은 하위 계층의 최상위 암컷들에게 특히 관대하지 않았다. 따라서 물 마시는 순서는 계층 내에서는 융통성이 있고 순조로웠으며, 계층의 한계선에 있는 암컷들 사이의 경쟁에 의해 두 계층이 분리되는 것 같았다.

이 두 계층을 서로 분리된 하위 집단으로 받아들여서는 안 된다. 평소의 사회적 교류와 그루밍에서 이러한 계층 분할은 전혀 눈에 띄지 않는다. 상당수 암컷들 간의 유대 관계는 계층의 한계선을 넘나든다. 이러한 사회적 구조는 야생의 일본원숭이들과 비슷한 것 같기도 하다. 일본의 영장류학자들은 집단의 핵을 중심으로 몇 개의 동심원이 존재한다고 이야기한다. 이 용어를 빌리자면 집단의 상위 계층은 사회의 중심부, 하위 계층은 주변부를 이룬다. 위스콘신 센터의 우리 연구팀이 야생 상태가 아닌 영장류 집단에서 그처럼 계층화된 신분 질서를 최초로 발견했다. 위스콘신 집단이 특이한 것일까? 아마 그렇지 않을 것이다. 이처럼 사회적 관용의 범위가 분할되어 있는 것을 눈치 채지 못한 이유는 아마도 기존의 물 마시기 실험에서 경쟁이 아닌 다른 요소가 끼어들 여지를 남기지 않았기 때문일 것이다.

암컷들 사이에 존재하는 이러한 분리선을 발견한 나는 화해에 관한 데이터를 다시 살펴보았다. 그때까지 성별 간 비교는 모든 갈등에 따른 화해를 계층에 상관없이 모두 합쳐 행한 것이었다. 그러나 계급 구조에 따라 암컷들의 데이터를 분류해보니 성별 차이가 거의 사라져버렸다. 각각의 계층 내에서 벌어진 암컷들 간의 갈등은 혈연이 아닌 관계에서조차 수컷들의 갈등만큼 화해가 빈번했다. 상위 계층의 암컷이 하위 계층의 암컷을 공격한 경우에만 우호적인 관계 복구가 아주 적었다.

화해 행위의 퍼즐을 모두 짜 맞춰보면 성별 차이가 아직도 있다는 것은 자명해 보인다. 예를 들어 사과 실험처럼 새로운 상황에서 임시로 집단을 형성한 수컷들은 긴장 상황이 벌어진 후 즉각 관계를 정상화하려고 노력한다. 암컷들은 어쩌면 장기적 관계에 더 관심이 있는지도 모른다. 그러한 관계는 발전하는 데 훨씬 더 긴 시간, 때로 수년 이상이 걸릴 수도 있다. 대규모의 번식 그룹처럼 안정된 사회적 네트워크에서 암컷들은 관심 있는 특정 집단에 관심을 집중한다. 이들은 기본적으로는 친족이나 동일한 사회 계층의 성원들하고만 화해한다. 암수 모두 자연 상태에서 이익을 가장 잘 보호받을 수 있는 방식으로 행동하는 것이다. 즉 수컷들은 집단에서 집단으로 이주하고 다니며 암컷들은 평생 안정된 사회에 정착해 사는 환경에 적응했다고 볼 수 있다.

여기서 좀더 명확히 해명해야 할 유일한 요소는 사회 계층이 실제로 '관심을 집중시키는 특정 집단'과 일치하는가 하는 것이다. 계층 한계선의 암컷들의 행동이 전혀 관용적이지 않다는 점은 이러한 생각을 뒷받침해준다. 그러나 암컷들이 서로를 지지하는 연합 관계를 관찰해서 얻은 진짜 증거가 필요하다. 계층 간보다 계층 내에서 단결이 더 잘 되는가? 상위 계층이 하위 계층에 대해 하나의 견고한 권력 블록으로 작용하는가? 우리의 연구 결과에 따르면 그렇다. 암컷들의 화해 행위가 선택적인 것은 전략적인 이유에서 나온 것이다. 붉은원숭이 암컷들은 싸운 뒤에 경쟁이 심한 세상에서 살아남기 위해 협력할 필요가 있는 대상들과 주로 화해한다.

우리 원숭이 집단에서 관찰한 이처럼 주목할 만한 사회적 계층화에 대해 한 국제 학회에서 처음 발표했을 때 동료 학자 한 사람이 나에게 '사회 계층'이라는 용어를 사용한 데 대해 공개적으로 경고를 해 왔다. 그는 나의 실험 결과나 결론에 대해 의문을 제기한 것이 아니라 이 용어가 오용될 수 있는 가능성에 대해 우려를 표시했던 것이다. 보수적인 성향의 사람들이 그러한 관찰 결과를 인용해서 인간 사회에 현존하는 계층 차이를 정당화할 가능성이 있다는 이야기였다 ― "만일 원숭이들이 사회 계층을 이루고 산다면 사회 계층이야말로 자연스러운 현상"이라는 식의 논리로 말이다. 마르크스주의자들은 아마 심히 분노해 다시 한번 생물학을 반동적 과학이라고 낙인찍을 것이다.

물론 그것을 방지하기 위해 중립적으로 위계 구조의 윗부분과 아랫부분 또는 단순히 위층 원숭이, 아래층 원숭이 등으로 표현할 수도 있을 것이다. 하지만 그러한 용어법은 한 하위 집단이 비교적 관용적인 방식으로 특권을 공유하며 이런 특권에서 전체 집단의 나머지 성원들은 배제된다는 사실을 흐리고 말 것이다. 또한 화해에 관한 데이터에서도 나타나듯 같은 그룹에 속하는 원숭이들끼리는 더 관용적인 성향을 보인다. '사회 계층'이라는 용어만이 상황의 이런 측면을 정확히 포착할 수 있다. 가장 적절한 용어를 두고도 쓰지 못하는 것은 마치 "날아간다"는 표현을 특정 항공사에서 써왔기 때문에 새의 움직임은 "허공에 떠 간다"라고 표현해야 한다고 주장하는 것이나 진배없다. 새와 비행기의 비행 패턴이 동일하지 않은 것처럼 원숭이와 인간의 계층 구조도 동일하지 않다. 하지만 그렇다고 해서 각각의 형태에 맞는 용어를 새로 발명해낼 필요는 없는 것이다.

소위 〔정치적으로〕 위험한 단어들을 피하려다 그저 공허하고 의미 없는 단어들만 사용하고 말기보다는 연구 결과를 단순화해 정치적으로 이용하는 것의 오류를 지적하는 것이 더 바람직한 생물학자의 태도라고 생각한다. 동물의 행동을 연구하는 것이 우리 인간 사회의 뿌리를 이해하는 데 도움이 된다고 생각하지 않았으면 이 책을 쓰고 있지도 않았을 것이다. 그러한 연구는 인간의 조건을 큰 그림 속에 넣고 볼 수 있게 해준다. 그러나 여기서 배울 수 있는 많은 교훈 중에서 어느 것도 우리 자신의 행동을 위한 규범을 제공해주지는 않는다. 인간들이 사회를 구조화하는 방식에는 많은 유연성이 있다. 아이들을 어떻게 교육하는지, 어떤 법과 사회 기구들을 만들어내는지에 따라 전혀 달라지는 것이다. 중요한 것은 우리 사회의 특정 제도들(그것이 어떤 것이든)이 자연적인 것인가 아닌가가 아니라 그것이 잘 돌아가서 최대 다수의 사람들에게 유용한가 하는 것이다. 어떤 것이 최선인가를 결정하려면 신중한 평가를 거쳐야만 할 것이다.

이렇게 길게 이야기하게 된 것은 계층이라는 용어를 붉은원숭이에게 사용했다고 해서 필자가 인간 사회의 계층 구조를 승인하고 있는 것은 아니라는 점을 분명히 하기 위해서이다. 그러나 유사점이 눈에 띄기도 한다. 가령 인도의 전통적인 카스트 제도에서 계층 간에 음식을 나눠 먹는 것을 금기시하는 것도 한 예다. 그러한 금기를 위해 내세우는 논리는 '순수성'이었다. 즉 높은 카스트의 성원은 낮은 카스트 성원이 마시는 물통에서 같이 물을 마시거나, 같이 담배를 피우거나, 심지어 너무 가까이 서 있어도 오염되고 만다는 것이다. 또한 다른 카스트 성원에게 폭력을 저질러도 희생자의 카스트에 따라 다르게 처벌되었다. 살인죄에 대한 처벌은 브라만을 죽였는지, 불가촉천민을 죽였는지에 따라 최고 12년형에서 무죄 선고까지 다양했다. 우리의 붉은원숭이들이 하위 계층 희생자들과는 화해를 거의 하지 않는 것과 흡사하다.

물론 큰 차이도 있다. 계층 구조를 뛰어넘는 종교적·이념적 조직이라든지 분업, 부의 축적, 결혼을 통해 계층 상승을 할 수 있는 가능성 등 말이다. 다른 계층 간의 결혼은 법으로 금지되어 있을지 모르지만(남아프리카 공화국에서 최근까지 시행되던 인종 분리 정책에서처럼), 가장 계층 분화가 엄격한 사회에서조차 계층 간 결혼은 대개 장려되지는 않지만 완전히 금지되어 있지도 않다.

사다리 오르기

스리랑카에 서식하는 야생 보닛원숭이들은 새끼 열 마리가 태어나면 단 한 마리만이 죽지 않고 성인 원숭이로 자라난다. 야생 붉은원숭이들도 비슷한 상황이다. 그러니 우리 연구소에서 자라는 건강한 원숭이들은 우리에 갇혀 살기는 하지만 정글의 낙원에서 살지 못한다고 해서 그렇게 불쌍해 할 것까지는 없다. 자유가 항상 행복을 의미하는 것만은 아니다. 자연 상태의 원숭이들의 놀라울 정도로 높은 사망률은 기아, 질병 그리고 맹수들의 공격 때문이다. 하위 계급 암컷이 낳은 새끼들의 생존율은 그야말로 최악이다. 항상 억압받고 먹이 근처에는 얼씬도 못하고 쫓겨나는 최하위층 야생 원숭이들은 엄청난 불행과 고생과 스트레스를 경험해야 한다.

그러한 사실은 최근 나무 위에 사는 게잡이원숭이들에 대한 관찰로 다시 한번 확인되었다. 이 연구가 진행되고 있는 수마트라의 한 정글에 다녀온 나는 이 원숭이들을 관찰하는 것이 얼마나 어려운지 실감했다. 열대 우림은 높이 자란 나무들이 빽빽이 숲을 뒤덮은 바람에 몹시 어두워, 암갈

붉은원숭이들 사이의 위계질서는 너무나 엄격해 서열이 높은 원숭이가 서열이 낮은 원숭이의 입 안에 든 것까지 빼앗을 때도 있다. 사진에서는 어린 원숭이가 입 안을 들여다보는 서열 높은 다 자란 원숭이의 검사에 순순히 응하고 있다(위스콘신의 한 농장에서 기르는 집단).

색을 띤 원숭이들을 배경과 구분하기가 힘들었다. 네덜란드의 생물학자인 마리아 반 노르드워크와 카렐 반 샤이크는 수마트라원숭이들과 — 그리고 오랑우탄, 호랑이, 숱한 거머리들과도 — 몇 년을 함께 지냈다. 이들의

암컷 한 마리(오른쪽)가 우리의 천장 근처에 매달린 철봉에 앉아 (자기에는 그다지 편안하지 않은 장소임에도 불구하고) 자고 있다. 거꾸로 매달린 딸도 별로 신경을 쓰지 않는 눈치다. 긴장이 고조되는 기간에 하위 계층 원숭이들은 멀찍이 떨어져서 문제에 휘말리지 않으려고 노력한다. 이 모녀가 속한 가족은 위계질서의 가장 밑바닥에 자리 잡고 있다(위스콘신 영장류 센터).

관찰 결과 잘 익은 과일이 많이 열린 나무들이 있는 곳으로 들어갈 때는 거의 대부분 서열이 높은 원숭이들이 앞장선다는 것이 밝혀졌다. 이 원숭이들은 질이 좋은 먹이를 적은 노력으로 획득할 수 있어서 휴식과 그루밍에 더 많은 시간을 할애할 수 있다. 서열이 낮은 암컷들은 먹이를 구하기 위해 집단의 핵심에서 떨어진 곳까지 다녀야 해서 맹수들에게 잡아먹힐 위험도 더 크다. 이러한 암컷들은 가끔 이유 없이 사라지는데, 그렇게 되면 이들의 새끼들도 살아남을 확률이 아주 낮아진다.

사회 계층의 사다리 맨 꼭대기에 자리 잡는 일은 야생의 암컷 원숭이에게 단지 기분 좋고 안락한 생활을 보장해주는 것만이 아니라 수명과 번식에까지 영향을 미친다. 서열이 높은 암컷들이 새끼들을 더 많이 낳아 기르는 데 성공한다는 사실은 이들의 유전자가 더 널리 퍼진다는 의미다. 따라서 이 암컷들이 지금의 자리를 차지하는 데 도움이 되었을 사회적 기술과 야망 같은 성질이 많은 원숭이들에게 유전된다. 동물원이나 실험실에 사는 붉은원숭이 암컷들도 이런 성향을 보인다. 먹이가 풍부하고 맹수의 위험도 없는 것을 감안하면 의아할 만큼 위계를 중시하는 것이다. 수백만 년 동안 진행된 진화의 힘은 한두 세대 사이에 지워지지 않는다.

수컷들의 경우에는 상황이 좀 다르다. 야생이 아니라도 서열이 높은 데서 얻는 이득에는 변화가 없기 때문이다. 대개 수컷들의 높은 서열은 성적 특권을 보장한다고 알려져 있다. 하지만 그것이 한 수컷의 번식 성공 여부에 어떤 영향을 끼치는지를 증명하는 것은 어렵다. 암컷들에 대한 한 수컷의 성적 접근도는 비교적 측정하기 쉽다. 그러나 태어난 새끼가 과연 그의 자손인지는 혈액형과 기타 유전 정보를 기초로 친자 확인 검사를 해야 밝혀낼 수 있다. 지금 이 방법은 실험실에서뿐만 아니라 야생 원숭이들에게도 점점 더 많이 사용되고 있다. 이 분야에 대한 최초의 철저한 연구 결과 중의 하나를 우리 매디슨 연구팀이 내놓은 바 있다.

위스콘신 영장류 센터의 연구자들은 거의 10년에 걸쳐 매디슨 집단의 성적 행동을 관찰해왔다. 동시에 유전자학과의 마티 퀴리-코헨과 그의 동료들은 새로 태어난 모든 새끼들과 어미들, 그리고 아비일 가능성이 있는 수컷들의 혈액 샘플을 채취했다. 다 자란 수컷들의 수와 이들의 서열 순위는 세월이 흐르면서 변했다. 매년 짝짓기 계절 동안 서열 1위 수컷은 다른 어느 수컷보다도 많은 짝짓기를 하는 것이 관찰되었다. 그러나 이 수컷이 항상 가장 많은 자손을 남기는 것은 아니었다. 종종 새로 부상하는 서열 2위, 3위의 젊은 수컷들이 더 많은 새끼를 본 것으로 판명되었다. 이들의 성적 활동이 좀더 은밀했을 수도 있다. 또는 좀더 나이 든 수컷들보다 이들의 번식 능력이 컸을 수도 있다. 이유야 어떻든 번식은 주로 상위 계층이든지 아니면 가까운 장래에 상위가 될 가능성이 있는 수컷들을 통해 이루어지는 것처럼 보인다.

    매디슨 집단의 현재 상황도 예외가 아니다. '공공연한' 짝짓기는 우두머리 수컷인 스피클스가 독점한다. 녀석은 모두 보는 앞에서 짝짓기를 하며 절정에 이르면 일련의 시끄러운 비명을 지르기도 한다. 서열 2위의 수컷 헐크는 스피클스가 보는 앞에서는 결코 짝짓기를 하지 않고 짝짓기 할 때도 주의를 끄는 행동은 하지 않는다. 헐크의 은밀한 행동은 미소를 자아낸다. 특히 오렌지가 녀석에게 성적으로 끌리면서 복잡해진 정치적 상황을 고려하면 더욱 흥미롭다.

    집단의 우두머리 세 마리, 즉 스피클스-오렌지-헐크 사이의 삼각관계는 이렇게 요약할 수 있다. 미스터 스피클스의 지위는 오렌지가 이끄는 암컷들의 지원으로 가능해진 사회적 산물이다. 나이를 고려할 때 녀석이 암컷들의 지원 없이 젊은 수컷들에게서 자기 지위를 방어할 수 있을지는 불확실하다. 따라서 오렌지와의 연대는 녀석의 지위 확보에 핵심적이다. 둘은 각자 시간의 9% 이상을 상대방에게 그루밍을 해주면서 보낸다. 이는 다른 암수 쌍들의 그루밍 시간이 평균 0.5% 미만이라는 것을 감안할 때 놀라울 정도로 높은 수치이다. 이 두 우두머리 원숭이들은 또한 갈등 상황에

오렌지가 스피클스에게 그루밍을 해주고 있다. 이 두 우두머리 원숭이들은 엄청난 시간을 함께하면서 하나의 팀이 되어 집단을 지배하고 있다(위스콘신 영장류 센터).

서 서로를 돕는다. 말하자면 하나의 팀이 되어 집단을 지배하는 것이다.

 그러나 이들의 단합이 완벽한 것은 아니다. 오렌지는 스피클스가 가장 큰 라이벌인 헐크와 싸울 때 단순히 위협이나 추격만 하는 정도면 스피클스를 지지한다. 그러나 헐크가 아주 드물게 실제로 공격당하면 오렌지는 헐크를 감싸고돈다. 이처럼 오렌지는 서열 2위 수컷인 헐크가 물리적 피해를 입지 않는 한도 내에서 스피클스를 도와 현상이 유지되도록 한다. 당연히 두 마리 수컷 모두 오렌지와 좋은 관계를 유지하기 위해 노력한다. 물론 스피클스가 오렌지와 접촉하는 데 성공할 확률이 더 높지만 오렌지는 헐크와도 상당히 많은 시간을 보내며 자신이 이끄는 O-가족 성원들이 녀석과 함께 시간을 보내도록 허락한다.

 붉은원숭이 수컷들은 천성적으로 지속적인 연합 전선을 형성하지 않기 때문에 오렌지는 자기를 배제한 지배 체제가 형성될 가능성을 그리 걱정하지 않아도 된다. 그 결과 오렌지는 암컷 전체를 절대적으로 지배할 뿐만 아니라 집단 전체의 지도부를 이루는 삼각 체제의 일원이면서 셋 중 가장 큰 영향력을 행사한다. 붉은원숭이 사회에서조차 서열 순위는 권력 관계를 완벽히 반영하는 것은 아닌 셈이다. 오렌지는 형식적으로는 스피클스에 비해 서열이 낮지만(녀석은 스피클스에게 두려움을 표시하는 표정을 짓고 그가 돌격하면 피한다) 동시에 스피클스의 운명을 좌우지할 수 있는 힘을 지니고 있다. 사실 안정적으로 보이는 사회 상황 이면에서 어떤 일이 벌어지고 있는지를 평가하기란 쉽지 않으므로 위의 결론이 항상 옳다고 할 수는 없다. 오렌지가 지닌 영향력의 정확한 속성은 이 세 원숭이 내부와 외부에서 이들 중 한 녀석의 위치를 위협하는 사건이 벌어져야만 파악될 것이다. 지금까지는 그런 일이 없었다.

 지난 6년 동안 집단의 위계질서의 안정이 흔들린 것은 중간 서열의 암컷인 팁 사건 한 차례뿐이었다. 1981년 말까지만 해도 팁은 여전히 어미와 다 자란 자매들에게 주기적으로 이를 훤히 드러내 보였다. 그러나 다음

바로 위에 헐크가 자리 잡고 있을 때 스피클스가 하품을 하고 있는데, 그것은 긴장을 표시하는 것이다. 헐크가 몸집은 더 좋을지 몰라도 스피클스가 우두머리 자리를 확고하게 유지할 수 있게 해주는 요소인 경험과 암컷들의 지원을 갖추지 못했다(위스콘신 영장류 센터).

해 2월쯤부터 상황이 달라지기 시작했다. 몇 번이나 언니에게 쫓기던 팁이 서열이 더 높은 암컷들과 헐크에게 도움을 구하기 시작한 것이다. 팁은 싸우는 상대방을 위협하고 소리를 지르는 동시에 서열이 높은 암컷들이나 헐크에게는 엉덩이를 돌리는 우호적인 표현을 하면서 도움을 구했다. 가끔 그러한 갈등 상황들은 심각한 실제 싸움으로 번지기도 했다. 팁은 항상 공격하는 쪽이었다. 팁의 언니가 부상을 치료하기 위해 집단에서 임시로 분리된 적이 두 번이나 있었다.

위계 서열에서 T-가족 바로 위 서열인 G-가족이 이 일에 연루되기 시작했고, 여가장 그레이와 팁의 관계에 심각한 긴장감이 돌기 시작했다. 그레이는 자주 팁을 위협했고, 특히 팁이 평상시 자기를 지지하는 원숭이들에게 접근할 때 민감한 반응을 보였다. 이 문제는 둘이 팁의 자매를 협공하면서 해소되었다. 협공 작전은 팁과 그레이를 단결시키는 특효약이었다. 팁의 불쌍한 언니가 팁이 모은 지원자들에게 쫓기는 동안 팁과 그레이는 서로 그루밍을 해주기 위해 자주 공격을 멈추었다. 그레이와 화해하고 지원을 얻는 것은 팁에게 친척의 안녕보다 더 중요했다. 이 시기 즈음해서 팁과 녀석의 언니는 서로에게 전혀 그루밍을 해주지 않았고 가까이 앉지도 않았다. 그리고 어느 쪽도 상대방에게 복종의 표정을 짓지 않았다.

공식적인 서열은 1982년 팁의 언니가 팁에게 처음으로 이를 내보이면서 재확립되었다. 소리를 꽥꽥 지르는 충돌은 일상사가 되었지만 물리적 싸움은 사라졌다. 그러나 팁과 그레이 사이의 모호한 관계는 계속되었다. 둘은 어느 순간에는 거의 싸울 듯하다가도 다음 순간 함께 희생양을 찾아 나서기도 했다. 팁은 이제 언니는 놔두고 대신 어미에게 관심을 집중했다. 팁의 그러한 전략은 심각한 갈등으로 이어졌는데, 팁은 G-가족 전체의 지원을 성공적으로 확보해서 이에 대응했다. 1982년 말에 가서 팁의 어미도 공식적으로 항복했다. 나는 이러한 과정 전체를 지켜보면서 팁이 그레이의 공격의 '일반화' 경향을 영리하게 이용했다고 생각했다. 팁과 그레이 사이의 갈등은 T-가족의 나머지 성원에 대한 공격성으로 쉽게 전환되었고, 팁은 바로 그것이 필요했던 것이다.

T-가족 내의 갈등은 다음 몇 개월 동안 더 지속되었지만 다음 해 봄에 결말이 났다. 어느 날 아침 연구소에 도착한 나는 멀리서 두 암컷이 베이비 그런팅을 하면서 서로 상대방의 어린 새끼들을 쓰다듬고 있는 것을 보았다. 그런 뒤 둘은 서로 그루밍을 해주었다. 동물원을 찾은 일반 관람객에게는 전혀 별다를 것이 없는 행동이었다. 그러나 나의 눈에는 엄청난 의미가 있는 광경이었다. 두 암컷은 바로 팁과 언니였다. 거의 2년에 걸친 악감정이 결말을 보는 순간이었다. 이때부터 T-가족 내의 접촉은 서서히 증가했다. 1984년에 가서는 가장 결집력 있는 모계 가족 중의 하나가 되었다. 팁이 확실한 우두머리 자리를 지키고 있는 상태에서 평화가 다시 찾아온 것이다.

이것이 팁 이야기의 끝이 아니다. 예상했던 대로 팁은 이어 서열이 더 높은 G-가족에게 도전해서 날마다 싸움을 했다. 그레이의 맏딸은 팁과 녀석의 강력한 지원자들과 잦은 충돌을 했고 이 충돌은 현재까지도 계속되고 있다(그레이는 1983년 노령으로 자연사했다). 이 투쟁에서도 팁과 녀석의 적들은 한번도 상대에게 이를 드러내 보이지도, 서로 그루밍을 하지도 않았다. 이 현상을 침팬지들의 행동과 비교해보면 흥미로운 점이 많다. 위계를 놓고 벌이는 갈등이 공식적 관계가 깨지는 사태를 초래한다는 것은 둘 사이의 공통점이다. 다시 말해 이 문제에 대한 결론이 날 때까지는 위계를 표시하는 의사소통이 완전히 중단된다는 것이다. 큰 차이는 붉은원숭이들이 라이벌과의 모든 우호적인 교류를 완전히 중단하는 데 비해 아른헴 침팬지 집단의 수컷들은 그처럼 긴장 어린 기간 동안에 화해를 자주 해서 오히려 그루밍의 빈도가 증가한다는 점이다(최근에 루이트가 죽은 사건이 아니라 그보다 전에 있었던 서열 다툼의 경우를 말한다). 다시 그것은 유인원들이 붉은원숭이들보다 한 단계 더 발달한 갈등 해소와 보상 장치를 갖고 있기 때문인 것처럼 보인다.

팁(오른쪽)이 기존 질서에 도전하는 원숭이의 전형적인 표정인 위협하는 표정을 짓고 있다. 이때는 귀를 납작하게 하고, 턱은 위로 쳐든 채 적에게 으르렁거리는 소리를 낸다. 몇 년 사이 팁은 자기 어미를 포함해 상당히 많은 암컷들을 제치고 서열 상승을 했다. 위 사진에서는 야심만만한 딸의 공격을 받은 팁의 어미가 항의의 뜻이 담긴 비명을 지르고 있다(위스콘신 영장류 센터).

    팁의 서열 상승은 엄청나게 느리며, 언제 어떻게 끝날지도 확실하지 않다. 언뜻 보기에는 팁이 서열 13위이든 17위이든 별 상관이 없어 보일지도 모른다. 그러나 계층 구조에서 볼 때 팁이 G-가족보다 더 높은 서열을 차지하는 데 성공한다면 상위 계층에서 가장 낮은 가족보다 불과 한 단계 낮은 서열에 오르는 것이다. 이 위치는 상위 계층에 진입할 가능성이 더 커지는 것이어서 위계상으로 보면 상당히 큰 발전이라고 할 수 있다. 이렇게까지 성공한다면 팁과 녀석의 자손들은 집단의 엘리트들과 결속력을 갖게 되어, 상대적으로 엘리트들의 관용적인 태도를 이끌어낼 수 있을 것이다. 팁은 모든 하위 계층 암컷들 중 유일하게 상위 계층 암컷들과 가장 돈독한 그루밍 관계를 형성하는 데 성공했다. 어쨌든 팁은 줄곧 승승장구하고 있는 것처럼 보인다. 몇몇 서열 높은 암컷, 수컷들이 팁의 목표를 지지하고

붉은원숭이

팁이 가족 내에서 여가장 자리를 차지하면서 T-가족 내에 평화가 다시 찾아왔다. 사진에서는 팁이 나이 든 어미를 그루밍해 주고 있다(위스콘신 영장류 센터).

있으며, 심지어 최근에는 언니까지 지원자로 변했다.

    팁은 정말로 자기가 무슨 짓을 하고 있는지 알고 있을까? 어떤 방향으로 나가고 있는지 알고 있는 것일까? 확실하지는 않지만 나는 그렇다고 생각한다. 영장류 동물들이 자신이 하는 행동의 결과를 알고 있다고 가정하지 않으면 이들의 변화무쌍한 전략들을 설명하기가 어렵다. 이러한 관점이 설득력이 있음에도 불구하고 동물에 대한 전통적인 시각은 상당히 다른 입장을 취해왔다. 50년도 더 전에 주커만은 "인간 아래 단계의 영장류들은 자신들이 일부를 이루고 있는 사회 상황을 전혀 이해하지 못한다"고 단언했다. 특히 미국의 행동주의 학파는 과학이라는 이름 아래 동물들에 대한 기계적인 이미지를 심는 데 일조했다. 동물들은 맹목적으로 이리저리 굴러

다니는 털 난 당구공으로, 이 공의 움직임은 물리학 법칙이나 — 또는 행동주의 학파의 용어를 빌리자면 — 자극-반응 법칙으로 결정된다는 것이다.

스튜어트 알트만은 이러한 견해를 영장류들의 위계 관계에 적용했다. 그는 이 논리를 극단으로 밀고 가 영장류 사회의 서열을 체셔고양이의 미소에 비유하면서 그것은 단지 추상적인 것으로 오직 관찰자의 마음에만 존재할 뿐이라고 주장한다.

위계 관계가 중요한가? 물론 그렇다. 단, 관찰자들에게만 중요하지 관찰 대상들에게는 그렇지 않다.

이 문제를 조명해줄 수 있는 몇 가지 현상을 요약해보기로 하자.

- 붉은원숭이들은 두려움을 표시하는 특유의 표정을 자기보다 서열

팁(오른쪽)이 오렌지와 옴미(왼쪽)가 있는 곳에 함께 앉으려 이 둘이 위협의 표시로 입을 벌리는 표정을 짓자 복종을 표시하는 얼굴 표정을 하면서 자리에서 물러서고 있다. 서열이 가장 높은 원숭이들과 사귀려는 팁의 행동이 활발해지고 있지만 아직도 저항이 만만치 않다(위스콘신 영장류 센터).

이 낮은 원숭이에게 결코 보이지 않는다. 가끔 싸움에 한 차례씩 지더라도 마찬가지다. 다시 말해서 이 표시는 일시적인 싸움의 결과에 대한 반응이 아니라 장기적 관계의 변화에 따라 달라지는 것이다. 즉 위계질서는 추상적인 것이 아니다. 원숭이들은 의사소통을 할 때에도 구성원들 간의 서열상의 차이를 고려한다.

- 본인이 속한 사회 계층의 주변부에 자리한 암컷 원숭이들은 놀라울 정도로 다른 계층의 원숭이들에게 관대하지 못하다. 그것은 집단의 계층화에 대한 의식이 있다는 것을 암시하고 있다.
- 붉은원숭이는 한 원숭이에 대한 문제를 그가 속한 혈족 단위 전체로 일반화시킨다. 이와 더불어 3자 관계에 대한 의식이 있다는 다른 증거들도 나와 있다. 즉 본인이 개입되지 않은 다른 원숭이들 사이의 관계를 이해한다는 뜻이다.
- 붉은원숭이들은 자기가 전에 싸운 상대를 기억한다. 그와의 화해 여부는 친분 관계와 상대가 속한 계층에 달려 있다.

엄격히 말하자면 위에 열거한 사항들이, 원숭이들이 자신이 하는 행동의 의미를 이해한다는 것을 증명해주는 것은 아니다. 중요한 점은 원숭이들이 자신이 살아가고 있는 사회적 네트워크를 이해하고 있다고 가정하면 이들의 행동이 더 잘 이해된다는 사실이다. 이들이 풍부한 사회적 지식과 본인의 의지를 가진 존재라고 본다면 그렇지 않을 경우에는 도저히 말이 안 되는 데이터들을 해석할 길이 열린다. 따라서 여기서 나는 어떤 증명된 입장이 아니라 이론적 틀을 이야기하고 있는 셈이다. 인지 **동물행동학**으로 알려진 그러한 틀이 동물은 자기 배역을 전혀 이해하지 못하고 연극에 출연하는 로봇 배우라고 여기는 전통적 시각보다 훨씬 더 고무적이고 전도도 유망하다. 나는 우리 인간 관찰자들이 영장류 동물들의 행동을 동물들 본인보다 훨씬 더 잘 이해한다고 교만하게 생각하는 쪽보다는 사실은 정반대의 시각이 더 옳을 것이라는 느낌이 항상 든다. 필자가 수천 시간을 기다리고 관찰해 얻은 원숭이들의 사회생활에 대한 이해도 원숭이들 자신의 이해에 비하면 일천하기 그지없다.

반면에 원숭이들이 본인들의 사회 조직에 대한 전체적인 윤곽을 이해하고 있다는 징조는 찾아볼 수 없다. 자기가 속한 사회의 서열에 대한 지식은 소상히 갖고 있을지 모르나 그렇다고 해서 그것이 원숭이들이 위계질서란 것이 무엇인지에 대한 개념을 갖고 있다는 것을 보장해주는 것은 아니다. 인류학자 말리노프스키는 1922년에 이렇게 쓴 바 있다.

> 전체적인 그림은 그의 머릿속에는 들어 있지 않다. 자신이 내부에 있기 때문에 외부에서 전체를 볼 수 없는 것이다.

이 말은 트로브리안드 군도에 사는 사람들에 대한 것이지만 나는 이것이 인간이 아니라 원숭이들에게도 적용 가능하다고 생각한다.

> 그들은 본인들의 동기를 알며 각각의 행동의 목표와 행동에 적용되는 규칙들은 이해하고 있지만 이 모든 것을 통해 어떻게 결속력 있는 사회 기구가 탄생하는지를 이해하기에는 정신적으로 역부족이다.

분명히 말리노프스키는 트로브리안드인들의 정신적 능력을 과소평가하고 있다. 인간은 자신의 사회를 전체적으로 이해할 수 있을 뿐만 아니라 실제로 그렇게 하고 있다. 그러한 능력이 인종이나 민족에 따라 다르다고 생각할 아무런 이유가 없다. 그렇다고 해서 사람들이 모든 행동에서 그러한 전체적인 이해를 고려한다고 이야기하는 것은 아니다. 사실은 정반대이다. 대부분의 경우 우리는 다른 영장류 동물들처럼 주변의 사회 환경에 대한 직관적 지식을 바탕으로 행동한다.

4

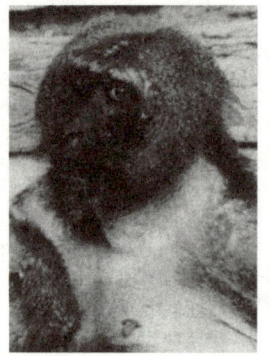

붉은얼굴원숭이

눈과 코 주변에만 국한되어 있는 붉은 얼굴 색깔은 특히
얽은 자국에 부스럼이 난 것처럼 보여서 병든 느낌을 줄 정도이다.
축 늘어진 목살, 털이 듬성듬성 난 뚱뚱한 배도
이 원숭이들의 '아름다움'을 돋보이게 하는 것으로서,
나이 든 수컷을 모든 영장류 중 최고로 추한 영장류 중의 하나로
만들어주고 있다. 심지어 드릴개코원숭이나 맨드릴개코원숭이에게서
현저하게 나타나는 악마적인 성격조차 없다.
또 붉은얼굴원숭이의 영혼에서는 어떤 기질이나 에너지 같은 것도
전혀 찾아볼 수 없다. 이 원숭이들에게는 그저
무심하다는 단어가 딱 어울릴 듯하다.
— 알프레드 브렘

유인원들도 화해를 한다는 것에 회의적인 사람에게 그러한 것이 존재한다는 것을 납득시켜야 한다면 나는 그를 침팬지에게도 또 붉은원숭이에게도 데려가지 않을 것이다. 기억력이 좋은 침팬지들은 무슨 일을 하든 뜸을 들인다. 훈련을 받지 않은 관찰자가 관련 없는 사건에 주의를 빼앗기지 않고서 이전에 서로 다투었던 침팬지들을 몇 분 이상 관찰하기란 무척 힘들다. 반면 붉은원숭이들은 싸운 후 화해 과정이 너무 은근해서 사람들이 특정한 행동의 의미를 포착하기 어려운 경우가 많다. 이전의 공격과 관련이 있다는 증거도 분명히 있고 그러한 행동이 원숭이들 본인들에게는 큰 의미가 있다는 것을 나는 확신할 수 있지만 불행히도 앞서 말한 회의적인 사람은 그렇지 않을 것이다. 따라서 나는 그를 붉은얼굴원숭이 집단으로 데려가겠다.

4살짜리 수컷 조이는 붉은얼굴원숭이들의 특징인 주근깨 얼굴을 하고 있다(위스콘신 영장류 센터).

우리 예쁜이들

이 책에서 다루고 있는 영장류들 중 붉은얼굴원숭이들이 가장 예측 가능하고 눈에 띄는 방식으로 화해한다. 한나절 동안에만도 상당한, 운이 좋으면 열 몇 번에 이르는 정도의 확실한 화해 행위를 관찰할 수 있다고 장담한다. 이들은 싸운 지 1~2분 만에 종종 시끄러운 소리를 내면서 급속히 화해하기 때문에 이를 못 보고 지나칠 수는 없을 것이다!

붉은얼굴원숭이에 대한 브렘의 솔직한 묘사를 읽고 나면 대부분 이들을 지켜보면서 시간을 보내겠다는 생각이 싹 가실 것이다. 어떤 의미에서 브렘이 옳았다. 붉은얼굴원숭이들을 처음 볼 때 다소 평범해 보이지 않는 것은 사실이기 때문이다. 이들을 관람객에게 공개하는 동물원들이 별로 없는 것도 바로 이 때문일 것이다. 하지만 이들을 조금 더 잘 알게 되면 누구나 이들의 매력적인 성격에 반하지 않을 수 없을 것이다. 이들의 외모는 내 아내 캐서린과 매일 몇 시간씩 이 원숭이들을 관찰하던 중국인 연구원 런메이 런 사이에서 항상 농담거리였다. 캐서린은 연구소에 들를 때마다 붉은얼굴원숭이들이 못생겼다고 놀렸고 그때마다 런메이 런은 말 그대로 펄쩍 뛰면서 이들을 변호했다. "아녜요, 아녜요. 이놈들이 얼마나 예쁜데 그러세요!"

각 개체를 구분하는 것은 너무나 쉽다. 털 색깔은 회색, 갈색부터 시작해 붉은빛이 감도는 것, 검은색 등 아주 다양하다. 얼굴에는 저마다 독특한 패턴으로 불규칙하게 주근깨와 반점이 나 있다. 또 얼굴 전체의 색깔과 모양도 무척 다양하다. 인간을 포함해서 내가 알고 있는 모든 영장류 중 붉은얼굴원숭이들만큼 저마다 외모가 다양한 종도 없을 것이다. 우리가 붙인 일부 이름에도 그처럼 다양한 외모가 반영되어 있다. 우두머리 암컷인 골디는 옅은 주황색 얼굴에 털은 옅은 갈색이며, 서열 2위인 울프는 검은 얼굴에 툭 튀어나온 눈썹선과 긴 회색 털이 특징이다. 가장 숫자가 많은 혈족 집단의 여가장인 실버는 토마토처럼 빨간 얼굴에 주름이 가득하고 집단에서 유일하게 새하얀 털이 나 있다. 골디, 울프, 실버의 색과 몸집은 서로 너무 달라 동물원에서 자라는 동안 서로 다른 아종 사이에서 혼혈이 생긴 것은 아닐까 하는 생각까지 들 정도다. 그러나 그런 일은 전혀 없었으며, 이런 정도의 다양성은 야생의 붉은얼굴원숭이 집단에서도 흔히 있는 일이라는 보고가 있다.

암컷 붉은얼굴원숭이들은 통통하고 서양 배 모양의 체형을 갖고 있으며, 수컷들은 근육질 몸매에 어깨도 넓다. 다 자란 수컷들만 길고 날카로운 송곳니가 난다. 그리고 수컷과 암컷 모두 동작은 느리다. 이들의 신체 구조는 나무를 오르기보다는 걷는 데 적합하다. 또 몸집에 비해 머리가 크기 때문에 표정이 풍부한 얼굴은 즉각 보는 이의 주의를 끌게 된다. 거의 유인원의 머리를 원숭이의 몸에 붙여놓은 것처럼 보일 정도이다. 여기에다 꼬리가 거의 보이지 않을 정도로 짧기 때문에 과거에 동물 상인들은 이들을 '피그미 침팬지'라고 광고하기도 했다.

이 장에서는 붉은얼굴원숭이를 유인원이 아니라 붉은원숭이와 비교해볼 생각이다. 생물학적 거리라는 관점에서 보면 붉은얼굴원숭이는 유인원과 인류를 탄생시킨 진화의 가지에서 멀리 떨어진 반면 붉은원숭이와 기타 마카카속[1] 원숭이들과는 아주 가까운 관계이다. 붉은얼굴원숭이들은 마카카속 중에서는 약간 예외적이기는 하나 이들을 마카카속으로 분류하는 게 최선이라는 것이 중론이다. 흥미로운 점은 이들은 붉은원숭이와 가까운 친척이지만 이 두 종류의 짧은꼬리원숭이들 사이에는 엄청난 행동 유형의 차이가 존재한다는 것이다. 나는 사회적 행동의 다양성을 보여주기 위해 이 두 종의 유사점보다는 차이점들을 더 강조해볼 생각이다.

먼저 내가 동의하지 않는 붉은얼굴원숭이들에 관한 일반적인 견해부터 시작해보기로 하자. 바로 이들을 '무심하다^{phlegm}'고 묘사한 브렘의 의견이 바로 그것이다. 원래 이 단어는 유럽의 중세 시대에 인간의 체질을 이해하기 위해 고안한 4체액설에서 점액에 해당하는 단어로, 이 기운이 강하면 느리고 무감각한 사람이 된다고 믿어졌었다. 요즘에는 침착하고 의연한 것을 묘사하는 데 많이 사용되고 있다(유럽 대륙에서 이 단어는 영국 신사와 결합되어 사용된다). 붉은얼굴원숭이들에 대한 그와 비슷한 견해는 정신과 의사인 아서 클링과 J. 오르바흐에 의해서도 표명되었는데, 이들은 붉은얼굴원숭이들을 얄궂게도 멍해진 붉은원숭이라고 불렀다. 순한 기질, 타고난 온순성, 그리고 악의가 전혀 없는 성격 등이 그러한 인상을 주었으리라. 실험실에서 이들이 보이는 행동은 대개 위의 단어들과 한 치의 차이도 없다. 붉은얼굴원숭이들은 붉은원숭이들에 비하면 싸우고 물어뜯는 경향이 훨씬 약하기 때문에 사육사들은 성인 암컷을 잡아야 할 때도 그물을 들고 쫓아가는 대신 그냥 안아 들면 된다. 이들 암컷 원숭이들은 저항해보았자 얻을 것이 없다는 것을 깨달은 듯하다. 그러나 뭔가 정말 중요한 것이 걸려 있을 때 이들의 태도는 극적으로 변하는데, 드물지만 그러한 경우 이들은 붉은원숭이들보다 훨씬 더 위험하다.

인도차이나와 중국 남부에 서식하는 이들의 야생 생활에 대해서는 알려진 바가 거의 없다. 그러나 수컷들이 집단의 주변부를 지키면서 동료들에게 위험을 알리고 그들을 보호한다는 보고가 몇 개 있다. 이는 땅에 살면서도 빠르게 도주할 만큼 민첩하지 못한 동물들로서는 그리 놀랄 만한 전략이 아닐지도 모른다. 수컷들은 붉은원숭이 수컷들보다 몸집이 크고 힘도 더 세며 구성원들의 협조도 훨씬 더 잘 이루어지고 있는 듯하다. 이들은 농부들이 밭에서 쫓아내면 반격을 하기도 하고, 인간 사냥꾼들을 공격해서 이들의 서식지 주변으로 사냥을 나갔다가 살아서 돌아오지 못한 사람들도 있다는 이야기가 돌기도 했다. 확인되지 않은 한 보고에 따르면 1955년 한 사냥꾼의 총에 맞은 원숭이 한 마리의 비명이 집단 전체의 공격을 촉발해 "총을 쏜 사냥꾼이 갈가리 찢긴" 사건도 있었다.

프랑스의 동물행동학자 미레유 베르트랑은 태국에서 붉은얼굴원숭이들을 관찰하던 도중 소리를 내어 짖으면서 다가오는 원숭이 떼에게서 심각한 위협을 느꼈다고 보고한 바 있다. 그녀는 목소리를 한데 합치는 것으로 용기를 얻은 뒤에 이들의 공격성은 마치 전염병처럼 퍼지는 것 같다고 말하고 있다. 다행히 베르트랑에 대해서는 그러한 단계까지는 나가지 않았다. 적대감도 두려움도 보이지 않고 12분 동안 손가락 하나 까딱 않고 가만있었기 때문이다. 동물원이나 실험실에서도 집단을 이루고 사는 성인 수컷들은 극도의 보호 본능을 보인다. 크림색을 띠는 새끼 원숭이 쪽으로 손만 뻗쳐도 이들의 무심함은 바로 사라진다. 우리는 붉은얼굴원숭이 집단을 실내에서 실외로 내몰 때 조심해야 한다는 것을 배웠다. 만일 수컷 한 마리가 결의에 찬 몸짓으로 움직이지 않겠다는 의사를 표현한다면 그것은

붉은얼굴원숭이 새끼들은 생후 6개월 동안 크림색을 띤다. 이후로는 털 색깔이 점점 짙어진다. 붉은원숭이 새끼들에 비해 이들은 발달이 더디고 어미에게 더 오래 의존한다. 이 연약해 보이는 새끼는 벌써 태어난 지 4개월이나 지났다(위스콘신 영장류 센터).

새끼 중의 한 마리가 구석 어딘가에 있는 것을 우리가 간과했다는 뜻이다. 이럴 때면 새끼가 집단에게 돌아가고 수컷이 뒤를 따라갈 때까지 우리에서 자리를 피해줘야 한다. 어떨 때는 수컷들이 뒤에 남은 새끼를 안아 들고 밖으로 나가기도 한다.

요컨대 이들을 잘 안다면 붉은얼굴원숭이들이 냉담하고 사랑스럽지 못하다는 이미지는 쉽게 사라질 것이다. 따라서 브렘의 묘사뿐만 아니라 붉은원숭이들이 멍해져서 붉은얼굴원숭이들이 되었다는 생각은 이들에 대한 모욕이다. 이들은 그들 나름의 강하고 복잡한 개성을 갖고 있다. 이들은 고도로 지적이며 대부분의 시간 동안 유순하게 행동하지만 생명력과 에너지로 가득 차 있다.

오르가슴과 같은 화해

동물의 각 종에 대한 연구는 해당 종의 특성에 맞게 발전하기 마련이다. 붉은원숭이에게서는 공격성을, 침팬지에게서는 지능을, 긴팔원숭이에게서는 노래를 연구한다. 붉은얼굴원숭이의 경우 관심은 대부분 성생활에 집중되어왔다. 이 종의 엄청난 정력 그리고 공격에서 화해에 이르기까지 집단생활에 샅샅이 스며들어가 있는 성적 요소를 고려할 때 그것은 충분히 이해할 만하다.

- 수컷들은 보통 하루에 10회 정도 짝짓기를 한다. 이 분야 세계 챔피언은 샘으로, 대규모 인공 집단에 살던 이 수컷은 6시간 만에 59회의 짝짓기를 했는데, 59회 모두 사정을 했다.
- 암수 모두 짝짓기가 절정에 이르면 소위 오르가슴 표정을 짓는다. 수컷들은 거의 매번, 암컷들은 평균 6회 중 한 번 짓는다. 입술을 앞으로 쑥 내밀고 끝을 동그랗게 벌린 채 일련의 길게 이어지는 신음 소리를 낸다.

이와 동일한 행동 그리고 수컷들이 사정할 때처럼 몸을 부르르 떠는 모습은 암컷들이 감정적인 화해를 하면서 서로 껴안을 때도 관찰된다.

- 짝짓기를 한 두 원숭이는 서로 떨어지지 않는다 — 거의 개들과 같은 자세이나 필요하면 떨어질 수도 있다. 이 순간 수컷은 다른 많은 원숭이들에게 놀림을 당한다. 다른 원숭이들은 수컷을 철썩 때리거나 털을 잡아당기기도 하지만 암컷은 절대 건드리지 않는다.

- 이 종의 성행위는 대부분 암컷의 생리 주기와 무관한데, 암컷의 주기도 외적인 표시가 전혀 나지 않는다. 성행위와 번식은 계절과도 거의 무관하다.

- 수컷들은 암컷들을 공격적인 행위와 성적인 행동을 섞어서 괴롭히기도 한다. 이런 행동은 집단 내에 긴장 관계가 형성되어 있을 때, 특히

시나몬과 짝짓기하고 있는 메피스토(위스콘신 영장류 센터).

다른 수컷들을 상대로 자기 위치를 확실히 할 필요가 있을 때 더 많이 나타난다. 수컷들은 낯선 암컷들도 비슷한 방법으로 괴롭힌다. 베르트랑은 인공 집단에 두 마리의 암컷을 새로 집어넣고는 다음과 같은 관찰 기록을 남겼다.

이처럼 강제적인 짝짓기는 암컷이 받아들이지 않고 원하지 않는 게 확실하기 때문에 강간이라고 간주할 수도 있다. 수컷이 암컷의 하반신을 강제로 들어 올리며 암컷을 마구 흔들고 심지어 물어뜯기조차 하는 동안 암컷은 계속 몸을 웅크리고 있었다. 하지만 수컷은 암컷이 지르는 비명과 비키라는 의사

수수께끼 같은 현상 중의 하나는 짝짓기하는 커플을 다른 성원들이 자주 괴롭히는 행동이다. 메피스토(중앙)와 실버가 짝짓기 후 서로 달라붙어 있을 때 성인 암컷 네 마리와 어린 원숭이 한 마리(오른쪽)가 서둘러 다가왔다. 메피스토가 이들 중 하나에게 입을 벌리고 위협적 표정을 해 보이지만 실버와 떨어질 때까지는 방어할 능력이 없다(위스콘신 영장류 센터).

붉은얼굴원숭이 193

표시를 모두 무시했다.

• 성적인 요소는 안심시키는 행동과 인사하는 행동에서도 많은 부분을 차지하고 있다. 붉은얼굴원숭이들은 이 방면에서 다음 장에서 다룰 보노보들보다는 못하지만 이들의 화해 행위는 대부분의 다른 영장류들보다 훨씬 더 '성적'이다.

나의 연구는 성적 행동에 특별히 초점을 맞추고 있지는 않지만 붉은얼굴원숭이들을 관찰하면서 이 주제를 피하기는 힘들다. 게다가 이 분야의 세계적인 권위자들 중의 일부가 가까운 동료들이어서 말하자면 그에 관한 이야기를 거의 매일 듣다시피 한다. 위에 소개한 데이터는 대부분 로테르담의 에라스무스 대학에 재직 중인 코스 슬롭과 뉴벤휘센(뒤의 인물은 아른헴 동물원 연구 당시 나의 제자였다)에게서 얻은 정보들이다. 이곳 위스콘신 영장류 센터에서 내 연구실 바로 옆방을 골드풋이 사용하고 있는데, 그는 슬롭 및 여러 동료들과 함께 붉은얼굴원숭이들을 대상으로 영장류 암컷의 성적 절정을 최초로 증명한 장본인이다.

골드풋의 발견은 큰 의미가 있다. 그때까지만 해도 많은 과학자들은 프랭크 비치부터 데스먼드 모리스까지, 데이비드 바라쉬에서 조지 퍼에 이르기까지 오르가슴을 느끼는 암컷은 인간뿐이라고 생각해왔기 때문이다. 사람들은 영장류 수컷들이 성적 쾌락을 느낀다는 사실은 쉽게 받아들이면서 암컷들도 그렇다는 것에 대해서는 많은 사람들이 회의적이다. 이런 경향은 20세기 초까지 서양에 팽배했던 청교도적 신념, 즉 남성만이 성적 행위를 즐긴다는 믿음을 반영한 것이다. 그러한 개념의 오류를 깨달은 지는 오래되었지만 우리는 아직도 암컷의 오르가슴이 널리 퍼진 자연적인 현상이라는 것을 받아들이기를 꺼린다. 여성의 성적 흥분이 인간에만 국한된다고 상정하는 것은 남성의 성적 흥분에 대한 깊은 생물학적 뿌리를 부인하는 것과도 같다.

거기에 깔린 공식적 논리는 암컷 영장류들과 만족감은 무관하다는 것이다. 수컷들이 두 마리분의 성욕을 갖고 있기 때문에 암컷들의 만족감은 짝짓기가 성립하는 데 불필요하다. 『인간의 성의 진화*The Evolution of Human Sexuality*』에서 인류학자 도널드 시먼스는 심지어 성적 쾌락이 여성들로 하여금 자신에 대한 제어 능력을 잃게 만든다면 오히려 여성들에게 피해가 될 수도 있다고 말한다("만일 오르가슴이 너무도 보람이 많은 경험이어서 자동적인 욕구가 되어버린다면 여성들이 성을 효과적으로 관리하는 데 상당한 역효과를 끼칠 수 있다"). 시먼스는 여성들이 파트너를 조심스럽게 선택하는 것이 성공적인 자손 증식에 꼭 필요한 요소라고 주장한다. 반면 조심스러운 선택은 남성의 자손 증식에는 덜 중요하기 때문에 남성들은 성적으로 더 방임적인 태도를 취할 수 있다는 것이다. 하지만 나는 관찰 가능한 사실보다 이론을 우위에 두어서는 절대 안 된다고 믿는다. 영장류 암컷들은 음핵을 갖고 있는데, 이 기관의 기능은 잘 알려진 대로 단 하나뿐이다. 게다가 암컷들은 성적 문제에 있어서 전혀 수동적이지 않다. 이들은 적극적으로 수컷과 짝짓기를 주도하고 번식에 필요한 엄격한 범위 이상으로 성행위를 한다. 물리적 보상이 없다면 그러한 행위는 이해하기 힘들다. 내가 보기에 그것을 부인하는 것은 배고픔이 먹이를 찾는 데 주요한 원인임은 인정하면서도 먹을 때 기분이 좋은 현상은 부인하는 것과 비슷하다.

골드풋은 오르가슴 반응을 주관적 경험, 명백한 행동, 생리학적 변화의 셋으로 분류했다. 물론 암컷 원숭이들에게서는 두번째와 세번째 부분만 측정 가능하다. 골드풋은 심장 박동과 자궁 수축을 측정하는 장치를 설치하고 원숭이들의 행동을 비디오에 녹화했다. 인간에게 사용하는 마스터스 앤 존슨 기준을 적용했을 때 원숭이들은 짝짓기를 할 때 성적 절정에 도달하는 것으로 나타났다. 입술을 동그랗게 하는 표정이 암컷의 얼굴에 나타나고 목쉰 듯한 소리가 터져 나오는 순간 이 암컷의 심장 박동은 186

에서 210으로 급격히 상승했고 자궁이 극도로 수축되었다.

사실 이 실험은 서로를 안심시키기 위한 행동과 관련된 것이었다. 위의 반응이 측정된 대상인 암컷의 상대는 다른 암컷들이었기 때문이다. 암컷들은 매우 초조한 경우에만 서로의 등에 올라탄다. 이번 경우는 평상시 따로 살던 암컷 여섯 마리를 한꺼번에 모아놓아서 생긴 긴장 상황 때문에 벌어진 일이었다. 여섯 마리 암컷들은 서로를 공격하는 행동을 하다가 곧바로 서로의 등에 올라타기 시작했다. 마치 공격에 따른 흥분감이 성적인 흥분감으로 전환된 듯했다. 암컷들끼리 등에 올라탄 자세는 우리 연구팀이 관리하는 집단의 원숭이들이 싸우고 나서 취하는 자세와 동일했다. 이 자세는 짝짓기 자세와는 약간 다르다. 실제 짝짓기 때는 수컷이 암컷의 발목을 발로 잡고 손은 암컷의 어깨에 올려놓는 자세를 취하는데, 싸운 뒤에

엉덩이 붙들기는 흔히 쓰이는 화해 제스처이다. 도피(중앙)가 자신에게 엉덩이를 내밀어주는 상대(오른쪽)를 붙들면서 이 마주치기를 하고 있다. 지난번에 싸울 때 도피의 도움을 받았던 율린다(왼쪽)는 자신을 보호해준 도피에게 붙어 있다. 서로 눈을 마주치지 않고 있는 것을 주목하라(위스콘신 영장류 센터).

취하는 자세는 소위 엉덩이 붙들기라고 부르는 자세로 한 마리가 상대의 뒤에 앉은 후 상대를 자신의 무릎에 앉히고 엉덩이를 붙드는 형태를 취한다. 따라서 결국 앞뒤로 앉은 자세가 나오는데 이것은 짝짓기를 마치고서 서로 달라붙어 앉아 있는 암수 쌍이 취하는 자세와 동일하다. 말하자면, 짝짓기 자세라기보다는 뒤에서 껴안는 자세인 것이다.

요컨대 붉은얼굴원숭이들이 화해하는 과정에서 곧잘 취하는 성적인 자세는 오르가슴과 비견할 수 있는 생리학적 징후를 동반한다는 것을 알 수 있다. 그렇다고 모든 화해 과정에서 성적 절정을 맛보는 것은 아니다. 그렇게 추정할 수 있는 이유 중의 하나는 연구실의 대집단에서 엉덩이 붙들기 의례가 행해질 때는 골반을 앞으로 움직이면서 오르가슴에 동반되는 얼굴 표정을 짓는 것이 관찰되는 일이 드물기 때문이다. 대신 이런 형태의 접촉을 할 때는 보통 이 마주치기(이를 드러내고 입을 빠른 속도로 다물었다 열었다 하는 행동), 입맛 다시기 행동 또는 고음의 비명을 지르는 반응들이 나온다. 이때의 성적 흥분도는 실험에서 기록된 것보다 더 낮을 수도 있다. 그러나 간혹 화해하는 과정에서 오르가슴 표정이 관찰될 때도 있다. 붉은얼굴원숭이들이 적들과 화해할 수 있는 동기를 자기의 몸 안에 타고났다는 사실을 알게 된 것은 큰 발견이었다.

두 종류의 짧은꼬리원숭이들

베이징 대학에서 1년간 휴가를 받은 런메이 런은 행동학 연구의 새로운 기술들을 배우기 위해 남편과 (다 자란) 아이들을 남겨두고 1984년 우리 연구팀에 합류했다. 붉은얼굴원숭이들의 가족생활에 심취한 그녀는 우리 연구팀이 이전에 붉은원숭이들을 대상으로 행했던 화해 연구 과제를 붉은얼굴원숭이들에게 다시 한번 재현해보기로 결정했다. 붉은얼굴원숭이들을 짧은 시간 관찰하고서 이들이 화해 연구의 금광이 될 수도 있다고 확신하고 있던 나는 항상 누군가 그러한 연구를 해주길 기다리고 있었다. 먼저 붉은얼굴원숭이와 붉은원숭이들에 관한 몇 가지 기본적인 비교 데이터가 필요했다. 러트렐과 나는 수백 건의 집중 관찰 결과를 모으고, 두 종을 대상으로 물 마시기 실험을 실시했다.

두 집단은 똑같이 생긴 우리에 나란히 수용되지만 붉은원숭이 집단에 비해 붉은얼굴원숭이 집단은 수가 절반밖에 되지 않았다. 성인 수컷 두 마리, 성인 암컷 12마리, 청년기 수컷 한 마리, 그리고 점점 수가 늘어나는 새끼들이 전부였다. 가장 나이 든 수컷은 메피스토인데, 검은 얼굴에 눈 주변만 밝은 붉은색을 띠고 있어서 악마 같은 인상을 준다는 이유로 이런 이름을 얻었다. 그러나 이름과는 달리 메피스토는 무척 친절한 성격이며, 집단에서 인기가 높았다. 스피클스나 내가 알고 있는 다른 붉은원숭이 집단의 우두머리 수컷들에 비해 메피스토가 좀더 중심적인 위치를 차지하고 있었다. 붉은원숭이 집단에서 서열이 높은 수컷들은 암컷들의 일에 별로 참견하지 않는 데 반해 메피스토는 암컷들 사이의 싸움을 말리고 항상 곤경에 처한 새끼들을 보호하는 데 심혈을 기울였다. 따라서 공격받는 원숭이들이 메피스토에게 달려가 보호를 요청하는 일이 잦았다. 큰 싸움이 벌어지고 나면 메피스토는 항상 싸운 당사자들 중 몇 마리, 종종 양쪽 모두에게서 그루밍을 받았다. 모두가 그의 영향력을 인정하고 있었던 것이다.

다른 모든 짧은꼬리원숭이들처럼 붉은얼굴원숭이들도 모계에 따라 서열이 정해진다. 공식적인 서열 관계(복종적인 얼굴 표정, 이 마주치기, 그리고 그 밖의 다른 지위 확인 행동 등으로 알 수 있다)는 붉은원숭이 집단에서처럼 분명하게 드러나나 실제 적용은 훨씬 덜 엄격하다. 예를 들어 골디가 이제 막 성인이 된 암컷인 허니를 위협하면 허니는 최고 우두머리 암컷인 골디에게 지지 않고 맞받아 노려보면서 저항을 하기도 한다. 골디가 나이가 위인 암컷 도피를 위협하면 도피는 골디를 위협하는 행동까지도 한

새끼들에 대한 보호 본능이 강한 메피스토는 간혹 새끼들을 업어주기도 한다(위스콘신 영장류 센터).

다. 이럴 때면 얼굴을 거의 맞대다시피 하고 양쪽 모두 사나운 표정으로 상대방의 눈을 노려보는 광경이 벌어진다. 어떨 때는 골디가 눈을 떼지 않은 채 도피의 손을 들어 올려 입을 완전히 다물지 않은 채 손목을 무는 시늉을 하는 가짜 물기를 시도하기도 한다. 흔히 사용되는 이 가짜 물기 행동은 붉은얼굴원숭이들에게만 있는 특이한 습성이다. 혹자들은 이 가짜 물기를 진짜 물기로 착각하기도 하는데, 사실은 진짜로 무는 것과는 완전히 다르다. 아무런 상처도 나지 않기 때문이다. 이러한 상징적 징계에 대한 저항은 거의 없다. 서열이 낮은 원숭이가 손목을 내밀며 이러한 의례적인 물

도피(왼쪽)를 아주 가까운 거리에서 울프가 위협하고 있다. 도피는 지지 않고 울프를 노려보면서 자기 위치를 사수하고 있다 (위스콘신 영장류 센터).

기를 청해 긴장 관계를 해소하는 일은 규칙적으로 목격할 수 있다!

　붉은원숭이라면 바보가 아니고서야 이런 식으로 행동할 리 만무하다. 만일 최고 우두머리 암컷인 오렌지가 낮은 서열의 원숭이를 위협한다면 위협당하는 원숭이가 시급히 해야 하는 일은 멀찍이 거리를 두는 것이다. 가까이 머무는 것은 위험하다. 손가락 등의 기관을 물어달라며 내미는 것은 자살 행위와 다름없다. 되받아 위협하는 행위는 붉은원숭이들 사이에서도 관찰되나 안전한 거리를 두고 멀리 떨어진 상태에서나 가능하다. 그것도 최고 우두머리 암컷과 같은 엄청난 지위를 가진 원숭이를 상대로는 결코 꿈도 못 꿀 일이다. 붉은원숭이들 사이의 대립은 한쪽은 공격적이고 다른 한쪽은 복종적인 형태, 즉 일방적인 경우가 대부분이다. 이들이 상대 방의 공격에 반격하는 것은 붉은얼굴원숭이의 3분의 1에 지나지 않는다.

유년기의 붉은얼굴원숭이가 성인 암컷 원숭이의 가짜 물기 행동을 가만히 받아들이고 있다. 이렇게 무는 행위는 고도로 의례화되어 있다. 항상 위협 행동이 먼저 나오고 손목이나 다리를 가짜로 무는 것이 뒤따른다. 이로 인해 상처가 나는 경우는 한 건도 없었다(위스콘신 영장류 센터).

물 마시기 실험에서 서열이 높은 붉은원숭이가 위협적인 표정으로 샘으로 다가서면 96%의 경우 서열 낮은 원숭이는 조용히 자리를 피했다. 이들은 자신의 위협에 반응하지 않는 하위 원숭이들을 가차 없이 처벌한다. 그러나 붉은얼굴원숭이들의 경우 서열 높은 원숭이들이 위협한다 해도 서열이 낮은 원숭이가 자리를 피하는 경우는 50%밖에 되지 않는다. 많은 위협이 무시된다.

가끔 어떻게 그러한 일이 가능할까 의아해지기도 한다. 처벌할 마음도 없이 애초에 왜 위협을 시작할까? 심각하게 받아들여지지도 않는 위협을 해서 무슨 소용이 있을까? 그에 대한 대답이야 어떻든 붉은원숭이에 비해 붉은얼굴원숭이들은 훨씬 더 평등한 관계를 이루고 산다. 그러한 관계는 평화 시에도 확연히 드러난다. 예를 들어 붉은원숭이 집단에서 관찰된 1만 건이 넘는 우호적 접근 가운데 70%는 서열 높은 원숭이 쪽에서 행해진 데 반해 서열 낮은 원숭이가 그러한 접근을 한 건 30%에 불과했다. 서열 낮은 원숭이들은 경계심이 많아, 수동적 자세를 취해 문제를 피하려는 성향이 강하다. 이와 달리 서열이 낮은 붉은얼굴원숭이들은 훨씬 더 자신만만하며, 먼저 접촉을 시작하는 것도 서열이 높은 녀석들과 낮은 녀석들이 거의 반반으로 나뉜다. 이 두 종 사이의 모든 차이는 결국 붉은얼굴원숭이들 사이에서 위계질서가 훨씬 느슨하며, 이들의 집단생활의 큰 특징이 상당한 관용과 인내라는 것을 보여준다.

이를 배경으로 런메이 런은 화해 행동에 관한 연구를 시작했다. 처음에는 이전에 붉은원숭이에 사용되었던 것과 정확히 동일한 기준을 적용하기 위해 우리 둘이 함께 관찰했다. 보통 나는 연구하려는 종에 따라 연구 방법을 수정하는 편을 선호한다. 붉은얼굴원숭이들은 놀 때나 싸울 때 모두 뛰거나 점프하거나 또는 나무에 오르는 행동을 많이 하지 않는다. 상대방의 손이 닿는 한도 내에서 조금씩 움직이기를 좋아한다. 따라서 붉은원숭이에 적용하던 공격에 대한 규정, 즉 한 원숭이가 다른 원숭이를 2미터 이상 추격하는 경우라는 기준을 포기하는 것이 논리에 맞았다. 그러나 그렇게 하면 두 집단 사이의 동일 비교가 어려워질 것이었다. 추격 행위는 싸움을 벌이는 두 개체 사이의 거리를 벌어지게 하고, 따라서 싸움 후의 화해 가능성에 영향을 끼친다. 완전히 비교 가능한 결과를 얻으려면 엄청난 시간을 기다려서 드물게 붉은얼굴원숭이들이 추격전을 벌이는 경우만을 기록해야만 했다. 결국 670건의 추격을 동반한 갈등 상황에 대한 데이터를 확보하는 데 성공했다. 이들의 행동을 공격 행위가 벌어진 후 10분 동안 한 번 기록하고, 대조 표준 데이터를 위해 바로 다음 날 같은 시간에 다시 한 번 동일한 원숭이들을 관찰 기록했다.

이와 동일한 10분 관찰법으로 우리는 전에 붉은원숭이들이 5회 싸움 중 평균 1회꼴로 적과 접촉을 시도한다는 통계를 얻은 바 있었다. 붉은얼굴원숭이들은 그러한 빈도가 훨씬 더 높다. 이들은 싸움 두 건당 한 건의 비율로 접촉을 시도했다. 더 정확히 말하자면 비율이 56%에 이르렀다. 싸운 지 1~2분 안에 화해를 하는데, 보통의 접촉과는 완전히 다르다. 가장 큰 특징은 한쪽이 상대에게 엉덩이를 내밀고 다른 쪽은 그것을 붙든다는 점이다. 대조 표준 상황에서는 이렇게 일렬로 앉는 사례가 1%도 채 안 되는 데 비해 이전의 적들끼리의 화해는 20% 이상이 이런 형태로 이루어졌다. 또 다른 전형적인 행동은 입맞춤(한 원숭이가 입술을 다른 원숭이의 입에 대고 빨거나 냄새 맡는 행위), 이 마주치기, 성기 검사(상대방의 성기 주변에 입을 대거나, 손가락으로 만지작거리거나, 냄새 맡기) 등이었다. 우리는 붉은원숭이에 비해 붉은얼굴원숭이들 사이에서 화해 행위가 훨씬 더 일반적이고 노골적이라는 결론을 내렸다.

소위 우연한 접촉은 짧은꼬리원숭이의 스타일이 아니다. 이들은 서열에 상관없이 상대를 정면으로 쳐다보는 데 아무런 문제를 느끼지 않고, 적에게 다가가는 데도 어떤 평계도 필요하지 않다. 나의 제자 중의 하나인 킴 바우어스는 지금 이 원숭이들에게 고도로 발달되어 있는 측면, 즉 **공공**

붉은얼굴원숭이 성원들이 물리적으로 아주 가깝게 서로 마주하는 특징은 다양한 상황에서 잘 드러난다. 어미에게 거부당한 새끼가 다시 어미에게 돌아가 가까운 거리에서 이 마주치기를 하고 있다(위스콘신 영장류 센터).

연한 화해에 관해 연구하고 있다. 바우어스는 소리로 내는 표현들에 집중해서, 외로운 어린 원숭이들이 내는 음악적인 소리부터 싸우는 도중에 들리는 고막을 찢는 듯한 날카로운 비명에 이르기까지 모든 소리를 녹음하여 이 소리들의 구조를 분광 분석기로 가시화하고, 소리가 나는 상황을 기록해서 의미를 이해하려고 시도하고 있다. 그 결과 특별한 신음 소리는 곧 도래할 화해를 예고하며 시끄러운 비명 소리는 사건 자체에 주의를 모으는 역할을 하는 것으로 드러났다. 이런 소리들은 큰 싸움이 벌어진 뒤에야 들을 수 있었다.

예를 들어 실버와 다 큰 네 딸이 함께 서열이 더 낮은 암컷 욜린다를 추격한 일이 있었다. 메피스토는 욜린다와 앞의 S-가족 사이에서 제자리 뛰기 자세를 취하면서 욜린다를 보호해주었다. 욜린다의 절친한 친구인 허니도 이 싸움에 끼어들었다. 비명이 오가는 혼란이 벌어진 끝에 모두 안정을 되찾았다. 2분 후 S-자매 중의 하나인 스텔라가 우리의 한 모퉁이로 걸어가면서 일련의 낮은 신음 소리를 냈다. S-자매 두 마리가 녀석의 뒤를 따랐다. 욜린다와 허니는 이들과 평행을 그리면서 같은 방향으로 걸어갔다. 스텔라의 신음 소리에 다른 원숭이들이 비슷한 소리를 내면서 동참했다. 결국 욜린다가 스텔라에게 엉덩이를 내밀 즈음 그것은 고음의 비명 소리로 변했다. 싸움에 연루된 원숭이들은 내편 네편 가리지 않고 여러 형태로 조합을 이루어 엉덩이 붙들기를 시도하면서 세 암컷이 함께 엉덩이 붙들기 '기차'를 만들기도 했다. 이러한 소란을 구경하기 위해 실버를 비롯한 집단의 다른 성원들까지 모여들었다.

이러한 관찰에 따르면 붉은얼굴원숭이들은 다른 성원들에게 평화가 복구되었음을 알리는 특별한 소리를 낸다는 인상을 받게 된다. 아마도 이 종만의 독특한 특징일 것이다. 이들의 자연 서식 상태에 대해서는 알려진 바가 거의 없으나 나는 항상 이들이 빽빽이 우거진 열대 우림의 땅을 휩쓸고 다니는 광경을 상상하곤 한다. 상황의 전개 과정을 시각적으로 추적하기 힘든 환경에서는 나머지 집단 성원들에게 예를 들어 싸움의 종료 같은 중요한 사태 전개를 소리로 알리는 것이 큰 도움이 될 것이다. 이렇게 하면 그럴 필요가 있는 놈들은 누구나 참여할 수 있을 것이며, 집단의 분위기도 안정될 것이다.

사적인 화해와 공(개)적인 화해 사이의 구분을 앞 장에서 다루었던 노골적 화해/은밀한 화해 사이의 구분과 혼동하지 말아야 한다. 은밀한 화해가 공적인 것이 될 수는 없지만 노골적인 화해는 비밀에 부쳐질 수도 있다. 학교에서 싸운 어린이들은 가끔 "미안해" 혹은 "다 잊어버리자" 등의 메시지가 담긴 편지를 주고받기도 한다. 이런 편지는 — 눈을 마주치는 것은 피하고 있지만 — 노골적인 화해 제스처이지만 동시에 비밀스러운 것이기도 하다(선생님이 이 편지를 가로채서 공개적으로 낭독을 하지 않는 한 이 제스처는 비밀로 지켜질 것이다. 사실 선생님이 편지를 낭독하는 것은 화해 과정 전체를 무너뜨리는 지름길이다).

인간 사회에서 공(개)적인 화해는 공적 인물들 사이에서 일어난다. 1982년 서독 축구팀의 문지기 하랄트 슈마허는 당시 인기 절정이던 프랑스 선수 파트릭 바티스통을 호되게 걷어차서 쓰러뜨렸는데, TV를 지켜보던 많은 사람들에게는 완전히 의도적으로 보였다. 이 사건으로 바티스통은 이빨 세 개와 갈비뼈 두 개가 부러지고 뇌진탕을 입어 몇 주 동안 병원에 입원해야 했다. 프랑스 신문들을 읽어보면 마치 독일과 프랑스 사이에 다시 전쟁이라도 벌어진 듯했다. 양 국민들의 격앙된 감정을 잠재우기 위해 두 당사자들의 기자 회견이 마련되었다. 바티스통은 악수로 슈마허의 사과를 받아들였고, 양쪽 다 이 충돌이 사고였다고 선언했다.

최근 들어 대중 매체를 통해 우리는 이보다 훨씬 더 큰 규모의 화해 혹은 화해로 나아가는 첫걸음 — 정상 회담 한 번으로 골 깊은 상처가 치유될 것이라고 믿는다면 너무 순진한 일이다 — 을 목격하고 있다. 1984년 베르됭의 묘지들 앞에서 프랑스 대통령 프랑수아 미테랑이 독일 총리 헬무트 콜의 손을 잡고 나란히 서 있는 장면이 온갖 대중 매체의 톱뉴스 자리를 차지했다. 일부 저널리스트들은 이 무덤에 묻힌 군인들이 제2차세계대전이 아니라 제1차세계대전에서 전사한 사람들이라는 사실은 언급하지 않은 채 회동의 의미를 지나치게 강조했다. 1986년 로마에서는 또 한 차례 역사적 회동이 있었다. 교황으로서는 최초로 유대교 교회당인 시나고그를 찾은 요한 바오로 2세는 과거와 현재의 반유대주의를 공개적으로 비판하면서 유대인들은 그리스도교인들의 '형제'라고 말했다. 분명 그것은 큰 발전이긴 했지만 유대인 대학살 때 바티칸 측이 취했던 수동적 자세에 대해 좀더 허심탄회한 자기반성을 기다리던 유대인들 입장에서는 만족스럽지 않았다. 대규모 잔혹 행위에 대한 용서는 너무나도 오랜 시간이 걸리는데, 더이상 아무에게도 문제가 되지 않을 때에야 비로소 적대감의 찌꺼기가 완전히 사라질 수 있다. 따라서 최근에 카르타고와 로마 시장이 우호적인 회동을 갖고 평화 협정에 서명하는 것을 보고도 우리는 그다지 놀라지 않는다. 로마군이 카르타고를 파괴한 지 2,131년이 지났으니 말이다.

물론 그러한 국제적 사건들의 복잡성과 범위는 위에서 묘사한 원숭이들 사이의 화해와 비교할 수 없다. 그러나 둘 다 한 가지 원칙은 동일하다. 즉 화해가 당사자 이외의 모든 이들에게도 공표되었다는 점이다. 붉은얼굴원숭이들의 세계는 작고도 조밀하게 구성되어 있다. 인간 사회는 이제 거의 지구 전체가 하나의 집단이라고도 할 수 있다. 사회적 네트워크의 한계가 어디까지이든 대립 관계가 어느 방향으로 전개될지는 모든 성원이 알 필요가 있다. 공(개)적인 화해는 아주 작은 부분에만 연루되어 있는 사람들까지 포함해 모든 당사자들로 하여금 자신의 태도를 조정할 수 있는 기회를 제공한다. 화해의 물결은 갈등의 진원지를 넘어 먼 곳까지 영향을 끼치는 것이다.

모든 것을 포용하는 단결

화해 과정을 서열 확인 의례로 전환시킨다는 점에서 붉은얼굴원숭이들은 침팬지 수컷들과 공통점을 갖고 있다. 94%의 경우 엉덩이를 내미는 쪽은 서열이 낮은 쪽이며 그것을 붙드는 쪽은 서열이 높은 쪽이다. 서열이 높은 원숭이는 또한 팔이나 다리를 끌어당겨 가짜 물기를 하기도 하는데

이때 위협하는 표정을 짓지 않는다(만일 위협하는 표정을 보이면 새로운 갈등의 시작으로 기록된다). 따라서 화해 과정은 누가 누구의 위에 있는지를 확인하는 과정이기도 하다. 붉은원숭이와 비교하면 아주 흥미로운 차이점을 발견할 수 있는데, 붉은원숭이들은 싸움의 결과 그 자체를 통해 서열을 확인하는 데 반해 붉은얼굴원숭이들은 싸움이 끝난 후의 화해 과정에서 서열을 확인하는 것이다.

런메이는 엉덩이를 내미는 것을 공식적인 사과 표시로, 그리고 그것을 붙드는 것은 이를 공식적으로 받아들이는 것으로 해석한다. 런메이의 관점에 따르면 용서를 구하는 쪽은 거의 항상 서열이 낮은 쪽이다. 그러나 모든 화해가 순순히 그러한 유형을 따르는 것은 아니다. 얼굴을 돌리는 것으로 서열이 높은 원숭이들은 화해 요청을 거부할 수 있다. 이보다 더 나쁜 상황은 서열이 높은 쪽이 라이벌에게 엉덩이 붙들기에 응할 것을 강제하는 경우이다. 서열이 높은 원숭이가 낮은 원숭이의 엉덩이를 잡고 끌었다 당겼다 하면 이에 승복하지 않는 낮은 서열의 원숭이는 분노의 비명을 지른다. 이 때문에 싸움이 처음부터 다시 시작되면서 원래보다 더 심각한 갈등으로 번지는 사례도 간혹 있다. 조건부 보장 메커니즘이 여기서도 작용하는 듯하다. 즉 관계를 정상화하려면 양쪽 모두 서열이 다르다는 것을 인정하는 게 관건이라는 의미이다. 이러한 규칙은 대부분의 경우에 적용되지만 서열이 높은 쪽이 엉덩이를 내미는 경우도 6%나 된다. 이와 더불어 서열이 높은 쪽에서 화해를 먼저 청하는 경우도 전체의 3분의 1이 넘는다. 호의를 표현하기 위해 서열이 높은 원숭이들은 가끔 복종적인 태도를 취해주는 것일까? 이전 행동을 반성한다는 의미일까? 너무했다거나 합리적이지 못하게 행동했음을 인정한다는 것일까?

아직 이유는 모르지만 서열이 더 높은 원숭이들이 희생자들에게 '사과' 할 유연성을 갖고 있듯이 서열이 낮은 원숭이도 자동적으로 기존 질서에 도전하는 것으로 받아들여지지 않고도 공격적 역할을 맡을 수 있다. 예

메피스토(오른쪽)가 비명을 지르면서 왈리의 엉덩이를 붙잡고 있다. 이 두 수컷들은 암컷들끼리의 싸움에서 서로 다른 쪽 편을 들었다. 이 일이 있은 지 몇 달 뒤 왈리의 서열이 메피스토보다 높아졌다. 그 뒤로 엉덩이 붙들기 의례를 벌일 때 두 수컷들의 위치는 뒤바뀌었다(위스콘신 영장류 센터).

를 하나 살펴보기로 하자. 다음 일화를 통해서 이들의 지능을 짐작해볼 수 있을 것이다.

집단의 나머지 성원들이 작은 실내 우리에 한데 모여 있는 동안 서열 3위 수컷인 조이와 암컷 허니는 살짝 실외로 나와 서로 만났다. 나이가 더 많은 서열 1, 2위 수컷들은 조이의 성적 행동을 용납하지 않고 있었다. 은밀한 짝짓기가 절정에 이르자 조이는 오르가슴 표정을 지으면서 신음 소리를 내뱉었다. 이 소리는 사정을 하는 수컷들이 내뱉는 일련의 신음 소리의 시작음인데, 이 소리가 들리자마자 허니는 곧바로 고개를 돌려 조이를 위협적으로 노려보았다. 이후 짝짓기는 완전한 침묵 속에서 끝을 맺었다. 아마도 허니는 조이의 신음 소리 때문에 다른 수컷들에게 비밀스러운 데이트가 들킬 것을 염려한 듯했다. 이러한 해석이 옳다는 것이 확인된 것은 며칠 뒤 이 둘이 비슷한 상황에서 다시 만났을 때였다. 짝짓기를 하는 도중 조이가 아무 소리도 내기 전에 허니는 고개를 돌려 조이의 얼굴을 쳐다보더니 손을 녀석의 입에 잠시 갖다댔다.

만일 허니와 조이가 붉은원숭이였다면 상황은 달랐을지 모른다. 서열이 더 높은 붉은원숭이 암컷이 짝짓기를 하는 동안 수컷을 위협했다면 수컷은 즉시 자리를 피해야 할 것이다. 반대로 암컷이 수컷보다 서열이 더 낮다면 암컷의 위협은 큰 혼돈을 초래할 것이다. 짝짓기 도중에 서열이 자기보다 높은 수컷을 위협할 암컷이 어디 있겠는가? 지금까지 그러한 상황을 나는 한번도 목격하지 못했으나 만일 그런 일이 벌어진다면 수컷이 짝짓기를 멈추고 암컷을 추격했을 것이라고 추측해본다. 어찌되었든 암컷의 위협은 허니와 조이의 경우에서처럼 단순한 경고로만 받아들여지지 않았을 것이다. 붉은원숭이들 사이에서 위협 행동은 서열과 너무나 밀접한 관계가 있고 서열은 너무나 중요하기 때문에 다른 해석의 여지가 허용되지 않는다.

불행히도 영장류의 집단생활에 대한 일반적인 인상은 오랫동안 가장 많은 연구가 진행된 종인 붉은원숭이들을 사례로 한 것이었다. 그러나 이제는 내분을 그칠 줄 모르는 이들이 우리가 생각했던 것처럼 영장류를 대표하는 모델이 될 수는 없으며, 각기 다른 종의 영장류들이 나름대로 다양한 사회 구조를 발전시켜왔다는 것을 우리는 깨닫고 있다. 지금까지 논의해온 특징들 — 특이한 성생활, 고도의 사회적 관용(성), 그리고 빈번한 화해 행위 — 말고도 붉은얼굴원숭이에 대해 두 가지를 더 언급하고 넘어가야 할 것이다.

먼저 이들은 그루밍에 많은 시간을 바친다. 성인들은 자기 시간 중 평균 19%를 그루밍에 사용하는 것으로 나타나 붉은원숭이의 7%와 대조된다. 이 분야의 챔피언은 시나몬으로, 녀석은 이처럼 섬세한 작업에 자기 시간의 3분의 1 이상을 할애한다.

두번째로, 이들은 공격성을 보이는 빈도가 아주 높다. 앞서 말했듯이 다 자란 붉은원숭이들은 한 마리당 10시간 동안 18건의 공격 행위를 기록하는데, 붉은얼굴원숭이들은 평균 38건을 기록했다. 이러한 수치는 이 원숭이들의 성향을 고려할 때 얼른 이해가 되지 않을지도 모르겠다. 하지만 중요한 점은 상황이 악화되는 경우가 극히 적다는 것이다. 1천 건의 충돌 중 심각한 물어뜯기로 발전하는 사례는 단 한 건으로, 붉은원숭이들의 18분의 1에 지나지 않는다. 붉은얼굴원숭이들의 잦은 공격 행위는 그러한 공격 행위의 강도가 아주 낮다는 사실로 상쇄되고도 남아, 폭력을 별로 볼 수 없는 사회 환경을 낳는다.

이들 집단을 보면 전체적으로 광범위한 활동이 벌어지고 있다는 인상을 받게 된다. 그루밍과 작은 다툼들이 수없이 벌어지고 있기 때문이다. 이들은 우호적인 관계와 경미한 적대 관계 사이를 끊임없이 오가는데, 이런 모습은 인간 가족의 활기찬 저녁 식사 테이블 주변의 광경을 연상시킨다. 이에 비해 붉은원숭이 사회는 훨씬 더 엄격한 규율을 갖고 있다. 공격 행위는 말 그대로 공격 행위이고, 서열이 낮은 원숭이들은 복종적인 태도를 엄수하며, 보이지 않는 울타리가 모계 혈통 사이에 존재한다. 이 모든 요소는 붉은얼굴원숭이들 집단에 오면 모호해진다. 예를 들어 화해 행위는 암컷들도 수컷들만큼이나 빈번히 벌인다. 이들의 화해는 아무도 소외시키지 않고 집단 전체를 포함한다. 이 종에게는 단결과 결속이 가장 중요한 것 같다. 야생의 붉은얼굴원숭이들은 똘똘 뭉친 채 움직이고 휴식을 취하면서 가능한 한 흩어지지 않고 갈등을 해소할 것이라고 추측된다. 맹수들 때문에 수컷들의 보호가 필요하고, 똘똘 뭉쳐 있는 집단은 흩어져 있는 집단보다 더 안전하기 때문에 이 같은 습성이 발달되지 않았을까.

붉은얼굴원숭이들이 나란히 모여 앉아 서로 그루밍을 해주고 있다. 사회적 응집성은 야생 상태의 이 종에게는 사활이 걸릴 정도로 중요한 문제일 수 있다(위스콘신 영장류 센터).

서열 2위인 왈리가 메피스토에게 도전할 나이가 되었을 때 붉은얼굴 원숭이들이 얼마나 강력한 단결력을 갖고 있는지를 짐작할 수 있는 기회가 있었다. 두 수컷 모두가 가벼운 상처를 입고 끝난 몇 번의 싸움 끝에 왈리는 최고 우두머리 수컷이 되었다. 이러한 서열의 변화는 며칠 사이에 끝났고 두 마리 사이의 성적 권리가 뒤바뀌었다. 이제 왈리는 자유롭고 공개적으로 짝짓기를 하고 메피스토는 더 은밀하게 행동하기 시작했다. 서열 문제가 확정되자 두 마리 수컷은 긴장감이 저변에 깔려 있음에도 불구하고 상대방에 대한 공격을 자제했다. 그러나 여전히 많은 갈등 상황이 벌어지곤 했다. 왈리가 메피스토에게 달려들곤 하는 그러한 싸움들에서는 양쪽 모두 크게 짖고 비명을 지르기 때문에 얼핏 보기에는 심각한 것 같아도, 자세히 보면 물거나 치열하게 몸싸움을 벌이는 대신 두 마리 모두 손만 사용하는 것을 알 수 있다. 이들은 서로 상대방의 팔이나 어깨를 쥐고 1초도 안 되는 짧은 순간 뒷발로 서서 대치하다가 떨어지곤 했다. 이런 싸움으로 어느 쪽도 상처를 입은 적이 없었다. 이처럼 이상한 스파링 매치 이후에는 항상 바로 화해가 이루어지는데 입맞춤이나 엉덩이 붙들기의 형식을 취했으며, 서열이 더 높아진 왈리가 메피스토의 엉덩이를 붙들었다. 이 두 수컷은 또한 다른 때보다 더 그루밍에 많은 시간을 투자했다. 몇 주 후 이 둘 사이의 관계가 정상화되었다. 왈리와 메피스토는 다시 형제처럼 지내기 시작했다. 이렇게 되자 성적 경쟁 상황이 벌어질 때나 엉덩이 붙들기 의례를 할 때를 제외하고는 누구의 서열이 더 높은지 구분하기가 힘들었다.

프랑스의 동물행동학자 베르나르 티에리는 인공 환경에 사는 세 종의 짧은꼬리원숭이들을 관찰하고서 우리와 비슷한 생각을 갖게 되었다. 그가 연구한 원숭이 중의 한 종은 희귀한 통키나원숭이^{tonkeana monkey}였다. 마카카속 원숭이들 중 가장 잘생겼다는 명성을 누리고 있는 이 통키나원숭이들은 몸집이 크고 털이 검다. 이들은 붉은얼굴원숭이들과 그렇게 가까운 친척 관계는 아니지만 행동 특성은 공통적인 것이 많다. 티에리는 그러한 특성을 단일한 복합체의 성분으로 간주하고 있다. 즉 통키나원숭이들의 비폭력적 성향은 상대방을 안심시키는 행동을 많이 하는 습성과 관계가 있다는 것이다. 작은 다툼들이 많은 것도 그것이 심각한 상황으로 발전할 것이라는 두려움이 크지 않기 때문이라는 게 티에리의 논리이다. 이와 더불어 가계 구분이 불확실한 것은 새끼들을 키우면서 관용적인 태도를 취하기 때문일 수도 있다.

이제 우리는 원숭이 집단의 구성을 이해하기 위해 어떤 한 종을 원형으로 택하는 대신 이 종들 사이의 믿기지 않을 정도로 상반된 특징들을 함께 고찰하기 시작하고 있다. 마카카속 원숭이들은 모두 예외 없이 분명한 서열을 이루고 살지만 그러한 체제를 따르는 정도는 종에 따라 다양하다. 각 종은 각자 나름의 방식대로 개체의 이익과 집단의 이익 사이에 균형을 맞추고 있는 것처럼 보인다. 즉 '이기적'인 종들에서는 우선적 권리를 강조하고, '관대한' 종들은 집단의 단결과 우호적 관계를 위해 그러한 권리들 중 일부를 희생한다. 종에 따라 서열 사이의 관계가 어떻게 진화해왔는지 그리고 그러한 관계가 어떻게 전체적인 집단 구조에 영향을 미치는지

등을 이해하려면 야생 서식지에서 수집한 관찰 데이터가 필요하다. 그것은 결국 우리 인간 사회를 이해할 수 있는 단서를 제공해줄 수 있는 흥미로운 과제가 될 것이다.

5

보노보

> 인간은 언제 영장류에서 분리되어 나왔을까?
> 이 질문은 실제로는 아무런 의미가 없다. 인간은 태초부터 존재해왔다.
> — 존 내이피어

> 수많은 관찰 결과에 따르면 …… 암컷의 목적은 단순히 짝짓기가 아니라 먹이 확보에도 있었다. 선물하기와 짝짓기는 음식을 통한 상호 작용에 완충제 역할을 하며 수컷들을 좀더 관대하게 만들어준다.
> — 스에히사 구로다

만일 당신이 아프리카 코끼리인데 아시아 코끼리에 대해 아무것도 모르거나 또는 로키 산맥에 사는 회색곰인데 북극에 사는 흰곰에 대해 아무것도 모른다면 어떤 느낌이 들까? 아마 이 동물들은 별로 개의치 않을 것이다. 그러나 우리 인간들은 우리 친척들에 매료되며 그들 모두에 대해 알고 싶어 한다. 하지만 네 종의 유인원 영장류 중의 하나인 보노보는 아직도 우리에게 거의 알려진 바가 없다.

서로 다른 동물들 사이의 관계를 측정하기 위한 가장 객관적인 척도는 유전 형질을 보유한 DNA 분자를 분석하는 것이다. 이처럼 강력한 신기술 덕분에 개와 여우, 말과 얼룩말 같은 동물들이 매우 가까운 친척 관계임이 증명되었다. 그러나 그러한 사실들은 그다지 놀랄 만한 뉴스는 아니었다. 모든 사람을 깜짝 놀라게 한 것은 이와 마찬가지로 인간과 판^{Pan}속에 속하는 두 영장류인 침팬지, 보노보가 거의 99%에 이를 정도로 밀접하게 닮았다는 연구 결과였다. 1960년대까지만 해도 과학계는 인류를 독립적인 범주로 구분한 칼 린네의 분류법을 따랐다. 하지만 새로 발견된 이 데이터로 인해 2세기 이상 사용되어온 린네의 분류법에 의문이 제기되었고, 린네가 내심 그러한 분류법에 불편해 했던 데는 온당한 이유가 있음이 드러났다. 후일 이 스웨덴의 박물학자는 이런 식으로 인류를 분류한 것을 후회하게 된다. 그는 인간과 유인원 사이를 구분하는 특성이 전혀 없는데도 불구하고 교회와의 마찰을 피하기 위해 인류를 별도로 취급했다고 말했다. 많은 사람들이 자기와 유인원들 사이의 차이가 1%는 넘는다고 믿는다. 하지만 과연 인간이 역사적으로 우주에서의 자신의 위치와 관련해 아무런 편견 없는 판단을 내려본 적이 있기나 했던가.

인류와 아프리카 유인원들의 공통 조상은 약 800만 년 전에 살았던 것으로 추정된다. 진화라는 관점에서 볼 때 지구 위에 생명체가 35억 년 전에 처음 생겼다는 것을 감안하면 인간과 유인원들 사이의 분화는 바로 어제 일이라고 할 수 있을 정도로 가까운 과거에 일어났다. 수형도에서 인간-유인원을 나타내는 가지가 영장류 가지에서 갈라진 것은 3천만 년 전의 일이다. 다시 말해 인류는 원숭이와 갈라진 후 침팬지, 보노보와 함께 최소한 2천만 년에 해당하는 진화 과정을 공유했다고 할 수 있다. 그러한 점을 감안하면 가능한 모든 면, 즉 해부학적·정신적·사회적인 면에서 이들 유인원들이 우리 인간들보다 원숭이들과 훨씬 더 다른 것은 전혀 놀랄 일이 아니다.

DNA 연구들은 유인원의 다른 두 종인 고릴라와 오랑우탄은 [침팬지와 보노보보다] 우리 인류와 한층 더 거리가 먼 것을 보여준다. 보노보, 침팬지, 인류 사이의 각각의 관계는 모두 고릴라, 오랑우탄과의 관계보다 훨씬 더 가까운 것처럼 보인다. 그러나 그러한 결론에 대해서는 아직 논란도 많다. 부분적으로는 그것을 받아들이는 것은 지금까지 유지되어온 인간 중심적 분류법의 종말을 의미하게 되기 때문이다. 사실 그러한 순간을 예

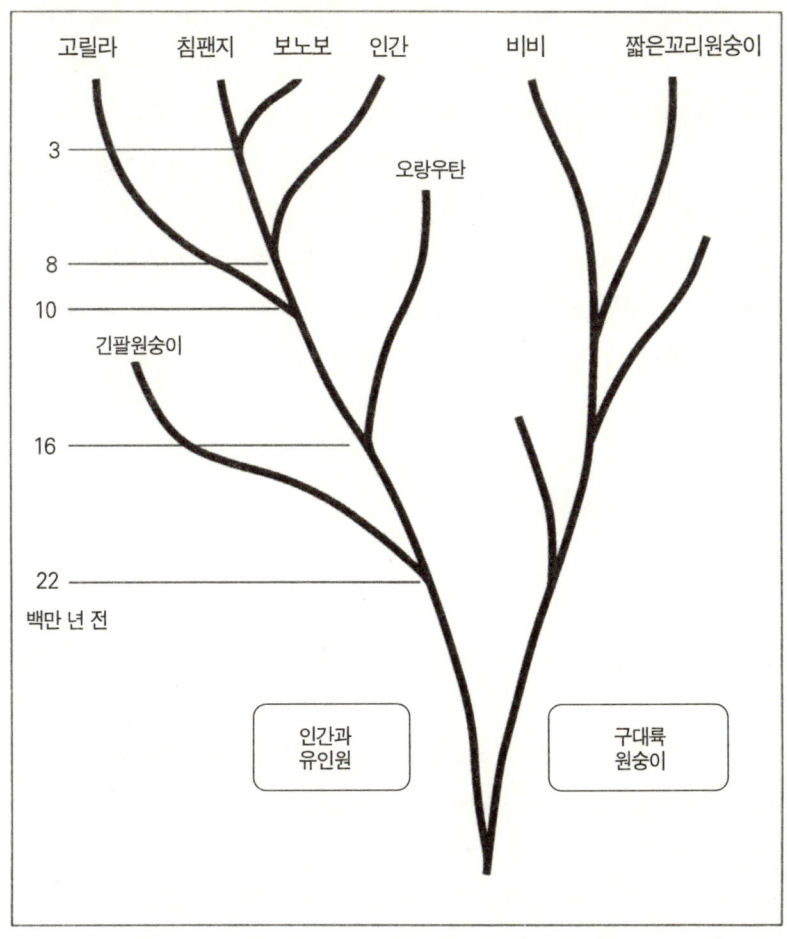

약 3천만 년 전 구대륙 영장류 계통은 두 개의 가지로, 즉 원숭이와 사람상과로 갈라졌다. 두번째 가지는 유인원과 인류의 공동 조상이 되었다. 인간으로 진화한 가지와 보노보, 침팬지로 진화한 가지는 약 800만 년 전쯤 갈라졌다(이 진화도는 찰스 시블리와 존 앨키스트의 DNA 분자 비교 연구에 기초한 것이다).

상하고 이미 인간의 속명을 호모^{Homo}에서 판^{Pan}으로 바꿔서, 생각하는 침팬지라는 의미인 판 사피엔스$^{Pan\ sapiens}$라고 부르자는 제안이 이미 나와 있다. 또 다른 대안으로는 유인원 중 적어도 두 종을 호모속으로 받아들이는 방법이 있다.

보노보 219

우리와 그처럼 독특한 관계를 맺고 있는데도 보노보에 대해 알려진 바가 거의 없다는 것은 안타까운 일이 아닐 수 없다. 따라서 보노보의 행동에 대해 묘사하려면 먼저 보노보를 소개부터 하는 것이 순서일 듯싶다. 보노보는 어디서 살까? 왜 갑자기 온갖 종류의 과학자들이 보노보에 관심을 가질까? "금세기의 주요한 동물학적 사건 중의 하나" — 의당 그럴 만하다 — 라고 부르는 이 종의 발견은 훨씬 더 이전에 있었던 침팬지의 발견만큼이나 인류가 자신을 바라보는 눈에 큰 영향을 끼칠 것이다. 특히 우리의 성생활에 대한 해석도 이제 돌이킬 수 없는 변화를 겪을 것이다.

'피그미 침팬지'는 없다

관심 있게 지켜보는 일군의 학생들로 둘러싸인 니콜라스 툴프 교수가 한 시신의 왼쪽 팔을 해부하는 장면을 묘사한 <해부학 강의The Anatomy Lesson>를 렘브란트가 그린 것은 그가 26세 되던 해였다. 이 주목할 만한 예술 작품으로 렘브란트는 하루아침에 명성을 얻었는데, 만약 앞의 사체가 털로 뒤덮여 있었다면 이 그림이 그와 똑같은 효과를 낼 수는 없었을 것이다. 그런데 바로 이 툴프 교수가 1641년에 최초로 유인원을 과학적으로 정확히 묘사한 바 있다. 그는 유인원들의 일부 해부학적 구조는 "이보다 더 닮을 수 없다고 할 정도로 인간과 동일하다"고 전했다.

당시 유럽의 탐험가들은 자연에서 유인원이 차지하고 있는 위치에 대해 혼동하고 있었다. 새로 발견된 대륙의 고릴라, 오랑우탄, 침팬지들 그리고 원주민들은 서로 거의 구분되지 않았다. 그것은 무지의 소치이기도 했지만 제대로 구분하고 싶지 않은, 즉 코카서스 인종이 아닌 사람들을 정식 인류로 인정하고 싶지 않은 분명한 저항감도 이면에 깔려 있었다. 19세기에 들어서도 한참 동안 과학자들은 진지하게 '인류 중 열등한 유형'과

'원숭이 중 우월한 유형'을 비교했다. 중요한 것은 자연에서 유인원들이 차지하는 위치가 아니라 서구인들의 위치였던 것이다.

툴프는 자신의 연구 대상이 된 짐승을 인도의 사티로스[반인반수 모습을 한 숲 속의 신]라고 부르면서 그곳 사람들은 '오랑-우탕'이라고 부른다고 덧붙였지만 그의 설명은 문제를 해결하는 데 큰 도움이 되지 못했다. 하지만 툴프의 실험 대상은 인도 제국諸國에서 온 것이 아니라 아프리카, 아마 앙골라에서 왔을 것으로 추정된다. 이름만이 동인도 제도에서 온 것이다. 말레이어로 오랑 후탄$^{orang\ hutan}$은 숲의 사람이라는 뜻이다. 17~18세기의 많은 책에 반복적으로 등장하는 툴프가 남긴 그라비어 인쇄물은 침팬지 암컷을 그린 것으로 보였다. 적어도 1967년 버넌 레이놀즈가 대담하게 툴프가 해부한 것은 보노보라고 주장하기까지는 모두들 그렇게 믿고 있었다.

레이놀즈는 툴프의 해부 대상이 된 동물의 작은 몸집("이 동물의 키는 만 3세 된 소년과 비슷하다")과 두번째와 세번째 발가락 사이의 물갈퀴 막 등을 자기 주장을 뒷받침해주는 논거로 들었다. 실제로 발가락 두 개가 연결된 것이 보노보의 특징인 것은 사실이나 툴프의 그림에서 그처럼 상세한 사실을 알아내려면 상당한 상상력이 필요하다. 게다가 보노보가 또한 '피그미 침팬지'라고 불리고 있는 것이 사실이라고 해도 크기만으로 이들을 보통 침팬지와 구분한다는 것은 무리이다. 일반 침팬지들(판 트로글로디테스$^{Pan\ troglodytes}$은 다시 세 아종^{subspecies}으로 나뉜다. 이 중 크기가 가장 작은 아종에 속하는 어른 침팬지 수컷의 평균 무게는 43킬로그램인 데 비해 다 자란 보노보 수컷의 평균 무게는 45킬로그램이다. 이 두 종의 암컷들은 모두 평균 체중이 33킬로그램이다. 따라서 툴프는 앞의 동물이 보노보(이제는 판 파니스쿠스$^{Pan\ paniscus}$로 구분된다)였든 아니면 보통의 침팬지였든 다 자라지 않은 어린 새끼를 해부했음이 분명하다.

나는 동물원에 구경 온 사람들이 "저게 바로 피그미 침팬지인가 봐!"

라고 말하는 것을 지나가다 들은 적이 있다. 그가 가리키던 동물은 샌디에이고 동물원의 보노보 집단에서 살고 있는 2살짜리 새끼 보노보였다. 분명 그들은 다른 보노보들은 이름에 걸맞을 정도로 피그미 같지 않다고 생각했던 것 같다. 사실 그의 추측도 일리가 있다. 다 자란 보노보들은 크고 강하다. 실제로 어느 날 다 자란 수컷이 밤에 묵는 우리의 철창 밖으로 손을 내밀어 한 손으로 사육사 팔을 잡고 번쩍 들어 올린 일도 있었다. 툴프의 기록에는 상당한 통찰력이 엿보인다.

> 관절은 실로 단단하고 거기에 엄청난 근육들이 붙어 있다. 하고자 하는 일이라면 무엇이든 할 수 있을 듯하다.

이 묘사 또한 보노보와 침팬지 모두에게 적용된다.

그렇다면 차이는 무엇인가? 이 둘을 비교하는 것은 마치 초음속 여객기 콩코드를 보잉 747과, 난초를 달리아와, 치타를 사자와 혹은 도시의 세련미를 시골의 소박미와 비교하는 것과 비슷하다. 침팬지들을 화나게 할 생각은 없지만 사실 보노보들이 풍채가 뛰어나다. 몸무게와 크기는 비록 비슷하나 보노보들이 어떤 침팬지 종류보다도 몸매가 늘씬하다. 보노보들의 몸은 길고 날씬하며 침팬지들보다 머리가 더 작고 목은 가늘며 어깨가 좁다. 다리는 더 길고 걸을 때 쭉쭉 뻗는다. 침팬지에 비해 눈썹 부위에 툭 튀어나온 부분도 더 가늘다. 귀는 작고 검은 얼굴에 입술이 불그레하다. 콧구멍만 고릴라만큼 넓다. 보노보들은 또 얼굴이 더 평평하고 좀더 천진난만해 보이는 데다 이마가 넓으며 금상첨화로 길고 섬세한 검은 머리가 가운데 가르마로 단정하게 정리되어 있는 매력적인 헤어스타일을 자랑한다. 정말이지 이들의 헤어스타일을 보면 모든 보노보들이 아침마다 한 시간 넘게 거울 앞에서 머리단장을 하는 것은 아닐까 의심이 들 정도다. 보노보들을 가장 빨리 알아볼 수 있는 것이 바로 이러한 헤어스타일과 밝은 색을

보노보는 침팬지보다 몸매가 한층 더 우아하고 새끼들은 태어날 때부터 얼굴이 까맣다(샌디에이고 동물원).

띤 입술이다. 보노보 새끼들은 이보다 알아보기가 더 쉽다. 하얀 얼굴로 태어나서 1~2년 사이에 짙은 색이나 검은색으로 변하는 침팬지 새끼들과는 달리 보노보는 태어날 때부터 얼굴이 까맣다.

정말 이상하게도 보노보가 발견된 곳은 벨기에의 한 박물관이었다. 두개골 크기가 작아 덜 자란 침팬지로 분류된 동물의 뼈를 면밀히 조사하던 과정 중에서였다. 덜 자란 침팬지의 두개골이라면 뼈들이 서로 완전히 붙어 있지 않아야 하는데, 관찰 대상이던 두개골의 뼈들은 봉합선이 완전히 붙어 있었다. 따라서 이 뼈는 두개골이 이례적으로 작은 다 자란 동물의 것임이 분명했다. 에른스트 슈바르츠는 그렇게 결론을 내리고 1929년 침팬지의 아종을 새로 발견했다고 발표했다. 1933년 해럴드 쿨리지는 이 유인원의 해부학적 정보를 훨씬 더 상세히 발표하면서 이 종을 침팬지의 아종이 아니라 침팬지가 속한 판^{Pan}속에 속하는 별도의 새로운 종으로 재분류했다.

그러한 발견이 있은 지 반세기가 지나 신랄한 논쟁이 다시 표면에 떠올랐다. 쿨리지는 박물관에서 제일 처음 두개골 뼈가 완전히 봉합된 것을 발견한 것은 바로 자기라고 말했다. 흥분에 가득 찬 마음으로 이를 박물관장에게 보여주었으며 박물관장이 2주일 뒤에 슈바르츠에게 이 일을 언급했는데, 슈바르츠가 바로 그러한 사실을 논문으로 꾸며 발표했다는 것이다. 쿨리지는 "내 몫인 분류학적 특종을 빼앗겼다"고 최근의 한 심포지엄에서 강변했다.

이러한 역사적 개관을 완성하기 위해서이기라도 하듯, 툴프가 어쩌면 죽은 보노보를 최초로 해부했는지도 모르는 장소인 암스테르담은 동시에 살아 있는 보노보를 공개 전시한 최초의 장소일 가능성이 있는 도시이기도 하다. 1916년 안톤 포르틸리어는 암스테르담 동물원에 있는 마푸카라는 이름의 특별한 침팬지에 대해 언급하고 있다. 세심하고 철저한 관찰에 능한 포르틸리어는 이 유인원이 '아마 새로운 종일 것'이라는 결론을

1911~1916년 사이에 두 어린 유인원 마푸카(왼쪽)와 키즈가 암스테르담 동물원에서 살았다. 안톤 포르틸리어는 이들이 새로운 종이 아닐까 의심했지만 보노보가 별개의 종으로 인정된 것은 1929년에 이르러서였다. 이 자료 사진을 보면 마푸카는 보노보, 키즈는 침팬지라는 것이 확실하다. 마푸카는 동물원에서 가장 인기 있는 동물이었다고 한다(사진 협찬: 네덜란드 왕립 동물학 협회).

내렸다. 마푸카의 사진을 보면 녀석이 보노보라는 것은 아무런 의심의 여지도 없어 보인다.

야생의 보노보들 그리고 다듬어지지 않은 이론들

나는 두개골과 뼈에는 별다른 흥미를 느끼지 못한다. 말하자면 1978년 살아 있는 보노보들을 처음으로 보기 전까지 이 새로운 유인원은 존재하지 않는 것이나 마찬가지였다. 이날부터 줄곧 보노보에 관해 구할 수 있는 자료란 자료는 모두 모으면서 이들을 연구할 수 있는 기회를 기다려왔다. 그것은 침팬지나 붉은원숭이들에 관한 방대한 자료에 비하면 아주 보잘것없었다. 하지만 쟁점이 되는 이슈들은 실로 방대하다. 보노보는 모든 동물들 중 가장 지적이며, 인류의 조상을 가장 닮은 유인원이라는 평을 받아오고 있다.

보노보는 중앙아프리카의 제한된 지역에 서식하고 있다. 이들은 자이르[이 책이 출간된 이후인 1997년에 국명을 바꿔 현재는 콩고 민주 공화국으로 불린다]에서만, 그것도 자이르 강 남쪽에서만 발견된다. 최근의 현지 조사에 따르면 10만 마리를 넘지 않는다고 한다. 이 숫자는 꽤 많아 보일지 모르지만 현재 전 세계적으로 진행 중인 열대 지방의 삼림 파괴 현상은 보노보들의 서식지를 심각하게 위협하고 있다. 또 다른 위협은 인간이 이들을 잡아먹는 것이다. 현지 원주민들은 보노보들을 사냥해서 고기를 먹는다. 보노보가 살지 않는 지역에서조차 마을 사람들은 보노보 고기를 식단의 일부로 언급하고 있다.

불법 거래도 또 하나의 요인이다. 외국의 밀매업자들은 어린 보노보 한 마리에 대해 자이르의 평균 월급 네 배에 해당하는 금액을 지급한다. 보노보는 호흡기 질환과 폐렴에 극도로 약하기 때문에 생포될 경우 생존율이 극히 낮다. 보노보 거래가 아직 합법적이던 1959년에는 미국의 실험실들로 보내기 위해 키상가니에서 선적을 기다리던 보노보 86마리가 불과 몇 주 만에 우리 안에서 전멸한 사례도 있다. 서방에 보노보 한 마리가 도착하려면 숱한 보노보들이 희생되어야 한다. 특히 벨기에 같은 곳에서는 가끔 비밀리에 한 마리씩 시장에 나오기도 하지만 이제는 다행히 아무도 감히 사려 하지 않는다. 현재는 합법적으로 서식지 밖에서 50마리 정도가 실험실과 동물원 등지에 살고 있다. 그것은 인공 서식지에 사는 수천 마리의 침팬지에 비하면 미미한 숫자이다.

보노보가 야생 상태로 연구되기 시작한 것은 겨우 1974년 이후부터다. 각각 아일랜드와 남아프리카 공화국 출신인 젊은 부부 노엘 배드리안과 앨리슨 배드리안은 거의 아무런 재정적 지원도 없이 독자적으로 정글에 들어갈 용기와 결단력을 지닌 사람들이었다. 이와 더불어 다카요시 가노와 일본인 학생들로 이루어진 연구팀이 다른 지역에서 별도의 프로젝트를 시작했다. 양쪽 모두 어렵고 고립된 환경에서 10여 년간 뛰어난 현장 연구를 계속한 덕분에 우리는 보노보의 사회 조직이 침팬지 조직과 어떻게 다른지 이해할 수 있게 되었다.

같은 판^{Pan}속에 속하는 이 두 종의 공통점은 사회 조직이 모두 유동적이라는 점에서 찾을 수 있다. 큰 공동체의 구성원들은 항상 모두 함께 이동하고 먹이를 찾는 것이 아니라 이합집산을 통해 구성이 계속 바뀌는 좀 더 작은 소집단을 이루어 움직인다. 차이점은 성인 수컷 침팬지 무리가 상당히 흔한 데 비해 보노보들은 그렇지 않다는 것이다. 보노보들 사이에서는 성인 암컷들이나 이성끼리 뭉치는 경우가 가장 많으며, 수컷들끼리의 연대는 상대적으로 약하다. 따라서 보노보 사회에서는 암컷들이 훨씬 더 중심적인 위치를 차지하면서 침팬지 사회와는 근본적으로 다른 모습을 갖게 된다.

수컷 보노보들 사이에는 긴장들이 존재하고 먹이를 공유하는 일도 드물다. 반면 암컷들은 함께 먹이를 찾는다. 가장 인기 있는 먹이는 종종 수컷이 먼저 차지하기도 하지만 다음에는 암컷들과 나눠 먹는다. 이처럼 먹이를 찾는 무리에서는 섹스가 집단을 응집시키는 데 핵심적인 역할을 하는 것 같다. 암컷들은 거의 항상 짝짓기할 준비가 되어 있는 것 같다. 즉 생리 주기 대부분 동안 분홍색으로 부어오른 성기를 내보이고 짝짓기를 할 의사를 보인다. 이들은 수컷들하고 짝짓기를 할 뿐만 아니라 자기들끼리도 성적 교류를 한다. 양쪽 현지 연구팀 모두 갈등, 특히 먹이와 관련한 갈등을 피하는 데 성적 활동이 얼마나 중요한지를 강조했다. "전쟁 대신 사랑을!Make love, not war"이라는 유명한 슬로건은 보노보들의 것이 되어야 할 지도 모르겠다. 이러한 관찰 결과는 내가 나중에 상세히 다룰 샌디에이고 동물원의 보노보 집단에서 관찰되는 매우 에로틱한 생활이 결코 갇혀 사는 데 따른 부작용이 아님을 보여준다.

『벌거벗은 유인원 The Naked Ape』에서 데스먼드 모리스는 인류를 모든 영장류 중 가장 성적인 존재로 묘사했다. 그는 여성들이 거의 항상 성적으로 수용 상태에 있는 것이 배우자 간의 유대를 유지하는 데 필요하다고 주장했다. 또한 이러한 배우자 간 유대는 남성들 사이의 경쟁을 피하기 위한 한 가지 방법일 수도 있다. 사냥과 영역 방어를 위해 남성들은 긴밀히 협조할 필요가 있는 만큼 날마다 성적인 문제로 싸울 수는 없다. 이때 안정적인 조정 장치를 통해 남성들 사이에서 여성을 분배함으로써 긴장이 줄어들게 된다는 것이다. 다른 학자들은 이러한 이론들을 확대시켰다. 예를 들어 오언 러브조이는 두 발로 걷는 직립 현상까지 이러한 이론으로 해석했다. 일부일처제적 유대가 확립되면서 유인원 어미들과 달리 인간의 어머니들은 집에 남아서 한 번에 한 명 이상 자식을 돌볼 수 있게 되었다. 이에 따라 남성들은 집에 먹이를 들고 들어와야 하게 되었으므로 두 발로 걷는 것이 큰 이익이 되었다. 두 발로 걸으면 음식을 손으로 들 수 있기 때문이다. 남성들의 이런 서비스에 대한 대가로 여성들은 자신을 돌봐주는 남성과 성관계를 갖는다.

아직까지는 이 모든 것이 순수한 추측에 불과하고 많은 과학자들이 이에 동의하지 않는다. 심지어 루비라는 이름의 젊은 오스트랄로피테쿠스 여성조차 이 문제에 대해 한마디 한 바 있다.

한 가지만은 300만 년이 지나도록 전혀 변하지 않았어요. 남자들은 여전히 섹스가 모든 것을 설명한다고 생각하는 것 말이에요.

이 말하는 화석은 누구인가? 그녀는 〔실존 인물이 아니라〕 아드리엔 질먼과 제럴드 로웬스타인의 상상의 산물로, 루비는 본인의 기원에 대해서도 한마디 덧붙인다.

저 작은 침프들이 우리 조상들이었지요. 우리 할머니가 그러셨어요. 내가 얼마나 저 침프들하고 비슷하게 생겼는지 한눈에 알 수 있지 않나요? 〔인터뷰어〕: 정말 닮았다고 생각하기는 했지만 예의상 아무 말도 하지 않았습니다.

루비의 공식 발언은 보노보, 즉 작은 침프들에 관한 질먼의 견해와도 일치한다. 보노보의 신체 비율, 특히 상대적으로 무게가 많이 나가는 다리는 생존하는 어떤 유인원들보다 더 오스트랄로피테쿠스와 닮았다. 보노보는 이들만큼 등을 곧게 펴지 못하는 보통 침팬지보다 훨씬 더 자주, 그리고 더 쉽게 서서 두 다리로 걸을 수 있다. 보노보가 똑바로 뒷다리로 서 있으면 마치 바로 선사 시대 사람을 그려놓은 그림에서 걸어 나온 듯한 착각이 들 때도 있다. 한 가지 두드러진 예외가 있는데 230쪽의 사진에서도 볼 수 있듯이 보노보의 발은 사람과 전혀 다르게 생겼다.

이 사진은 인공 서식지에서 찍은 것이다. 야생의 보노보들이 뒷발로 설 수 있는 능력을 얼마나 많이 사용하는지는 알려져 있지 않다. 이들은 대부분 뒷발과 앞발의 발가락 맨 아랫마디로 땅을 짚는 네 다리 걸음, 즉 너클 보행으로 미로와 같은 숲 속의 땅을 걸어 다닌다. 나무 위에 올라가서는 훨씬 더 다양한 이동 방식을 취하는데, 거기에는 뒷발로만 걷는 것도 포함된다. 그러나 랜들 서스만에 따르면 나무 위에서 보노보들이 뒷발만 사용하는 경우는 전체의 10% 미만이라고 한다. 그것은 종종 코끼리나 낯선 인간 관찰자를 위쪽에서 위협하는 데 이용되기도 한다. 보노보가 적을 겁주는 전략에는 가지 흔들기, 화난 소리로 비명 지르기, 기습적으로 상대에게 소변 벼락 내리기 등이 있다. 앞에서 논의한 이론들과 관련해 흥미로운

루이자(왼쪽)와 케빈이 사육사들을 살피고 있다(샌디에이고 동물원).

사실 하나는 커다란 과일들을 운반해야 할 때 보노보들은 양손을 모두 사용하기 위해 직립 보행을 한다는 것이다.
　　보노보는 인류의 초기 진화와 관련된 시나리오에 등장하는 요소들 중 세 가지를 보여주고 있다.

　　(1) 암컷들이 장기간 성적 수용 상태를 유지한다.
　　(2) 성생활이 풍부하고 그것은 종종 먹이와 관련되어 있다.
　　(3) 보노보들은 다른 유인원보다 더 쉽게 뒷발로 걸을 수 있는 듯 보인다.

그러나 나머지 요소들은 앞의 시나리오와 맞지 않는다.

　　(4) 수컷 보노보들 사이에 뚜렷한 협력 관계가 형성되는 것은 관찰되지 않는다.
　　(5) 암컷 보노보들은 '집'에 머무르지 않는다. 새끼들과 함께 수컷과 비슷한 면적을 이동해 다닌다.
　　(6) 배우자 간 유대라는 개념은 이 종에게 존재하지 않는다. 그러나 수컷이 암컷을 동반하는 경우가 흔하며 이 관계는 침팬지들보다 더 안정적이고 융합적이다.

아직 많은 것이 해결되어야 하지만 인류의 진화를 이해하는 데 보노보들이 중요한 열쇠를 쥐고 있다는 것은 부인할 수 없을 것이다.
　　여기에 필자의 약간 엉뚱한 추측을 덧붙여보기로 하자. 그것은 보노보의 직립 보행 능력과 이를 가능하게 하는 균형 감각에 관한 것이다. 보노보들은 거의 곡예에 가까울 정도로 몸을 자유자재로 움직인다. 존 매키넌은 숲에서 이들을 관찰한 다음 이렇게 말한 바 있다.

보노보들의 민첩성은 그저 놀라울 따름이다. 나무 꼭대기에서도 우아함을 잃지 않고 자신 있게 움직이는 모습은 침팬지들의 다소 조심스럽고 신중한 움직임과는 완전히 다르다.

매키넌처럼 보노보들은 나무 위에서 살도록 특별하게 진화했기 때문에 그처럼 날렵하다고 생각할 수도 있을 것이다. 하지만 보노보가 침팬지보다 나무에서 더 많이 생활하는지에 대해서는 일치된 의견이 없다. 그와는 완전히 다른 이론을 보노보에게 적용할 수도 있을 텐데, 그것은 원래 인류의 직립 현상을 설명하기 위해 제안된 것이었다. 알리스터 하디가 1960년 내놓은 이론이 그것인데, 사실 그는 이 이론을 발표하기 전에 몹시 망설였다. 그 자신의 말처럼 "너무 엉뚱해 보일 수도" 있었던 것이다. 신문들은 이 이론을 다룬 기사 제목을 아무 생각 없이 "인류, 바다의 유인원" 또는 "인류, 돌고래에서 진화하다" 등으로 뽑았으며, 그것은 또 일레인 모건의 『수상 유인원 *Aquatic Ape*』에 영감을 주기도 했다. 이 이론에 따르면 우리 조상들은 해변의 얕은 물속을 돌아다니며 조개를 캐고 물고기를 잡으면서부터 뒷발로 서기 시작했다는 것이다. 물속을 네 발로 헤치고 다니는 것보다 두 발로 걷는 것이 훨씬 유리했기 때문이다.

보노보들이 물을 무서워하지 않는 것은 경이로울 정도다. 내가 관찰하던 보노보들도 비 오는 날이면 엄청난 장난기가 발동해 젖은 시멘트 바닥 위에서 씨름도 하고 미끄럼을 타기도 해서 필자를 깜짝 놀라게 하곤 했다. 비를 싫어하는 침팬지들에게는 빗속에서 벌이는 흥겨운 수중 발레란 상상조차 힘든 일이다. 실제로 침팬지들이 비를 피하면서 짓는 표정을 학계에서는 비 표정, 더러운 표정이라고 부를 정도로 비에 대한 침팬지들의 악감정은 유명하다. 아랫입술은 쑥 내밀고 윗니를 약간 드러낸 이들을 보고 있노라면 얼마나 기분이 나쁜지 짐작할 수 있다. 침팬지들은 수영을 하

보노보의 균형 감각은 놀라울 정도다. 사진에서 로레타는 이파리를 뜯어 먹으면서 외줄 타기를 하고 있다(샌디에이고 동물원).

지 못하고 물속에서 금세 당황해버리기 때문에 무릎 깊이밖에 안 되는 물에서도 익사하는 것으로 알려져 있다. 따라서 동물원에서는 침팬지 우리를 사방이 물로 둘러싸인 섬처럼 만들어 이들을 사육한다. 하지만 원숭이들에게는 그러한 방법을 사용할 수 없다. 아마 보노보들에게도 안 될 것이다. 보노보들이 실제로 수영할 수 있는지는 나도 모르지만(그렇다면 유인원 중에서는 유일할 것이다) 이들은 자발적으로 수영장이나 사육장 주변에 만들어놓은 해자에 들어가서 물장구를 치기도 하고 심지어 가끔 완전히 물속으로 잠수하기도 하는 것으로 알려져 있다.

이 두 종 사이의 이러한 차이는 절대적인 것은 아닐 수도 있으나(사람 손에서 자란 침팬지들은 종종 물을 좋아하도록 길러지기도 하고 또 모든 보노보가 반드시 물을 좋아하는 것은 아니므로) 전체적으로는 큰 차이라고 할 수 있다. 그것은 이해할 만도 하다. 보노보들의 자연 서식지에는 크고 작은 강이 많으며 늪지대로 이루어진 숲이 서식지 대부분을 덮고 있기 때문이다. 그리고 우기에는 홍수가 나는 지역이 많다. 보노보들은 소위 건조한 땅 위에 있는 숲을 선호하기는 하지만 과거의 진화 과정의 어느 시점에서는 지금보다 물이 훨씬 더 많은 곳에서 살아야 했던 때가 있었을 것이다.

가노 그리고 배드리안 부부는 모두 지역 주민들에게서 보노보가 물고기를 잡아먹는다는 이야기를 들었다. 몇 년 동안 현지 연구팀들은 작은 시내 주변의 진흙에서 유인원의 발자국과 구멍들을 발견했으나 물고기를 잡는다는 직접적인 증거는 포착하지 못했다. 그러나 최근 현지답사에서 배드리안 부부는 암컷 보노보 둘이 강물에 들어가서 상류를 향해 걷고 있는 것을 발견했다. 이들은 물에 떠 있는 낙엽을 한 움큼 낚아채는 동작을 하면서 무엇인가를 집어먹는 것처럼 보였다. 얼마 뒤 보노보들은 자신들을 관찰하는 사람들을 발견하고 도망가버렸는데, 여기서 연구팀은 보노보들이 사용한 방법을 직접 시험해본 뒤 낙엽 밑에 수많은 작은 물고기들이 숨어 있는 사실을 발견했다. 서스만은 시냇물 바닥에서 많이 발견되는 보노보의 발자국에 앞발을 사용할 때 나타나는 손마디 자국이 없다는 사실을 발견했다. 그는 보노보들이 물을 건널 때는 뒷발로 서서 걷는 자세를 취해 손이 젖는 것을 피한다는 결론을 내렸다. 따라서 하디의 수상 유인원 이론 중 적어도 뒷발을 사용한 직립과 얕은 물에서 이동하는 동작을 연결하는 부분은 보노보가 왜 그처럼 튼튼하고 긴 뒷다리를 갖게 되었는지를 설명하는 데 도움이 된다.

하디의 이론에는 또 이와 다른 요소도 포함되어 있는데, 물에서 사는 영장류 — 하디에 따르면 인류도 포함된다 — 는 발가락과 손가락 사이에 물갈퀴가 있어야 하고(하지만 오직 인류의 1%만이 물갈퀴를 갖고 태어난다), 긴 머리털이 있어 햇빛으로부터 머리를 보호하고 유아들에게 수면 위로 뭔가 붙잡을 것을 마련해준다는 것이 그것이다. 모건은 이에 덧붙여 얼굴을 마주 보고 하는 짝짓기라든지 몸의 앞쪽 방향으로 난 여성의 질은 물에서 사는 생활 패턴에 적응하기 위한 인류의 진화적 선택일 것이라고 추정했다. 같은 환경에 사는 다른 포유류들 — 돌고래, 매너티, 해달, 비버 등 — 도 같은 방법으로 짝짓기를 한다. 흥미로운 사실은 이 모든 요소들이 보노보에 적용된다는 점이다. 얼른 눈에 띄지는 않지만 발가락 사이에서 물갈퀴가 발견되는 예가 흔할뿐더러 보노보들의 머리털은 침팬지들의 것보다 더 길다. 또 보노보 암컷의 질이 배 쪽으로 향해 있으며 짝짓기에 정상위를 사용하는 경우가 흔하다는 것은 이미 널리 인정되고 있는 사실이다. 성 혁명이 일어나기 전인 1954년에 출판된 한 연구 논문은 그것을 점잖게 라틴어로 침팬지는 *copula more canum*[개 형태의 성행위]을 하고, 보노보들은 *copula more hominum*[사람 형태의 성행위]을 한다고 묘사하고 있다.

수상 유인원 이론은 왠지 인류의 조상의 이미지를 오리발과 잠수 안경을 쓴 모습으로 연상시키기 때문에 과학계에서는 심각하게 받아들여지지 않고 있다. 실제로 이 이론을 보노보에 적용해본 필자의 태도에도 약간 장난기가 있었음을 부인할 수 없다. 하지만 나는 보노보가 물과 맺고 있는 특별한 관계가 이들의 진화 과정에서 상당한 역할을 했을 것으로 확신한다.

가장 영리한 유인원?

보노보들이 머리가 작고 따라서 뇌가 작다고 해서 침팬지에 비해 지적으로 열등하지는 않다는 것은 분명하다. 거울을 마주치면 보노보는 자기 인식의 모든 징후를 보인다. 실험실이나 동물원에서 사는 보노보들은 능숙하게 도구를 사용하고 고도의 사회적 지능을 과시한다. 심지어 일부 과학자들은 이들이 침팬지보다 정신적으로 우월하다고 믿기까지 한다. 1985년 6월 25일 『뉴욕 타임스』 1면을 장식한 기사는 애틀랜타 언어 연구 센터의 어린 수컷 보노보 칸지에 관한 이야기였다. 수 새비지-럼바우는 칸지가 단어를 나타내는 기하학적 기호를 사용하는 것을 이전에 같은 센터에서 훈련받은 두 침팬지들보다 훨씬 더 빠른 속도로 학습했다고 밝혔다. 칸지는 이전 어느 동물보다 교사의 구술 언어에 대한 이해도가 높다는 보고도 함께 나왔다.

나는 보노보가 유인원 중 가장 영리하다는 주장에 완전히 동의할 수 없다. 샌디에이고 동물원에서 보노보들을 관찰한 나는 이들의 지능이 높다는 사실을 확인하고 그것에 감복했으며 칸지를 만나보고 녀석이 굉장히 재능이 많은 동물이라는 것에 동의할 수 있었다. 그러나 칸지는 최초로 어미가 옆에 있는 상태에서 훈련받은 동물이라는 점을 주지해야 한다. 어미의 존재는 칸지가 안정적인 성격을 형성하는 데 큰 도움을 주어 학습 수행에도 영향을 주었을 가능성이 크기 때문이다. 또 내가 아는 많은 침팬지들은 멍청한 것과는 거리가 멀다. 예로엔의 정치적 공작술, 마마의 외교술 등은 기호나 언어와는 별 상관이 없을지 모르나 그렇다고 해서 칸지가 보여준 능력보다 가치가 없다고 할 수도 없다.

그렇다면 로버트 여키스가 칭송한 바 있고 그간 자주 인용되어오기도 한 프린스 침의 지적 능력에 대해서는 어떻게 생각해야 할까? 1923년 여키스는 두 마리의 유년기 유인원을 확보해 수컷은 프린스 침, 암컷은 팬지라고 불렀다. 그는 이 둘 사이에서 많은 차이를 발견했다. 널리 읽힌 그의 책 『거의 인간과 같은 *Almost Human*』은 타의 추종을 불허하는 침의 "완벽한 신체, 기민성, 적응력 그리고 쾌활한 성격"에서 영감을 받아 저술한 것이다. 이 유인원의 천재성은 여키스가 상당히 우둔하다고 평가한 팬지와 대조적이었다. 영장류학자들은 이 두 동물이 모두 침팬지는 아닐지도 모른다고 추측했다. 그러나 이전의 포르틸리어와 마찬가지로 여키스도 보노보가 침팬지와 다른 종이라는 사실이 인정되기 이전 시대에 살았다. 침이 죽은 지 몇 년 뒤 해럴드 쿨리지가 녀석의 가죽과 뼈를 미국 자연사 박물관에서 발견하고 그것을 분석한 뒤에야 침이 보노보라는 사실이 밝혀졌다.

이 두 유인원에 대한 여키스의 비교는 공평하지가 않았다. 무엇보다도 팬지는 결핵을 앓고 있었고 침은 건강한 상태였다. 둘째, 보노보의 골격이 더 가늘기 때문에 침의 나이가 실제보다 더 어리게 매겨졌다. 여키스는 침을 받을 때 두 살이 채 되지 않았다는 말을 들었다. 그는 침이 세 살 이상은 되었을 것이라고 추측했지만 쿨리지는 침의 치아 뼈를 관찰한 후 대여섯 살은 되었을 것이라고 평가했다. 따라서 여키스의 지적 능력 비교는 나이가 더 많고 건강한 보노보와 만성 질환을 앓고 있는 어린 침팬지 사이에 이루어진 것이다. 여키스 본인도 그러한 비교의 한계를 잘 알고 있었다(어린 침팬지들의 성향에 대한 논문에서 그는 "기질과 성격은 지적 능력뿐만 아니라 신체 조건에 따라서도 상당히 좌우되는 것이 확실하다"고 논평하고 있다). 그러나 불행히도 이러한 유보 사항은 거의 인용되지 않는다.

자크 보클레어와 킴 바드는 인간 어린이, 침팬지 새끼, 그리고 보노보 칸지의 조작 능력을 비교했다. 연구가 시작될 때 셋은 모두 생후 7개월이었다. 인간 어린이의 물체 조작 능력이 셋 중 가장 정교했으나 이와 관련해 다른 두 유인원 새끼 사이에는 그다지 큰 차이가 드러나지 않았다. 그러나 한 가지 뚜렷한 차이는 인간 어린이가 물체를 조작하는 데 발을 사용하는 비율이 8%, 침팬지는 7%에 지나지 않는 데 비해 칸지는 40% 이상이나 된다는 점이었다. 샌디에이고 동물원에서 나는 보노보들의 발과 손은 완벽한 상호 대체가 가능하다는 사실을 발견했다. 이들은 먹이를 잡고 상대방을 차는 것은 물론이고 심지어 의사 표현 동작에서까지 '손처럼 편리한' 발을 사용했다. 침팬지의 전형적인 부탁 동작(손바닥을 펴고 팔을 뻗치는 동작)에 해당하는 동작을 할 때 보노보들은 가끔 다리를 뻗어 상대방에게 부탁하는 때도 있다.

침팬지와 보노보는 기질 면에서 차이가 많다. 예컨대 클레멘스 베커는 쾰른 동물원에서 보노보 새끼들과 오랑우탄 새끼들을 섞어놓자 보노보 새끼들이 놀이를 할 때 오랑우탄 새끼들을 완전히 압도하는 것을 발견했다. 보노보들이 오랑우탄보다 훨씬 몸집이 작았으나 거친 장난을 하기 때문에 오랑우탄들이 감히 몸을 써서 하는 장난을 먼저 시작하는 경우는 극히 드물었다. 반면에 물건을 갖고 노는 데는 오랑우탄들이 더 능숙했다. 오랑우탄들은 참을성이 많은 동물로, 보노보들보다 한층 더 건설적인 방식으로 (예를 들어 탑쌓기 놀이 등의) 놀이를 했다. 에두아르트 트라츠와 하인츠 헤크는 보노보의 또 다른 면을 지적했다. 즉 유인원들 중 보노보가 가장 예민하고 조심스러운 성격이라는 것이다. 독일의 헬라브룬 동물원의 보노보들에 대해 두 사람은 이렇게 쓰고 있다.

보노보는 극히 예민하고 부드러운 동물로, 다 자란 침팬지들에서 느껴지는 악마적인 우어크라프트^{Urkraft}(원시적 힘)와는 거리가 멀다.

헬라브룬 동물원의 보노보들은 슬프게도 제2차세계대전 때 전멸했다. 이들은 도시를 폭격하는 엄청난 소리에 놀라서 순전히 공포심 때문에 사망했다. 같은 동물원에 있던 수많은 침팬지들 중에서는 보노보들처럼 심장마비로 죽은 녀석이 한 마리도 없었다.
    기질과 지능을 구분할 때 발생하는 문제점은 흔히 하는 개와 고양이의 비교에서 가장 확연하게 드러난다. 개 주인들은 개가 더 영리하다고 믿는다. 그러나 이들은 개가 주인을 기쁘게 하기 위해 꼬리를 흔드는 것 때문에 본인의 의견이 얼마나 편향되는지를 깨닫지 못한다. 마찬가지로 보노보들은 인간과 쉽게 사귀거나 본능적으로 기민해서 몇몇 실험 환경에서는 더 유리할 수도 있다. 그러나 네 종의 서로 다른 유인원들의 차이는 1등급부터 4등급까지 매겨진 단순한 지능 등급으로는 표현할 수 없다. 대신 나는 이들에게는 얽히고설킨 다차원적인 성격적 특성이 있어서, 어떤 것

(예를 들어 좀더 감정적인 성격)은 지적인 능력이 요구되는 과제의 수행에 방해가 되기도 하고, 어떤 것(예를 들어 집중을 잘하는 성격)은 도움이 되기도 한다고 본다.

땅콩 일가

1959년 자이르의 수도에서 한 여인이 다른 여자와 관계를 가졌다는 이유로 남자 친구를 총으로 쏘아 살해한 혐의로 경찰에 체포되었다. 경찰은 용의자 집에서 발견된 새끼 보노보를 압수했다. 1년 뒤 이 보노보는 샌디에이고 동물원에 도착했는데, 땅콩만 한 크기처럼 보여서 불어의 'cacahouette(땅콩)'의 발음을 따 '카코웻'이라는 이름을 얻었다(두 살 정도로 추정된 이 보노보는 당시 몸무게가 6.5킬로그램밖에 되지 않았다). 카코웻은 얼마 가지 않아 동물원의 모든 사람의 사랑을 독차지했다. 한번도 살아 있는 보노보를 보지 못한 채 보노보 종을 발견한 장본인인 슈바르츠까지도 카코웻을 만나기 위해 동물원을 방문할 정도였다. 그가 동물원에서 이 새끼 유인원을 품에 안고 만족한 얼굴로 서 있는데 한 여성이 다가와서 "아, 그 재밌게 생긴 원숭이한테 이름을 지어준 바로 그분이로군요"라고 인사했다는 일화도 있다. 원숭이와 여러 유인원들 사이의 차이에 그토록 훤한 전문가에게 건넨 말 치고는 참으로 충격적인 발언이었다!

1962년 카코웻의 평생의 반려자가 도착했다. 녀석과 린다는 세계에서 자손을 가장 많이 낳은 보노보 커플로 이름을 남기게 된다. 린다가 새끼를 낳을 때마다 동물원의 육아실로 데려가 키웠기 때문에 린다는 보통보다 훨씬 더 짧은 간격으로 새끼를 낳았다. 보통 유인원 암컷들은 평균 4~6년에 한 번씩 새끼를 낳지만 린다는 14년 만에 10마리의 새끼를 낳았다. 이 새끼들 중 여럿이 자니 카슨 쇼에 출연해 전 세계 TV 시청자들을 만났다. 여기서 나는 새끼를 기를 능력이 있는 어미에게서 새끼를 떼어내는 관행을 절대 용납할 수 없다는 입장을 분명히 밝히고 싶다. 사실 샌디에이고 동물원 측도 이후 정책을 바꿔서 현재는 생모에게 자연스럽게 양육된 보노보들(린다의 딸들에게서 태어난)이 몇 마리 된다. 내가 이들을 연구하기 위해 처음 샌디에이고 동물원에 도착한 것은 이 운 좋은 새끼들 중 가장 나이 많은 보노보들이 약 두 살쯤 되었을 때였다. 카코웻은 세상을 뜬 뒤였고, 린다와 녀석의 딸 두 마리는 애틀랜타에 번식을 위해 파견되어 있었다.

　위스콘신 동물원의 동료들은 날마다 엄청나게 쌓인 눈을 치워야 하는 한겨울에 남쪽으로 옮겨 가는 게 정말 순수하게 연구를 위해서냐며 농담을 했다. 사실 1983~1984년 겨울은 최악의 겨울로 기록될 정도로 날씨가 좋지 않았다. 그러나 남부 캘리포니아에서 나는 거의 비도 없고(물론 눈도 없는!) 기온도 쾌적한 날씨를 즐길 수 있었다. 샌디에이고 동물원의 환경은 참으로 아름답다. 그곳에 서식하는 동물들뿐만 아니라 특히 낮은 언덕 지형을 덮고 있는 이국적인 식물들이 동물원의 아름다움을 더해주고 있다. 날마다 나는 각종 장비와 함께 관람객들에게 관찰자와 동물들을 방해하지 말아달라고 부탁하는 정중한 문구가 쓰인 커다란 피켓을 들고 이 낙원으로 입장했다. 나는 우리 앞에 서서 관찰했는데, 내가 서 있는 곳과 관람객들 사이는 빨간색의 작은 깃발들이 달린 줄로 구분되어 있었다.

　내가 연구를 시작하던 즈음 동물원에 사는 열 마리의 보노보는 세 개의 다른 집단으로 나뉘어 있었다. 성인 보노보 집단 둘은 관람객들이 서 있는 쪽과 물이 없는 해자로 분리된 구식의 '동굴형' 우리에 수용되어 있었다. 이 두 그룹은 번갈아가면서 관람객들에게 공개되었다. 이렇게 하루는 이 그룹, 다음 날은 저 그룹 하는 식으로 공개되는 관행은 일부 열성 관람객들을 혼동시키기도 했다. 한번은 한 꼬마가 잔뜩 흥분해서 아버지에게 유인원들이 얼마나 빨리 자라는지를 설명하는 것을 들은 적이 있다. 소년은 집단에서 가장 작은, 자기 또래 나이(일곱 살)의 보노보인 칼린드를 가리키면서 "일주일 만에, 일주일 만에!"라고 소리치며 다른 그룹에서 가장 작은 새끼인 두 살짜리 보노보 크기만큼 팔을 벌리고 있었다.

세번째 집단을 이루고 있는 네 마리의 보노보는 모두 6세 이하로 다 자란 어른들과의 접촉을 아쉬워하는 듯했다. 이들이 살던 우리는 기어 올라갈 수 있는 살아 있는 나무들까지 있는 커다란 공간이어서 사실 상당히 이상적인 환경이었다. 이들은 나무나 올라가서 놀 수 있도록 만들어놓은 구조물 위에서는 정상적으로 행동했지만 일단 풀로 덮인 땅에 내려오면 '기차'를 만드는 행동을 했다. 앞에 걷는 놈의 등에 팔과 머리를 기대고 걷는 이 행동은 주로 좀더 어린 녀석들이 하는데, 아마 어미 등에 업혀 걷는 것을 대체하기 위한 행동인 것 같았다. 서로에게 매달리는 이들의 행동을 보고 나는 해리 할로의 소위 다 함께-다 함께$^{together-together}$ 원숭이들을 연상했다. 이 원숭이들은 어미 없이 한 집단에서 자란 붉은원숭이들로, 동년배들과 꼭 끌어안을 때 느끼는 편안한 느낌에 거의 중독되다시피 하는 현상을 보인 것으로 유명했다.

어린 보노보 그룹에서도 자잘한 다툼들이 없지는 않았지만 대체로 명랑하고 활발한 분위기였다. 외따로 떨어진 소년기의 인간 어린이 집단을 다룬 『파리 대왕』에서 묘사된 것과 같은 유형의 잔인성이나 공포는 어디서도 찾아볼 수 없었다. 1954년에 발표된 이 소설을 통해 윌리엄 골딩은 로렌츠를 비롯한 여러 동물행동학자들이 훗날 과학계에서 한 일에 해당하는 일을 문학계에서 했다고 할 수 있다. 이 소설은 사람들로 하여금 인간 본성의 폭력적인 측면에 주목하게 만들었다. 이 소설이 전달하려는 메시지는 틀리지는 않지만 엄청나게 과장되어 있다. 페이지가 넘어갈 때마다 아이들은 점점 더 피에 굶주려간다. 야비함은 인간과 유인원 새끼 모두에게 공통된 모습이긴 하지만 전혀 제어되지 않는 것은 아니다. 심지어 어른들의 감독이 없을 때도 마찬가지이다.

샌디에이고 동물원의 유소년기 보노보 소그룹. 왼쪽부터 라나, 아킬리, 카코, 레슬리.

한번은 가장 나이도 많고 서열도 제일 높은 소년기 암컷 보노보인 레슬리의 심기가 특히 불편한 적이 있었다. 레슬리는 올라가 놀 수 있도록 만들어놓은 구조물에서 아무런 이유도 없이 계속 카코를 쫓아내는 등의 행동으로 겁을 주는 것으로 하루를 시작했다. 레슬리는 카코가 집단의 다른 성원에게 접근하는 것을 절대 허락하지 않았다. 이 때문에 카코의 어미 역할을 자처하면서 녀석을 보호해왔던 또 다른 암컷인 라나의 기분이 상하게 되었다. 라나가 항의의 뜻으로 짖는 소리를 냈지만 아무 소용이 없었고 오히려 레슬리가 라나 쪽으로 위협 돌격 행동을 하게 하는 결과만 낳았다. 레슬리의 두번째 희생자는 평소에는 친구로 지내던 아킬리였다. 아킬리는 이 나무에서 저 나무로 추격당했으며 심지어 잠시 물리기까지 했다. 정오쯤 되어서는 아무도 놀이를 하지 않고 모두 초조한 상태가 되었다.

결국 레슬리는 아킬리와 라나 뒤에 몇 미터 떨어져 앉았다. 이들 사이의 긴장감이 지켜보고 있던 내게까지 전달되었다. 아킬리와 라나는 불편한 마음으로 레슬리 쪽을 흘끔거리고 뒤돌아보다가 자기들끼리 눈짓을

아킬리의 손가락을 물고 있는 레슬리(샌디에이고 동물원).

했다. 둘이 동시에 일어서서 우두머리인 레슬리에게 다가가 그루밍을 해주기 시작한 것을 보면 아마도 이 둘 사이에 어떤 행동을 할 것인지 모종의 동의가 있었던 듯하다. 약 10분 정도 지나면서 레슬리는 긴장을 풀고 통나무 위에 엎드려 다리를 늘어뜨리고 발을 리듬에 맞춰 흔들기 시작했다. 오랜 시간 동안 그루밍을 하고 있을 만한 참을성이 없는 아킬리는 자리를 떴지만 라나는 그루밍을 계속했다. 나중에 레슬리도 라나에게 그루밍을 해주었다. 이후 하루 내내 아무런 문제도 일어나지 않았다.

보노보들이 하는 놀이들

동물들이 하는 놀이를 보면 이들의 지적 수준, 유머 감각, 성질 등을 얼마간 파악할 수 있다. 샌디에이고 동물원의 보노보들은 아주 장난스럽고 활발해, 놀이할 때 전형적으로 지어 보이는 입 벌린 얼굴 표정을 한 채 사방을 돌아다니는 보노보들을 종종 볼 수 있다. 나는 게일 폴런드와 마이크 해먼드를 비롯한 여러 사육사들로부터 즐겁게 생활하는 이 보노보들의 성격에 관해 많은 것을 배울 수 있었다. 게일과 마이크는 샌디에이고 동물원에 사는 보노보들을 하나하나 잘 알았고 이들과 아주 친했다. 첫날 마이크는 야외 사육지의 지하에 위치한 야간용 우리에 나를 데리고 내려가서 둘러볼 수 있도록 배려해주었다. 그곳에서 10여 분 정도밖에 머무르지 않았지만 사흘 뒤 다른 옷을 입고 관찰을 시작했을 때 보노보들은 관람객들 중에서 나를 즉각 알아봤다. 이들이 연간 300만 명 이상의 사람들의 얼굴을 대한다는 사실을 고려하면 정말 놀라운 사실이었다. 로레타는 부풀어 오른 성기를 내 쪽으로 돌리고는 다리 사이로 나를 뚫어져라 쳐다보았다. 그러자 칼린드가 털을 온통 곤두세우고 으르렁거리는 소리와 함께 팔을 위쪽으로 돌리는 몸짓으로 나를 위협했다. 로레타가 내게 보낸 성적 초대

신호에 대해 질투심을 느끼는 듯했다. 이 집단의 성원들이 내게 보여준 반응은 여러 갈래였지만 기본적으로는 환영의 뜻으로 느껴졌다.

보노보들이 낮 동안 사는 야외 우리는 2미터 깊이의 물 없는 해자로 둘러싸여 있는데, 보노보들은 늘어뜨려놓은 체인을 타고 해자 바닥으로 내려갈 수 있었다. 누구나 해자 바닥으로 자유롭게 오르내릴 수 있었다. 단 칼린드가 장난만 치지 않는다면 말이다. 칼린드는 누군가, 특히 서열이 높은 수컷이 내려갔을 때 체인을 거둬 올리는 장난을 하곤 했다. 칼린드는 놀이할 때 짓는 전형적인 표정으로 바닥에 내려간 버넌을 내려다보면서 해자 옆벽을 손으로 쳤다. 몇 번인가 로레타가 쫓아가 체인을 다시 내려서 친구를 '구조' 하기도 했다. 나는 이러한 상호 작용은 동정이나 감정 이입에 기반한 것이라고 믿는다. 즉 보노보들은 상대방의 입장에 자기를 놓고 생각해볼 수 있는 능력이 있는 것이 틀림없다. 칼린드와 로레타는 모두 해자 바닥에 있는 성원에게 체인이 어떤 역할을 하는지 알고 있었고, 이에 따라

칼린드(샌디에이고 동물원).

칼린드는 골려먹는 행동을, 로레타는 딱한 쪽을 도와주는 행동을 한 것이다.

또 다른 놀이 두 가지가 특히 나의 관심을 끌었다. 고도의 정신적 과정을 반영하는 것처럼 보였기 때문이다. 여기서는 조금 모호한 태도를 취할 수밖에 없는 것이, 보노보들의 머릿속에서 어떤 일들이 벌어지는지 알 길이 없기 때문이다. 그러나 일정 수준의 의식 활동이 결부되어 있다고 생각한다. 두 놀이 모두 어린 보노보 그룹에서 날마다 관찰되었다.

장님 놀이. 보노보들은 물건(바나나 잎 혹은 자루 등)이나 두 손가락으로 눈을 가리거나 팔로 얼굴 전체를 가리는 방법으로 앞을 보지 않은 채 땅 위 5미터 높이 이상의 구조물 위를 더듬더듬 걸어 다니는 놀이를 한다. 놀이 규칙은 무척 엄격하게 지켜진다. 나는 거의 균형을 잃고 떨어질 뻔하거나 서로 부딪히는 사례를 여러 차례 관찰할 수 있었다. 레슬리는 이 놀이에 특히 능숙했다. 한번은 구조물에 익숙한 것을 과시하기라도 하려는 듯 한 손으로 눈을 완전히 가리고 로프를 잡고 그네 타기를 한 뒤 정확한 지점에서 뛰어내려 착지하고 다시 로프에 매달려 다른 지점으로 옮겨가는 묘기를 보여주기도 했다.

이 놀이는 보노보들이 스스로 규칙을 정하고 이를 준수하는 능력이 있다는 것을 보여준다. 마치 "균형을 잃지 않는 한 앞을 보면 안 돼"라고 스스로에게 말하는 것처럼 보인다. 이처럼 보노보들은 외부 세계에 대한 자신의 지각을 갖고 장난을 치는 놀이를 한다. 다른 유인원들 그리고 일부 원숭이들도 똑같은 놀이를 하지만 보노보들과 같은 엄격한 규칙과 집중력을 갖고 하지는 않는다. 물론 그러한 놀이는 인간 어린이들에게서도 흔하게 찾아볼 수 있다. 에밀리 한은 애완동물로 키우던 긴팔원숭이와 자기 딸 캐럴이 이 놀이를 어떻게 하는지 이야기해준 적이 있다. 적어도 캐럴의 놀이 방식을 보면 이 놀이에 대해 얼마간 설명이 가능할 듯하다. 캐럴은 이 놀이를 존재론적으로 해석하는 듯했다. 아이는 "캐럴 없다" 하면서 눈을 가리고 다니다가 장롱 등에 가끔 부딪치곤 했다.

우스꽝스러운 표정 짓기. 유소년기의 보노보들은 특정한 대상 없이 혼자서 가끔 괴상한 표정을 짓곤 한다. 어떤 표정을 강조하기 위해서 손가락으로 볼을 찌르거나 혀를 내밀기도 한다. 턱뼈를 이상하게 놀려서 만드는 다양한 표정도 있다. 라나는 윗니를 입술로 가리고 아랫니를 드러낸 채 아래턱을 바깥쪽으로 쑥 내밀고는 빠르게 위아래로 움직인다. 이런 식의 얼굴 표정은 보노보 종이 보통 의사소통 수단으로 사용하는 표정들과는 완전히 다르다. 우스꽝스러운 표정 짓기는 혼자 앉아 있거나 서로 간질이는 장난을 할 때 많이 관찰된다. 예를 들어 레슬리가 아킬리 위쪽에 자리 잡고 앉아서 아킬리 목을 발로 간질이면 아킬리는 처음에는 놀이 표정으로 반응하다가 윗입술을 부풀리는 판타지 표정 fantasy face 으로 옮겨 간다. 레슬리도 표정 짓는 놀이를 시작해 저 유명한 합죽이 표정 sucked-in face 을 짓는다. 둘이는 서로의 얼굴 표정을 볼 수는 없다.

어린 침팬지들도 간혹 입술을 말아 올리거나 다른 이상한 표정을 짓기도 하지만 앞의 유소년기 보노보들에게서처럼 표정을 짓는 행위가 일종의 단독 팬터마임 수준까지 발전한 경우는 영장류에서 본 적이 없다. 얼굴 근육 조직을 이토록 놀라울 정도로 자유자재로 조절할 수 있는 것을 보노라면 보노보들이 보통 때 하는 의사소통이 어느 정도까지 가장되고 억제된 것인지가 궁금해진다. 또 한 가지 의문은 보노보들이 어떤 느낌을 갖는가 하는 점이다. 우리도 특정한 표정 — 예를 들어 활짝 웃거나, 잔뜩 찡그리는 표정 — 을 지어보면 통상 그러한 표정과 연관되는 감정의 울림을 느낄 수 있다. 심지어 완전히 새로운 표정을 짓더라도 우리 마음속에 모종의 감정이 일곤 한다. 보노보들도 비슷한 경험을 하는 것일까? 바로 그런 이유에서 놀이를 그토록 즐기는 것일까?

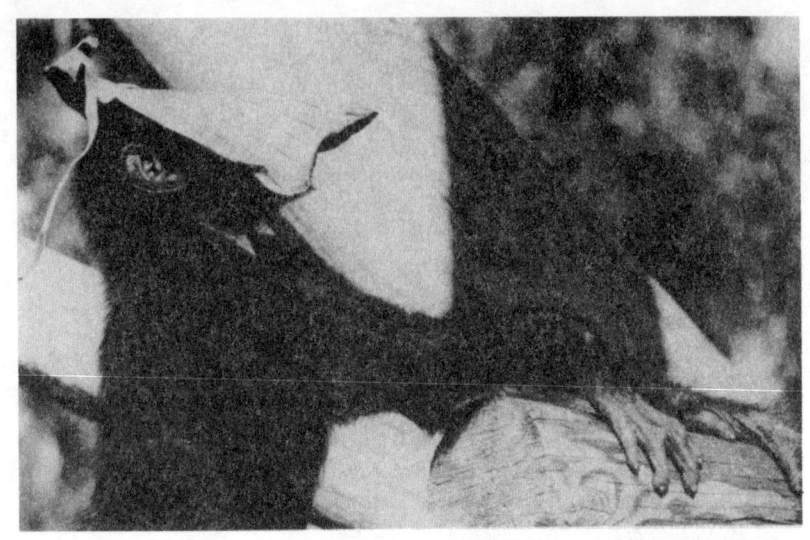

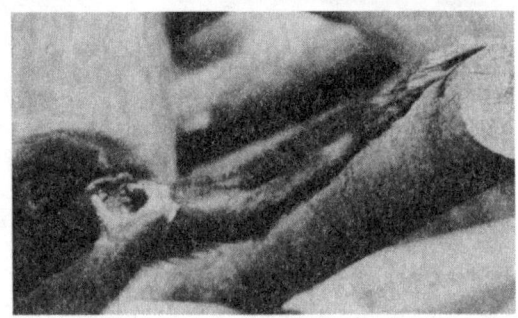

라나가 바나나 잎으로 눈을 가리고 장님 놀이를 하고 있다.
아래 사진에서는 눈을 가릴 물건을 찾지 못한 라나가 엄지와 검지로 눈을 가리고 다른 손으로는 더듬거리면서 놀이를 즐기고 있다(샌디에이고 동물원).

유소년기 보노보들이 짓는 우스꽝스러운 표정의 사례들. 얼굴에 나타나는 표현들은 복잡하고 모방하기 힘들다. 예를 들어 카코(위 오른쪽)는 입술 양쪽 끝이 올라가지 않은 채 이를 드러낸 표정을 짓고 있고 라나(아래 오른쪽)는 손가락을 입에 넣는데 지름길이 아니라 꽤 돌아가는 길을 선택했다(샌디에이고 동물원).

카마수트라 영장류

보노보들의 성적 접촉 방식에 전혀 익숙지 않은 한 신참 사육사가 한 번은 별 생각도 없이 케빈이 키스하는 것을 허락했다. 하지만 막상 케빈의 혀가 입 안으로 쑥 들어오자 그는 얼마나 질겁했던지! 보노보들의 정열적인 에로티시즘과 일반 침팬지들의 다소 따분하고 기능적인 성생활 사이의 주목할 만한 차이 중의 하나가 바로 보노보들의 프렌치 키스 버릇이다. 침팬지들은 짝짓기 행위에서 별다른 다양성을 보이지도 않을뿐더러 다 자란 침팬지들 사이에서 성행위는 대부분 번식과 관련된 것이다. 이와 대조적으로 보노보들은 마치 카마수트라를 따라 하는 것처럼 상상할 수 있는 온갖 방법으로 다양하게 성행위를 한다. 이들의 성생활은 대부분 번식이라는 기능과는 분리되어서 다른 많은 기능에도 사용되고 있다. 나는 그러한 기능 중의 하나가 쾌락이며 다른 하나는 갈등과 긴장 해소라고 확신한다. 물론 후자가 나의 관심을 가장 많이 끄는 기능이지만 우선 보노보들의 성적 패턴을 설명하고 넘어가기로 하자.

"현재 음경이 모두 노출되었다" 등의 관찰 기록을 녹음하는 나의 목소리를 우연히 엿들은 동물원 관람객들이 놀라서 쳐다보는 눈길들을 상상해보라. 나는 매 5분마다 어떤 수컷들이 발기했는지를 기록해서 보노보 집단의 성적 흥분 상태를 측정했다. 보노보 수컷들은 음경이 평소에는 몸 밖으로 노출되어 있지 않기 때문에 보통 아무것도 보이지 않는다. 그러나 일단 음경이 밖으로 노출되면 비단 크기 때문만이 아니라 밝은 분홍색이 어두운 털색에 대비되어 눈에 띄지 않을 수가 없다. 수컷들은 다리를 넓게 벌리고 등을 뒤로 젖힌 채 성기를 위아래로 흔드는 동작 — 무척 강력한 신호이다 — 으로 다른 보노보들의 주의를 끈다. 보노보 수컷들의 성기는 영장류 중 가장 큰 편에 속한다. 몸 크기에 대한 상대적인 비율로 따지면(어쩌면 절대적으로도) 보노보들의 고환과 발기한 음경의 길이는 인간 남성

평균보다 더 크다. 최근까지만 해도 인간 남성이 이 분야에서 챔피언이라고 믿고 있었지만 말이다.

여키스 영장류 센터에서 린다와 그녀의 다 자란 딸 둘의 생리 주기를 기록한 제레미 달은 이들이 부어오른 성기를 내보이는 성적으로 매력적인 상태에 있는 기간이 전체의 75%라는 것을 발견했다. 침팬지에게서 이 수치는 50%에 머무른다. 게다가 성기 주변이 분홍빛으로 부어오르는 기간 말고는 침팬지들은 짝짓기를 거의 하지 않는데 보노보들은 다른 기간에도 자주 짝짓기를 한다. 따라서 생리 주기는 보노보들의 성적 행위에 별다른 제약 조건이 아니다. 이는 인간과 비슷한 현상으로, 사실 인간은 보노보들보다 더 생리 주기와는 상관없는 성생활을 영위한다.

보노보들은 질과 음핵의 방향이 앞을 향해 있어 얼굴을 마주 보는 체위가 매력적이며 그러한 자세를 쉽게 취할 수 있다. 아른헴 동물원에서 지낸 6년 동안 나는 한 번을 제외하고는 — 두 침팬지가 밤을 지내는 우리의 철창을 사이에 두고 짝짓기를 한 적이 있었다 — 침팬지들이 이 자세로 짝짓기하는 것을 본 적이 없다. 반면 샌디에이고 동물원의 다 자란 보노보와 청년기 보노보들 사이의 이성 간 짝짓기의 80% 이상은 얼굴을 마주 보고 하는 자세였다. 자연 서식지의 보노보의 경우 이 수치가 30%로 보고된 바 있다. 인공 서식지의 보노보들 사이에서 얼굴을 마주 보는 짝짓기 자세가 더 자주 사용되는 것은 아마도 우리 바닥이나 야외 우리의 풀밭이 나무 높이 달린 가지 위보다 암컷이 눕기가 더 편하기 때문일 것이다. 실제로 야생에서도 이 자세의 짝짓기 비율이 보고된 것보다는 더 높을 가능성이 있다. 현지 연구원들이 땅 위에서의 짝짓기를 목격하는 확률이 낮기 때문이다. 보노보들은 낯선 인간들을 보면 즉시 나무 사이로 도망가버리니까 말이다.

보노보들에게 있어 '배면위' 자세로 짝짓기를 하는 것은 앞쪽으로 향한 질의 위치 때문에 쉽지 않다. 침팬지 암컷들처럼 편히 엎드리는 대신 보

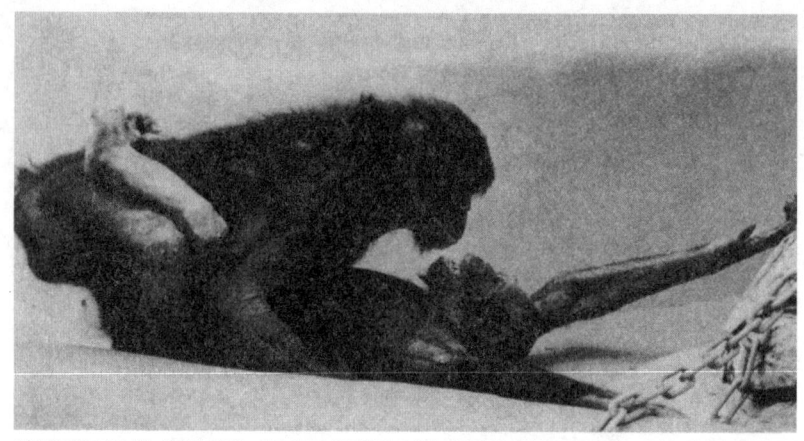
얼굴을 마주 보고 하는 짝짓기 자세는 샌디에이고 동물원 집단에서 아주 흔히 관찰되는 장면이다. 사진은 버넌과 로레타.

노보들은 수컷들이 삽입하는 것을 돕기 위해 배를 들어 올려주어야 한다. 물론 곡예사 같은 자세로 짝짓기를 하는 것, 심지어 줄에 매달려 짝짓기를 하는 것까지 마다 않는 보노보들에게 이 정도쯤이야 별 문제가 되지는 않는다.

    인간의 성행위를 기준으로 본다면 이들의 짝짓기 시간은 그다지 길지 않아서 평균 13초에서 최대 30초 정도이다. 짝짓기 파트너들은 종종 서로 눈을 마주치기 때문에 배면위를 사용하는 다른 종들보다 훨씬 더 친밀하고 가까운 관계를 맺는 느낌을 준다. 얼굴을 마주 보는 자세를 취하면 파트너는 서로의 감정을 더 잘 읽을 수 있다. 행위가 절정에 달하면 수컷은 마지막으로 더 깊게 삽입하기 위해 속도를 늦추고, 암컷은 활짝 웃는 듯한 표정을 지어 이를 다 드러내고 목쉰 비명 같은 소리를 지르는 경우가 많다. 그와 비슷한 소리는 유아기의 레노어가 버넌과 성적 접촉을 했을 때도 관찰되었다. 다 자라지 않은 레노어의 성기에 비해 버넌의 성기가 엄청나게 컸으므로 버넌은 삽입하려 들지도 않았다. 대신 녀석은 레노어를 배 위에 올려놓고 성기를 레노어의 털에 문질렀다. 간혹 레노어는 버넌의 성기를 잡아당겨 노출되게 한 다음 잠시 자기 외음부에 문질러 둘 사이의 상관관계를 안다는 사실을 표현하곤 했다. 레노어는 다른 청년기 수컷들과도 같은 방법으로 실험을 했다.

관찰된 600건의 올라타기와 짝짓기 중 성적으로 성숙한 이성 사이의 성행위는 200여 건이 채 되지 않았다. 유아기 성원들과의 성적 접촉 말고도 여러 '동성 간' 행위도 관찰되었다. 그러한 행위는 두 개의 성인 소집단이 합쳐진 직후에 특히 많았다. 수컷들끼리는 뒤에서 건성으로 올라타는 행위부터 얼굴을 마주 보고 껴안은 상태에서 열정적으로 허리를 움직이며 서로 성기를 비비는 것에 이르기까지 패턴이 다양하다. 수컷들은 그러한 상황에서는 삽입이나 사정을 하지 않았지만 인간을 제외한 영장류 수컷들 치고 이들의 성적 접촉은 예외적으로 강렬했다.

다 자란 암컷인 로레타와 루이스는 보노보 종에게만 고유한 성행위 유형을 보여주었다. GG 마찰$^{genito\text{-}genital\ rubbing}$로 알려진 이 행위는 야생 집단과 인공 집단 모두에서 관찰되고 있다. 서로 배를 대고 얼굴이 거의 맞닿을 듯이 가깝게 껴안은 상태에서 두 암컷이 좌우로 몸을 흔들면서 부풀어 오른 성기를 비빈다. 어떨 때는 한쪽이 등을 바닥에 대고 눕기도 하지만 보통은 파트너의 허리에 다리를 감고 매달리는 자세를 취한다. 그러면 파트너는 매달린 상대를 아기를 안아주듯 들어 올린다. 들어 올리는 쪽은 거의 항상 나이가 더 많고 서열도 높은 루이스였다. 어떨 때는 이 둘이 서로 반대편을 보면서 한 마리는 등을 바닥에 대고 눕고 다른 한 마리는 네 발로 선 채 부풀어 오른 성기와 음핵을 비비는 광경도 볼 수 있었다. 비디오 필름을 분석한 결과 이들이 서로를 자극하는 움직임은 1초에 2.2회로 성행위를 하는 수컷의 움직임과 정확히 일치했다.

보노보들의 강한 성적 관심은 입술, 유두, 성기 등을 스스로 자극하는 일이 빈번한 것에서도 엿볼 수 있다. 칼린드는 아무도 음식을 나누어 주지 않으려고 해서 화가 나면 입술을 쑥 내밀고 엄지로 한쪽 유두를 만지작거리며 돌아다니곤 했다. 자위행위는 손이나 발로 하는데 절정에 이르기까

야생과 인공 환경 모두에서 보노보 암컷들은 동성끼리 강도 높은 성적 접촉을 자주 갖는다. 사진(맨 위)은 팔 다리로 루이스에게 매달려서 전형적인 GG 마찰 자세를 취하고 있는 로레타. 아래 사진은 루이스가 등을 땅에 대고 누운 자세에서 취한 GG 마찰 자세의 변형으로 로레타가 부풀어 오른 성기를 루이스의 성기에 비비는 광경이다. 옆에서 루이스의 새끼가 지켜보고 있다. 오른쪽 사진에서는 루이스가 서 있는 자세에서 로레타에게 성적 접촉을 하도록 유도하고 있다(샌디에이고 동물원).

지 하는 적은 없다. 그러나 이것은 수컷에 대한 관찰 결과일 뿐이고 암컷은 절정에 도달했는지 여부를 판단하기가 더 힘들기 때문에 뭐라고 결론을 내릴 수 없다. 수컷들은 또 상대방의 성기를 손에 쥐고 부드럽게 위아래로 한두 번씩 흔드는 방법으로 서로를 자극하기도 한다.

소년기 보노보들 사이에서는 장난으로 시작된 몸싸움과 간질이기 놀이가 에로틱한 놀이로 발전하기도 한다. 격렬한 장난을 하던 수컷 한 마리가 발기라도 하면 이놈은 같이 놀던 동료에게 다가가서 자기 성기를 상대방 입에 집어넣기도 한다. 때로는 함께 놀던 소년기 수컷 네 마리가 모두 한꺼번에 집단 섹스 장면을 연출한 적도 있었다. 한쪽에서 입으로 성기를 자극하는 동안 다른 한쪽에서는 서로 성기를 문지르기도 하고 프렌치 키스를 하기도 했다.

그러나 이런 장면을 관찰하면서 나는 한번도 병적으로 성에 굶주린 동물들을 보고 있다는 생각을 해본 적이 없다. 앞서 묘사한 성행위 패턴은 결코 내가 연구 중인 집단에서만 볼 수 있는 것이 아니라 보노보라는 종이 가진 고유한 특성이다. 보노보들은 그저 자연스러운 느낌 그대로 행동하는 것처럼 보였고 이들의 행동을 막는 것은 간혹 질투심으로 끼어드는 제3자와 같은 외부적 요인뿐이었다(버넌은 젊은 수컷들이 다 자란 암컷들에게 성적으로 접근하는 것을 자주 방해했다). 이들의 행동을 '성의 자유'라고 표현하는 것도 사실을 왜곡하게 될 것이다. 보노보들에게 성도덕이라는 개념은 아예 존재하지도 않기 때문이다. 우리 인간들에게조차 이 개념은 극도로 가변적이지 않은가. 예를 들어 오럴 섹스에 대한 빅토리아 시대 영국인들의 태도는 보편적인 것이 아니었다. 비록 진위를 확인할 길은 없지만 이러한 관행은 역사에서 수많은 사례를 찾아볼 수 있는데, 예를 들어 고대 중국에서는 보채는 남자 아이들을 달래기 위해 할머니, 어머니 혹은 유모들이 아이의 성기를 입으로 쓰다듬어주는 관습이 있었다는 이야기나 클레오파트라가 당대 최고의 '펠라티오의 여왕이었다'는 전설 등을 들 수 있다.

　우리가 살고 있는 현대 사회에서는 아이들이나 동성끼리 혹은 아이들을 데리고 성행위를 하는 것을 금기시하고 있다. 주로 들을 수 있는 설명은, 성행위의 '본래 목적'은 자손의 생산이므로 이 외의 용도로 사용되어선 안 된다는 것이다. 심지어 피임약조차도 일부에서는 자손 생산이 목적이 아닌 성행위를 가능하게 한다는 이유로 부도덕한 것으로 간주되기도 한다. 그러나 무엇이 자연적인 것인지가 그러한 도덕의 기준이 된다면 위의 견해들은 아무런 사실적 근거가 없다. 동물들은 대부분 어린 나이부터 성적인 행동을 시작한다. 사실 우리 사회에서도 성적 집착이나 욕구 불만과 관련된 많은 문제들이 그처럼 어린 시절에 행해지는 성적 실험이나 예비적인 놀이 등을 죄악시한 결과로 인해 생겨나는 것이라 해도 그리 놀랄 일은 아닐 것이다. 또한 동성 파트너들 사이의 성행위도 동물들 사이에서는 전혀 비정상적인 것이 아니다. 다만 정상적이지 않은 것이라면 동성의 파트너에게만 계속적인 관심을 갖는 것이다. 배타적으로 동성에게만 관심을 갖는 비율이 인간 사회에서만 유독 높은 것에 대해서는 아직 설득력 있는 설명이 나오지 않았지만 여기서도 역시 편협한 태도가 일정한 역할을 했을 확률이 높다. 선택을 강요함으로써 동성애적 편향이 있는 사람과 그렇지 않은 사람 사이의 구분이 필요한 것보다 훨씬 더 분명해졌을 것이다.

　이보다 더 심각한 문제는 성인과 어린이들 사이의 성적인 관계에 관한 부분이다. 일부에서는 아동에 대한 성적 학대 개념을 지나치게 넓게 잡아 거의 모든 형태의 성적인 행위를 학대라고 규정하고 낙인을 찍는 경향이 있다. 그런데 이 중 일부 행위는 많은 사람들이 극히 정상적이라고 생각하는 신체 접촉까지도 금해야만 규제가 가능한 것들이다. 만약 아이를 씻기는 어머니가 아이의 온몸에 입을 맞춰주고 닦아주면서 유독 성기 부분만을 뺀다면 아이는 막연하게나마 이 신체 부위가 뭔가 크게 잘못되었다는 생각을 갖지 않을 수 없을 것이다. 내 생각으로는 성적 학대 행위 여부의 구분은 성기의 접촉 여부가 아니라 아이와 성인 사이에 사랑과 책임감이 존재하는 관계인가 아니면 순전히 성인만의 만족을 위한 관계인가를 주요한 기준으로 삼아야 한다. 후자 유형의 관계는 특히 물리적 혹은 심리적 강요와 결합되면 쉽게 학대성 관계 즉 어린이에게 해가 되는 관계로 변하게 된다.

나는 아동 학대 문제 전문가들의 한 모임에서 보노보 연구 결과를 발표할 기회가 있었다. 학회에 참석한 전문가들은 버넌, 케빈, 칼린드 등이 서구 사회의 일원이었다면 징역 20년감은 되지만 이들의 행동에서 걱정해야 할 요소는 하나도 없다는 결론에 모두 동의했다. 이 수컷들이 유소년기 혹은 아동기 보노보들의 '동의' 없이 그들에게 올라탄 적은 한번도 없었다. 동의 없이 그러한 행동을 했다면 어린것들은 벗어나려고 몸부림치고 올라탄 쪽에서는 이를 막기 위해 붙잡는 노력을 벌여야 했을 것이다. 이들 사이의 접촉들은 짧고 우호적이었고 종종 새끼들 쪽에서 먼저 청하는 경우도 있었으며 실제적인 삽입 행위는 없었다. 아동 성 학대는 인간만의 고유한 병리 현상일지도 모른다.

보노보들이 재미만을 위해서 성행위를 하는 경우는 별로 없다. 다시 설명하겠지만 대부분의 올라타기나 짝짓기는 긴장된 상황에서 벌어진다. 성행위를 '사랑을 나누는' 행위로 보는 낭만적인 시각이나, 자손을 보기 위한 행위로만 보는 관점은 이들 보노보들과 관련해서는 적대 행위에 대한 대안으로서의 성행위라는 개념으로 확대되어야 한다. 보노보들은 성행위를 고대 중국의 할머니들이 행했다는 것과 비슷한 방식으로, 즉 진정시키는 기능으로 이용한다. 따라서 보노보들 사이의 에로틱한 상호 작용은 집단의 화합에 필수적일지도 모른다. 그러나 성행위의 기능이 이렇게 광범위하다고 해서 그것이 자손 증식 기능을 방해하는 것은 아니다. 수컷들은 다 자란 암컷들과의 접촉에서만 사정하기 때문이다.

성 계약 가설

보노보들은 날마다 정오 무렵이 되면 간식을 받는다. 기다리고 기다리던 사육사가 잎이 무성한 나뭇가지 한 아름이나 싱싱한 바나나 나무 새순 등을 들고 들어오는 것이 보이면 즉시 수컷들의 성기가 발기하기 시작해서 먹이가 우리 안으로 던져질 때면 절정에 달한다. 수컷들의 성기는 보통 때 5% 정도의 시간에만 발기 상태를 유지하는데, 먹이를 받아먹는 동안에는 그러한 수치가 50%로 증가한다. 이처럼 간단한 수치만 보아도 보노보들에게서 먹이와 성이 얼마나 깊이 관련되어 있는지 짐작할 수 있다. 성적인 행동은 보노보들끼리 부탁을 하고 먹이를 나눠 먹는 행동의 핵심적인 일부분인 셈이다.

처음에는 집단에서 가장 서열이 높은 놈이 먹이를 차지하고 다른 놈들은 자기 몫을 받기 위해 주변으로 모여든다. 손으로 먹이를 달라고 부탁하는 제스처를 취하는 경우는 거의 없다. 대신 우두머리의 얼굴 가까이에 자기 얼굴을 대고 입에 들어가는 이파리를 한 잎 한 잎 심각하게 주시한다. 어떨 때는 너무도 쳐다보는 데 집중한 나머지 우두머리를 따라 씹는 시늉을 하기도 한다. 이런 모방 행동에 흥분된 신음과 비명 소리가 어우러지는데, 그럴 때면 먹이가 채 다 분배되기도 전에 모두 함께 성찬을 즐기고 있는 것 같은 느낌마저 든다. 먹이를 기다리는 낮은 서열의 보노보들은 부드러운 신음 소리와 함께 부루퉁 표정pout face이라고 부르는, 입술을 쑥 내민 표정을 지어서 욕구를 표현하기도 한다. 이처럼 딱해 보이는 표정은 특히 주위에 모여든 구걸꾼들 중 하나가 먹이를 애절하게 만지고 냄새 맡고 있는데도 먹이를 쥔 쪽이 나눠 주기를 거부할 때 많이 사용된다.

감정을 잘 조절할 줄 아는 보노보들은 화가 난다고 해서 쉽게 떼를 쓰거나 투정을 부리지 않는다. 다 자란 보노보가 떼를 쓰기 직전까지 가는 것은 딱 한 번밖에 본 적이 없다. 당시 성기가 부풀어 오르는 시기가 아니었

카코가 부루퉁 표정을 지으며 제일 친한 친구 라나의 먹이에 손을 대보고 있다(위 사진). 몇 분 뒤 라나(오른쪽)와 카코는 먹이를 얻지 못해 달려들고 있는 아킬리(왼쪽)에게 공동 방어 전선을 펴기 위해 서로 껴안고 있다(샌디에이고 동물원).

던 만큼 로레타는 버넌에게서 먹이를 나눠 받기가 쉽지 않았다. 커다란 나뭇가지를 한 아름 안고 있는 버넌을 계속 따라다니던 로레타는 버넌이 물이 없는 해자로 내려가는 체인을 잡자 참지 못하고 부루퉁 표정을 지으며 버넌을 껴안았다. 그래도 효과가 없자 이번에는 발작적인 동작을 하면서 버넌 앞에 몸을 던졌다. 비슷한 상황에서 침팬지들이 벌일 광경에 비하면 로레타가 보여준 실망의 몸짓은 짧으면서도 교양 있었다. 그러나 그것도 별다른 효과를 발휘하지 못했다. 하지만 결국 성기가 부풀어 오르는 시기든 아니든 먹이를 제일 많이 차지하는 놈은 항상 로레타라는 것을 덧붙여야 할 것이다. 달라지는 것이라곤 버넌이 얼마나 오랫동안 먹이를 갖고 있느냐 하는 것뿐인데, 한번도 10분을 넘어서지는 않았다.

두번째 소집단에서는 상황이 달랐다. 루이스는 이기적인 우두머리였다. 케빈은 루이스에게서 먹이를 나눠 받을 때까지 오래 기다려야 했다. 예를 들어 어느 날 커다란 바나나 나무 네 조각이 메뉴로 나온 적이 있었다. 루이스가 처음 두 조각을 차지한 뒤 케빈이 세번째 조각 쪽으로 다가섰다. 내내 루이스의 눈치를 살피며 조심스레 바나나 나무 조각을 만지작거리거나 손가락을 빨던 케빈이 마침내 먹이를 집어 들려 하자 루이스가 달려들어 가로채 갔다. 네번째 조각도 루이스 차지였다. 그러나 항상 먹을 수 있는 양보다 욕심만 더 많았던 루이스는 결국 30분 후에 두 조각은 손도 대지 못한 채 케빈에게 양보해야 했다.

그보다 덜 무거운 먹이를 받을 때면 케빈은 아직 새끼여서 어미의 먹이에 자유롭게 접근할 수 있는 레노어와의 친분에서 큰 도움을 받기도 했다. 한번은 우리에 던져진 나뭇가지 전부를 루이스가 독차지한 적이 있었다. 그러자 성기가 발기된 케빈은 레노어에게 손을 내밀었다. 배 위에 레노어가 올라오자 케빈은 몇 번 하체를 움직이는 동작을 했다. 그러자 레노어는 아무렇지도 않게 루이스 엉덩이 옆에 잔뜩 쌓인 나뭇가지 중에서 두 개를 집어 케빈에게 내밀었다. 케빈은 한 손으로는 레노어의 등을 정답게 다독이면서 다른 한 손으로 먹이를 받아들였다. 그러고는 레노어가 배달해준 먹이를 루이스에게서 멀리 떨어진 장소로 가져가 먹었다. 그러나 레노어가 항상 성공했던 것은 아니다. 레노어가 무슨 짓을 할지 잘 아는 어미 루이스는 레노어가 그 자리에서 먹이를 먹으면 아무런 제재도 하지 않았지만 가지를 들고 다른 곳으로 가려 하면 뺏으려 했다.

유인원들 사이의 먹이 분배는 먹이를 가진 쪽에서 적극적으로 나눠주는 방식으로 이루어지는 적이 거의 없다. 1971년 토머스 패터슨이 샌디에이고 동물원의 보노보들 사이에서 관찰한 다음의 사례는 극히 이례적이다. 린다의 두 살 난 딸이 부루퉁 표정을 한 채 어미를 올려다보면서 칭얼거렸다. 린다는 먹이를 갖고 있지 않았지만 새끼가 무엇을 원하는지 이해한 듯했다. 보통 새끼들이 이런 신호를 보내는 것은 젖을 먹고 싶다는 뜻이지만 린다의 새끼들은 모두 사람들 손에서 젖병에 든 우유를 먹고 자라다가 린다의 젖이 끊긴 지 한참 뒤에야 집단으로 돌아왔다. 린다는 샘으로 가서 물을 입에 가득 물고 돌아와서는 새끼 앞에 입술을 쑥 내밀고 앉았다. 새끼는 어미 입에서 물을 빨아먹었다. 린다는 이런 과정을 세 차례나 반복했다.

위와 같은 사례는 보노보의 먹이 공유에 관해 많은 것을 알려주지만 일반적인 것이라 보기는 어렵다. 내가 연구하는 동안 먹이의 '흐름'은 대부분 세 가지 유형, 즉 애원을 통한 공유, 편안한 분위기에서 같이 먹기, 당당한 태도로 자기 몫을 주장해서 차지하기 중의 한 형태에 따라 이루어졌다.

애원을 통한 공유는 원래 먹이를 갖고 있던 놈에게서 상당한 양의 먹이를 나누어 받고 끝나는 경우가 종종 있었다. 예를 들어 먹이를 쥔 버넌에게 로레타나 칼린드가 여러 차례 접근해서 애원하는 표정을 지으면 버넌은 쥐고 있던 나뭇가지를 둘로 나눠 자기는 적은 쪽을 들고 다른 쪽으로 가버린다. 그러한 행동은 자기가 남겨둔 먹이가 어떻게 될 것이라는 것을 모르지 않는다는 의미에서 '주는 행위'에 근접해 있다.

편안한 분위기에서 한 무더기의 음식을 같이 먹는 패턴은 아주 친밀한 개체들 사이에서 많이 관찰되었다. 예를 들어 루이스와 녀석의 딸, 라나와 녀석의 양아들 카코는 종종 이렇게 먹이를 나눠 먹었다. 가장 관용적인 이러한 유형은 모자간 이외에도 다 자란 두 암컷들 사이에서도 많이 관찰되었다.

다른 놈이 가진 먹이를 마치 당연하다는 듯 차지해버리는 행동은 물론 서열이 높은 쪽이 많이 사용하는 방법이다. 그러나 서열이 낮은 쪽도 이러한 유형을 사용할 때가 있는데, 특히 로레타는 자신이 성적으로 수컷들의 관심을 끌 수 있는 기간에 이런 행동을 많이 했다. 로레타는 버넌과 짝짓기를 한 다음 높은 소리로 먹이 신호음을 내면서 버넌이 갖고 있는 먹이를 가져간다. 버넌에게는 나뭇가지 하나 챙길 기회도 주지 않는다. 어떨 때는 짝짓기를 하는 동안 버넌의 손에서 먹이를 채 가기도 한다. 그러한 장면을 담은 비디오테이프를 본 사람들은 이런 행동을 매춘 행위와 연관시키고 싶어 한다. 그러나 그런 식의 해석에는 문제가 있다.

여러 의미가 함축되어 있는 '매춘'이라는 단어를, 인간을 제외한 영장류 동물들에게 최초로 사용한 장본인은 1930년대 주커만과 여키스였다. 여키스는 1941년에 발표한 한 논문에서 "성적인 관계를 이용하는 암컷의 능력은 수컷보다 비할 수 없을 정도로 뛰어나다"고 결론지었다. 루스 허쉬버거는 『아담의 갈비뼈 Adam's Rib』에서 여키스의 해석을 조롱했다. 허쉬버거는 여키스의 암컷 침팬지 중의 하나인 조시를 등장시켜 암컷이 "천성적으로 종속적인 성"이라는 주장에 반대하는 입장을 펴도록 했다. 일시적으로나마 수컷 쪽이 그러한 입장에 동조하고 조시가 "마치 지배적인 성인 것처럼" 행동하도록 하자 조시는 "수컷 침프가 허락하지 않는 만족감은 내 인생에서 얻을 수 없다는 말인가? 빌어먹을" 하고 개탄한다. 이러한 비판은 최근 다른 페미니스트 저자들에 의해서도 다시 반복되고 있다.

먼저 어두운 골목 구석과 음침한 '시설들'을 연상시키는 이 단어부터 떨쳐버리자. 인류학자 헬렌 피셔는 1983년 발표한 『성 계약론 The Sex Contract』에서 러브조이와 모리스의 아이디어에서 영감을 얻어 만든 이론을 심도 있게 발전시켰다. 이 이론에 따르면 원시 인류 여성들이 남성들과 안정된 관계를 형성해 그들의 보호를 받기 위해 성을 사용했다고 한다. 피셔는 이를 이렇게 요약하고 있다.

> 남성과 여성들은 일을 나누고, 고기와 채소를 교환하며, 매일 잡은 사냥감이나 채집한 것을 공유하는 방법을 배우고 있었다. 꾸준한 성관계 때문에 일정한 파트너와의 관계가 확립되기 시작했으며 경제적 상호 의존성은 그러한 관계를 한층 결속력 있게 만들어주고 있었다.

피셔에 따르면 이러한 제도의 핵심은 여성의 강한 성적 욕구와 생리 주기에 관계없이 계속 관계를 맺을 수 있는 능력 그리고 얼굴을 마주 보는 체위(친밀감, 의사소통, 이해 등을 증진할 수 있는 자세)에 대한 선호 등이었다. 그러나 그러한 사태 전개는 오직 인간들에게서만 찾아볼 수 있는 것이라고 믿는 것으로 보아 저자는 아마 보노보는 모르는 것 같다. 그녀의 이론은 대부분 보노보에게도 적용 가능하기 때문이다.

이러한 성 계약 가설이 페미니스트들에게 불편하게 느껴진다면 그것은 그러한 이론이 남성과 여성이 갖는 권력 기반을 서로 완전히 다른 것으로 제시하기 때문이다. 즉 남성은 물리적 우월성을, 여성은 성적 매력과 가족 관계를 권력 기반으로 삼는다고 주장하고 있는 것이다. 이 두 가지 형태의 권력을 두고 어느 한쪽이 더 '천성적〔자연적〕'이라고는 할 수 없지만 여성의 권력의 토대가 덜 직접적인 것만큼은 사실이다. 침팬지 수컷과 암컷이 싸우는 것을 본 사람이라면 누구나 암컷이 목표를 달성하려면 근육과 이빨 이외의 다른 자원이 필요하다는 사실에 동의할 것이다. 따라서 성

간의 대결은 다른 규칙이 적용되는 사회적 경쟁의 장에서 이루어진다. 여기에서 암컷이 얼마만큼 결정적인 영향력을 확보할 수 있는가 하는 것은 수컷의 기질에 달려 있다. 무자비한 깡패 같은 수컷을 다룰 때 교묘한 전술은 아무 소용이 없다.

영장류 수컷들은 대부분 암컷과 어린 새끼들을 공격할 때 어느 정도 자제력을 발휘한다. 많은 동물원의 고릴라 집단들에서 수컷들은 암컷들을 어느 수준까지만 지배하는 것으로 관찰되고 있다. 만일 수컷이 집단의 불문율을 하나라도 어기기라도 하면 모든 암컷이 합세해서 그놈을 처벌한다. 사실 영장류 세계에서 수컷 고릴라와 싸워 이겨낼 수 있는 동물은 거의 없다. 자기보다 훨씬 작은 고릴라 암컷들쯤이야 몇 마리가 함께 덤벼도 능히 당해낼 수 있는 것은 물론이고 심지어 몇 마리쯤 죽이는 것도 가능하다. 그러나 암컷들이 한꺼번에 달려들면 심리적으로 위축되어 그러한 힘의 우위를 충분히 이용하지 못하는 것 같다. 암컷들이 큰 소리를 내며 거구의 수컷을 집단적으로 추격하거나 심지어 때리기까지 하는 광경은 그야말로 장관이다. 곤경에 빠진 수컷은 뇌에서 명령이라도 내려 손이 뒤로 묶여버린 것처럼 보인다.

버넌은 루이스와 로레타와 함께 있을 때(보노보 암컷들은 고릴라 암컷들에 비해 수컷과 몸집 차이가 별로 나지 않아서 루이스와 로레타가 연합하면 큰 힘을 발휘할 수 있었다)뿐만 아니라 로레타와 단 둘이 있을 때도 그와 비슷한 억제 기제를 보여주었다. 말라깽이 로레타는 강한 근육과 커다란 송곳니를 지닌 버넌의 적수가 못 되었다. 그럼에도 불구하고 버넌은 로레타와 물리적으로 싸우는 것을 피했다. 한번은 먹이통에 놓고 같이 먹어야 할 먹이를 버넌이 오기 전에 로레타가 공중에서 낚아챘다. 버넌은 털을 곤두세우고 몇 번이나 로레타 옆을 스치면서 돌격 과시 행동을 했지만 로레타는 겁에 질려 먹이를 떨어뜨리기는커녕 화를 내면서 버넌을 향해 휘파람 소리 비슷한 비명을 지르며 난폭하게 손짓을 해댔다. 버넌은 결국 칼린드에게 화풀이를 했고, 애꿎은 칼린드만 도망가야 하는 신세가 되고 말았다.

버넌이 암컷들에게 보이는 이처럼 유화적인 태도가 보노보 수컷들에게서 전형적인 것이라면 그러한 특징은 다른 많은 영장류들에게서보다 훨씬 더 평등한 암수 관계를 증진하는 데 기여할 수 있을 것이다. 나는 암컷이 우두머리 자리를 차지하고 있는 몇몇 보노보 인공 집단을 알고 있다. 문제는 성관계 또한 그러한 권력 균형에 공헌하는가 하는 점이다. 나는 그렇다고 생각하지만 앞에서 살펴본 이론들이 제시하는 것처럼 계산된 거래 형태로 작용하지는 않는다고 생각한다. 필자가 버넌과 로레타만 보았다면 앞의 이론에 찬성했을지도 모른다. 둘은 어느 정도 위 이론에서 제시하는 패턴에 부합되는 행동을 하기 때문이다. 그러나 성 계약 가설은 먹이를 먹는 시간에 행해지는 보노보들의 성관계를 모두 설명하지는 못한다. 먹이를 먹는 시간에 보노보들은 가능한 모든 연령, 모든 성별의 조합으로 성관계를 맺는데, 이러한 성관계는 둘이 서로 먹이를 나누어 먹는지 여부와 관계가 없으며, 반드시 서열이 낮은 쪽이 먼저 청하는 것도 아니다. 예를 들어 루이스와 케빈 사이에 벌어진 먹이와 관련된 짝짓기 횟수는 로레타와 버넌 사이의 그것과 거의 비슷했다. 루이스와 케빈의 경우 루이스가 서열이 훨씬 높았고 자기가 원하는 먹이는 모두 차지할 수 있었다. 루이스는 짝짓기를 한 뒤에도 케빈에게 먹이를 나눠 주는 일이 거의 없었다. 이러한 사례들은 성적 접촉에서 암컷들보다 수컷들이 이익을 얻는 경우가 더 적다고 한 여키스의 주장을 뒷받침해주지만 암컷들이 짝짓기를 할 때 항상 '대가'를 염두에 두고 있는 것은 아니라는 것을 증명하기도 한다.

먹이를 먹는 시간에는 다른 때보다 공격 행위가 더 많이 일어나는 것이 당연하다. 서로 원하는 것을 교환한다는 점을 강조하는 성 계약 가설과 달리 나는 성이 경쟁적인 성향을 희석하는 역할을 한다는 점을 강조하고 싶다. 보노보들은 라이벌과의 대결을 훨씬 더 즐거운 에로틱한 활동으로 대체한다. 이들의 성적 행동은 먹이 그 자체가 아니라 먹이를 둘러싼 긴장

침팬지와 보노보들이 화해하는 방식은 서로 많이 다르지만 둘 다 적에게 화해를 요청할 때는 손을 뻗는 신호를 사용한다(샌디에이고 동물원).

관계와 관련되어 있다. 이러한 메커니즘을 적극적으로 활용하는 녀석들이 종종 있는데 — 로레타가 그렇다 — 보노보들은 서열이 높은 쪽을 성으로 누그러뜨릴 수 있다는 것을 배울 수 있을 만큼 지능이 높기 때문이다. 그러나 이러한 주고받기의 관행은 이차적인 결과에 불과하다. 보노보들에게 성이 갖는 보다 기본적이고 근본적인 기능은 바로 갈등의 해소이다.

여기에 세번째 견해가 추가되면 이 문제는 한층 더 복잡해지게 되는데, 사실 이 세번째 견해는 아주 단순하다. 즉 먹이를 먹는 동안의 성행위는 흥분 현상 이상도 이하도 아니라는 것이 그것이다. 이 설명은 먹음직스러운 먹이에 대한 흥분은 성적 흥분으로 이어진다고 주장한다. 나의 연구 목적 중 하나는 이 문제에 대한 해답을 찾는 것이었다. 앞에서 주장한 대로 보노보의 성생활이 긴장되거나 불편한 관계를 해소하기 위한 목적으로 사용된다면 먹이의 유무가 전제 조건일 필요는 없다. 중요한 것은 공격 상황으로 번질 위험이 있는가 하는 점이다. 따라서 이제 남은 중요한 문제는 보노보들이 먹이와 관계없는 갈등도 성적 접촉으로 해소하는지 여부를 밝혀내는 것이다.

평화를 위한 성

자이르의 왐바에 있는 일본 연구팀의 연구 기지에서는 보노보들을 숲에서 유인해내기 위해 날마다 사탕수수를 미끼로 사용한다. 스에히사 구로다, 아키오 모리 등을 비롯한 연구팀은 그러한 방법으로 먹이와 성 사이에 존재하는 관계를 연구할 수 있었다. 모리는 비슷한 미끼 쓰기 방법을 사용해서 마할레 산맥에 사는 침팬지들에 대해 연구한 관찰 결과와 자신의 관찰 결과를 비교했다. 그는 보노보들의 사회성에 큰 인상을 받았고 나와 동일한 결론에 도달했다. 모리는 "성적 행동에서 자손 증식의 의미를 축소해 모든 성원들이 참여할 수 있는 친화적 행동으로 바꿈으로써" 평화로운 군집이 가능해진 것으로 보고 있다.

사람들이 먹이를 주게 되면 먹이를 구하러 다니는 평상시의 습관을 교란시키는 단점이 있기 때문에 다른 현장의 연구 센터에 있는 유럽의 영장류학자들은 그러한 방법을 사용하지 않고 보노보들을 관찰하고 있다. 문제는 빽빽한 숲 속에서 보노보들을 찾아내고, 이들이 겁을 먹고 달아나지 않게 하면서 관찰할 수 있는가이다. 아주 드물게 보노보들이 공격적인 추격전을 벌이는 경우 연구팀은 당사자들이 먼 곳으로 사라져버린 후에 이 추격전의 결과를 추측하는 것 말고는 도리가 없다. 이런 문제들 때문에 먹이와 관련된 것 외에는 야생 보노보들의 화해에 관한 데이터는 존재하지 않는다.

이 점과 관련해서는 나의 연구가 유일한 것이 되었다. 동물원에서는 싸우고 난 보노보들이 얼마 후에 화해하는지를 추적하는 데 아무 문제가 없었기 때문이다. 서로를 피할 수 없는 인공 환경에서는 야생보다 화해 빈도가 훨씬 더 높을지도 모르지만 아마 화해 방법 자체는 야생과 다르지 않을 것이다. 나는 샌디에이고 동물원에서 상상했던 것보다 훨씬 더 많은 데이터를 갖고 돌아왔다. 조교 캐서린 오푸트와 함께 비디오와 오디오테이프에 기록한 5천 건 이상의 사회적 상호 작용을 정리하는 데 1년 이상이 걸렸다. 이 자료는 현재 위스콘신 영장류 센터 컴퓨터에 저장되어 있어서 편리하게 이용할 수 있다. 여기서는 우리 주제와 가장 크게 관련되어 있는 분야, 즉 먹이와 관계없는 수백 건의 적대적 상호 관계에 대한 분석 결과만을 설명하고 넘어가도록 하자.

컴퓨터는 각각의 갈등이 벌어지기 전후의 행동을 소위 기준 레벨, 즉 평상시의 행동과 비교하도록 프로그래밍되어 있었다. 분석 결과 공격 상황이 벌어지기 전에는 그루밍의 빈도가 보통보다 적어지고, 공격이 끝난 뒤에도 얼마간은 빈도가 기준 레벨 이하에 머무르는 것으로 밝혀졌다. 반면 껴안기, 우호적 신체 접촉, 성적 접촉 등은 반대의 패턴을 보였다. 공격 행위가 벌어진 사건 직후에는 그러한 접촉률들이 급증해 25분 동안 기준 레벨보다 훨씬 높은 추세를 유지했다.

싸움을 벌인 일부 당사자들의 경우 측정된 변화는 상당히 극적인 것으로 나타나기도 했다. 예를 들어 버넌은 칼린드를 물이 없는 해자 쪽으로 자주 쫓아버리곤 했다. 대부분 칼린드가 로레타에게 성적으로 접근하는 것에 대한 반응이었다. 그러한 일이 있고 나면 이 두 수컷 사이의 격렬한 접촉은 보통 때보다 자그마치 열 배나 늘어난다. 버넌이 자기 음낭을 칼린드의 엉덩이에 대고 문지르거나 칼린드가 자기 성기를 버넌이 만지도록 내놓기도 한다. 다른 때는 서로 껴안고서 간질이기 놀이를 거칠게 벌이기도 했다. 이런 접촉을 거치지 않으면 버넌은 칼린드가 우리로 다시 들어가는 것을 허락하지 않았다. 따라서 해자에서 올라온 칼린드가 제일 먼저 해야 할 일은 버넌 근처를 기웃거리면서 우호적인 신호를 기다리는 것이었

버넌과 칼린드 사이의 갈등과 성을 통한 화해 과정을 연속적으로 보여주고 있는 사진.

위: 칼린드를 추격하는 버넌. 칼린드는 이미 보이지 않는다. 몇 분 뒤 칼린드(오른쪽)가 안전한 거리를 두고 눈을 맞추면서 버넌에게 다가간다. 개구리 같은 자세는 언제라도 도망칠 준비가 되어 있다는 뜻이다.

다음 쪽: 버넌(이제는 오른쪽에 있다)이 초조하게 미소 짓고 있는 칼린드를 껴안아주고 있다. 서로 눈을 맞추고 있다. 마지막 장면에서 버넌이 칼린드의 성기를 마사지해주고 있다(샌디에이고 동물원).

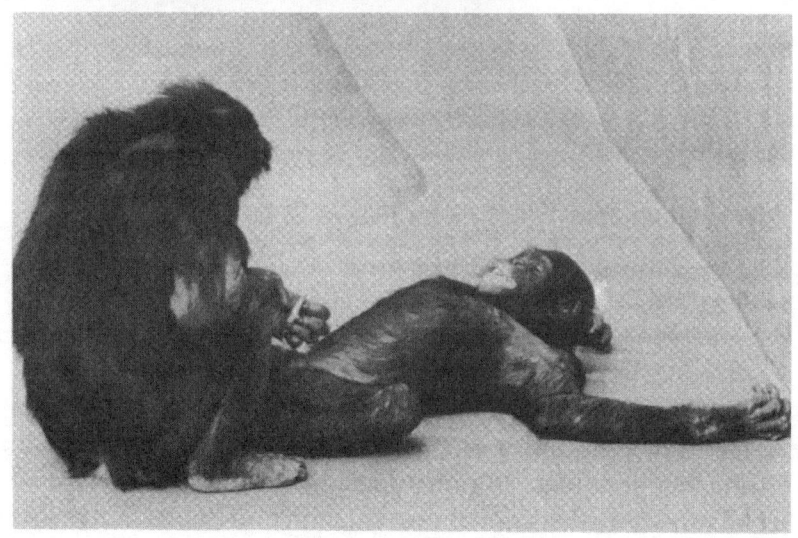

다.

　　종종 칼린드는 너무 겁을 먹은 나머지 극히 우호적인 신호마저 못 미더워했다. 칼린드가 내민 손을 버넌이 잡으려고 손을 뻗치면 칼린드는 손을 움츠리기도 했다. 그러면 버넌은 손을 펴고 손가락을 자신 쪽으로 빨리 움직이는 전형적인 "이리 와" 제스처를 취하곤 했다. 한참 망설이던 칼린드는 버넌의 손을 만지면서 미켈란젤로의 〈아담의 창조〉 그림의 중심에서 만나고 있는 두 손을 떠올리게 하는 장면을 연출했다. 이처럼 용감한 접촉이 아무 불쾌한 반응을 불러일으키지 않아야만 비로소 칼린드는 버넌의 손이 닿는 곳까지 다가서고 곧이어 화해를 하면서 흥분된 비명을 질러댔다.

　　다른 소집단에서는 케빈과 새끼 레노어가 싸움을 하고 나서 재미있는 에피소드가 벌어진 적이 있었다. 케빈이 야생 유인원들이 나뭇가지로 둥지를 만드는 것처럼 자기 주변에 체인과 밧줄을 갖고 둥근 둥지를 쌓기 시작했다. 케빈이 재료를 더 모아 오기 위해 자리를 비운 사이 레노어가 빈 둥지에 와서 앉았다. 돌아온 케빈은 레노어를 쫓아냈다. 그러나 레노어의 어미 루이스가 레노어의 날카로운 비명 소리를 듣고 경고하는 소리를 냈다. 어미의 경고음을 들은 레노어는 곧 마음을 가다듬고 케빈에게 달려들었다. 둘은 계속 아웅다웅하다가 결국 루이스가 레노어를 안아 올리고 케빈의 어깨를 팔로 감싸 안으면서 싸움은 끝이 났다. 몇 분이 지난 다음 새끼 레노어는 케빈에게 다가가 등을 바닥에 대고 누워서 성기가 케빈을 향하도록 하는 자세를 취했다. 케빈은 레노어 위에 올라타고 몇 번 허리를 움직이는 동작을 하고서 레노어를 안아 들었다. 그러나 그러는 와중에 케빈은 큰 실수를 했다. 내가 본 것으로는 처음으로 — 그리고 동시에 이때 한 번뿐이었다 — 레노어를 안고 루이스가 보이지 않는 곳으로 데리고 간 것이었다. 무슨 일이 일어났는지를 알아챈 루이스는 이 둘을 찾아 우리 전체를 황급히 헤매고 다녔다. 인생의 자랑이자 기쁨인 레노어를 안아 든 루이

버넌(왼쪽)이 계속 먹이를 나눠 달라고 귀찮게 하는 칼린드의 가슴을 주먹으로 리드미컬하게 치는 것으로 벌을 주고 있다. 칼린드는 가만히 앉아서 다 맞은 후 자리를 떴다. 이렇게 절제된 공격 형태는 보노보들의 전형적인 행동 유형이다(샌디에이고 동물원).

스는 상황을 이렇게 몰고 간 죄인의 발가락을 무는 것으로 벌을 내렸다. 그러나 얼마 지나지 않아 루이스는 케빈에게 돌아가 발을 손으로 쥐고 조심스럽게 피를 핥아주었다.

　위에서 소개한 사례들은 많은 예의 일부일 뿐이다. 공격 후 접촉 빈도가 늘어나는 현상은 널리 찾아볼 수 있다. 침팬지들은 화해할 때 입을 맞추고 껴안기는 하지만 성적인 행위는 거의 하지 않는 반면 보노보들은 먹이를 먹을 때와 동일한 성적 레퍼토리를 사용한다. 그것은 성적 행위를 공격적인 상황을 극복하기 위한 메커니즘으로 이용한다는 첫번째 확실한 증거이다. 성적 행위의 그러한 기능을 다른 동물 종(혹은 인간)에게서 찾아볼 수 없는 것은 아니지만 성을 통해 화해에 도달하는 기술이 보노보들에서 진화적 정점에 다다랐다고 해도 과언이 아닐 것이다.

이 점을 염두에 두고 관찰하면 상호 작용의 많은 부분이 특별한 의미를 갖는 것을 알 수 있을 것이다. 유소년기 보노보 집단에서 한번은 나무를 타던 레슬리 앞을 카코가 가로막은 적이 있다. 처음에 레슬리는 카코를 밀어보았다. 하지만 나무 타기에 그다지 자신이 없던 카코는 초조한 듯 이를 드러내면서 나뭇가지를 잡고 있던 손에 더 힘을 주었다. 그러자 레슬리는 나뭇가지를 놓게 하려는 듯 카코의 손을 이로 갉았다. 카코는 그저 날카로운 비명만 한 번 지르고 자리에서 움직이지 않았다. 그러자 레슬리가 자기 성기를 카코의 어깨에 대고 문질렀다. 이에 안정을 되찾은 카코가 자리를 비켜주었다. 레슬리는 거의 완력을 사용할 만큼 상황이 악화된 순간 힘을 쓰는 대신 성기 비비기 행동을 통해 카코와 자신을 모두 안심시켜서 위기를 모면한 것처럼 보였다.

다른 사례를 하나 더 살펴보자면, 다 자란 암컷 루이스와 로레타가 카드보드 상자를 두고 빼앗기 놀이를 벌이고 있었다. 둘 다 장난스러운 기분으로 펄쩍펄쩍 뛰어다니면서 상대방에게서 상자를 채 가며 놀고 있었다. 루이스는 놀이를 주도하려고 했다. 녀석은 상자를 뺏기지 않으려고 했고 그래도 로레타가 계속 상자를 뺏으려 하면 주먹으로 꽤 세게 때리기까지 했다. 이 모든 행동은 놀이 표정을 하고 웃는 소리를 내면서 장난스러운 분위기에서 벌어졌다. 그러나 어린 유인원들의 경우 이런 놀이는 금방 싸움으로 번질 수 있는데, 나는 둘 사이에도 불이 붙기 직전이라는 것을 느낄 수 있었다. 그때 새로운 요소가 도입되었다. 밀고 당기기가 팽팽해졌을 때 루이스가 로레타에게 GG 마찰을 청한 것이다. 놀이가 계속되는 동안 몇 번의 GG 마찰이 이루어졌고, 결국 끝까지 불미스러운 사태는 일어나지 않았다.

이러한 사례들에서 공격적인 상황이 벌어지지 않은 것이 성적 '대안'을 사용했기 때문인지는 확실하지 않다. 거의 일어날 뻔한 행동을 측정하기는 힘들기 때문이다. 동물들의 기분과 의도에서 나타나는 그처럼 미묘한 변화를 기록할 수 있는 새로운 기술이 동물행동학계에서 개발되면 특정 종의 동물들이 서로 어떻게 반응하는지를 더 잘 이해할 수 있게 될 것이다. 인간의 감정에 민감한 정도를 측정 기준으로 삼는다면 유인원들이야말로 언어를 통하지 않은 암시를 알아채는 데 명수다. 다 자란 유인원들과 작업하는 사람이라면 누구나 이 동물들에게 자기 감정을 다 들키고 있다는 느낌을 갖지 않을 수 없을 것이다. 우리 인간 자신이 그날 얼마나 초조하고 우울하고 신경질이 나는지 등등을 알아차리기도 전에 유인원들은 갖가지 기분에 반응한다. 또 이들은 우리가 수의사가 금방 도착할 것이라는 등 뭔가 불쾌한 일을 감추려 할 때 우리 마음을 읽을 줄도 안다. 그러한 통찰력은 유인원들 사이에서도 작용해서 우리 인간들이 느끼는 것처럼 갈등 상황이 금방 닥칠 것이라는 것을 느끼고 가능하면 예방책을 쓸 수 있도록 하는 것 같다.

보노보 집단의 갈등은 아른헴 동물원의 침팬지 집단에서보다 화해로 끝나는 빈도가 더 높았다. 이에 대해서는 두 집단의 규모가 다르고 각 집단에 배당된 공간의 넓이도 서로 다르기 때문에 그러한 발견을 제대로 평가하기가 어렵다는 점을 얼른 덧붙이지 않을 수 없다. 하지만 다음에 설명할 또 하나의 큰 차이점은 사육 조건과 연관짓기는 힘든 것처럼 보인다. 싸우고 나서 화해를 신청하는 쪽은 보노보의 경우 대부분 서열이 높은 쪽이지만 침팬지들은 그렇지 않다. 공격 행위가 곁들여진 대립 상황을 시작하는 것은 보통 서열이 높은 쪽이므로 위에서 언급된 대로 서열이 높은 쪽이 화해 과정을 시작한다는 사실은 보노보들의 경우 죄를 지은 쪽이 먼저 상황을 수습하려는 노력을 기울인다는 뜻으로 해석할 수 있다. 마치 참지 못하고 화를 내버린 것을 후회라도 하는 듯 말이다. 따라서 가장 어리고 가장 힘없는 성원이 위협과 경미한 처벌들을 많이 받긴 하지만 거의 항상 이내 위로를 받곤 한다. 이것은 집단 내 모든 소집단에서 예외 없이 관찰되었다. 그 결과 보노보들의 사회생활을 지배하는 것은 동정심이라는 인상을 받게 된다.

이런 관점에서 볼 때 보노보들의 싸움에서는 침팬지들에게서 종종 관찰되는 오랫동안 때리기, 발로 밟기, 물기 등의 행동이 한번도 관찰되지 않은 것은 놀라운 일이 아니다. 물리적 공격 행위가 없는 것은 아니지만 1초 이상 지속되는 적은 거의 없었다. 케빈이 레노어 옆을 지나치는 돌격 과시 행동을 하면서 등을 치고 지나가거나 레슬리가 아킬리의 손을 채다가 손가락을 물고 놔주는 정도의 행동이 대부분이다. 공격하는 쪽은 앞을 향해 사납게 돌진하기는 하지만 충돌하기 직전에 모종의 내부 브레이크를 거는 것처럼 보인다. 한번은 버넌이 불쌍한 칼린드를 지칠 때까지 추격한 적이 있었다. 아직 다 자라지 않은 칼린드가 구석에 쭈그리고 앉았을 때 나는 진짜 큰일이 벌어질 줄 알았다. 털을 모두 곤두세운 버넌은 전속력으로 돌격했지만 마지막 순간에 멈춰 서서는 소리를 지르고 있는 칼린드의 등을 가볍게 한 번 찌르더니 다른 쪽으로 걸어가 버렸다. 마치 그 이상의 행동은 전혀 생각하지도 않았다는 듯한 태도였다.

다른 연구자들도 보노보 종의 놀라울 정도의 부드러움에 주목한 바 있지만 동시에 한 가지 명심해야 할 점은 10년 전까지만 해도 고릴라와 침팬지에 대해서도 그와 동일한 견해가 넘쳐났다는 사실이다. 이제는 그들에 대해 우리 모두 훨씬 더 잘 알고 있다. 최근 다카요시 가노는 야생 보노보들의 비정상적인 신체 상태에 대한 충격적인 보고서를 발표했다. 손가락, 발가락, 심지어 손 전체가 없는 보노보들이 놀라울 정도로 많아서 수컷의 3분의 2, 암컷의 3분의 1이 이러한 결함을 갖고 있는 것으로 집계되었다. 가노 박사는 이에 대한 원인으로 여러 가지 가능성을 들고 있다. 선천적 기형, 밀렵꾼들의 덫, 독사, 나무에서 떨어지는 사고, 다른 동물 종과의 싸움 등등이 그러한 예이다. 그런데 수컷들, 특히 다 자란 수컷들 사이에 신체적 결함과 불구가 더 많이 발견된다는 것은 그러한 현상이 공격 행위와 연관되어 있다는 것을 의미한다. 그리고 보노보들이 상대의 신체 말단 부위를 주로 물어뜯는 경향이 있다는 사실이 그러한 결함의 본질을 설명해줄 수도 있다.

가노 박사는 심지어 고환 두 쪽이 다 없는 수컷을 만난 적도 있었다고 한다. 그것은 싸움에서 얻은 상처일 수도 있는데, 그러한 가능성을 떠올리게 되자 루이트의 운명이 연상되면서 보노보들을 평화의 동물로 성급히 이상화하지 말아야 한다는 생각이 들었다. 다른 유인원 연구에 비해 보노보에 대한 연구는 아직 미미한 단계로, 예를 들어 그들의 집단 간 관계 등에 관해서는 알려진 바가 거의 없다. 혹시 폭력 사태가 벌어진다면 아마도 영토를 놓고 벌어지는 싸움이 대부분일 것이다.

아직까지는 이 모든 것이 추측일 뿐이다. 그러나 다시 한번 강조하고 싶은 것은 사회 집단을 이루고 사는 보노보들은 가장 가까운 친척인 다른 영장류 종들보다 훨씬 덜 호전적이라는 점이다. 상대에게 심한 손상을 가하는 싸움은 한번도 관찰된 적이 없다. 심지어 부자간에 심각한 권력 갈등을 벌인 프랑크푸르트 동물원의 보노보 집단에서조차 격렬한 싸움은 벌어지지 않았다. 이 두 마리 수컷 보노보는 가끔 상대방을 주먹으로 치기는 했지만 우두머리 자리를 뺏고 빼앗기는 스트레스 쌓이는 몇 달 사이에 아비가 두 건의 경상을 입은 것을 빼고는 다른 부상은 없었다. 게다가 이 두 마리는 다른 네 마리의 보노보들과 함께 한 우리에 갇혀 있었다. 보노보들 사이의 갈등 관리 기술은 고도로 발달되어 있어서 갈등을 완화하는 것이 규칙이며 갈등의 악화는 드문 예외에 속하는 것이 분명하다.

에필로그

내가 떠나기 몇 주 전에 샌디에이고 동물원에서는 두 성인 보노보 소집단이 합쳐졌다. 두 집단 성원들이 서로를 모를 리는 없었다. 날마다 밤을 보내는 우리에서 서로에 대해 보고 듣고 해왔기 때문이다. 그러나 2년 동안 물리적 접촉이 없었기 때문에 우리는 상당히 걱정했다. 특히 버넌과 청년기의 케빈 사이를 가장 많이 걱정했다. 둘은 서로 상처를 입히지 않을까? 상황을 좀더 잘 통제하기 위해 우리는 두 마리만 먼저 만나도록 일정을 잡았다. 여러 명이 이 광경을 자세히 기록할 수 있도록 나를 도와주었으며, 사육사들은 케빈이 도망가야 할 경우를 대비해서 문을 열 준비를 하고 있었다.

처음에는 둘 다 상대방 주변을 돌면서 빠르게 번갈아가며 소리를 지

버넌(왼쪽)과 케빈이 긴장감이 감도는 가운데 처음으로 대면하는 장면. 케빈은 다리를 벌려 성기를 내보인다. 나중에 두 수컷은 서로를 껴안고 안정을 되찾았다(샌디에이고 동물원).

르는 감정적인 대화를 나누었다. 둘 다 발기했으며, 상대방에게 자기 성기를 자주 내보였다. 케빈은 손을 벌리는 제스처로 버넌에게 다가오라는 신호를 보냈으며 때로는 참을성 없이 손을 흔들기도 하고 때로는 손가락으로 다가오라는 신호를 보내기도 했다. 그러나 나이가 더 어린 케빈은 감히 버넌에게 가까이 다가가지 않았으며 버넌도 거리를 유지했다. 양쪽의 비명 합창곡은 장장 6분 동안 계속되었다. 그러나 극히 초조하게 들리긴 했지만 공격적이지는 않았다. 양쪽 모두 접촉을 원하지만 상대가 과연 신뢰할 만한지 모르는 것 같았다. 갑자기 버넌이 케빈의 성적인 초대에 응해서 케빈 쪽으로 다가갔다. 활짝 이를 드러낸 얼굴로 둘은 마주 보고 껴안았고 버넌은 케빈의 성기에 자기 성기를 대고 몇 번 움직였다. 두 수컷은 즉시 안정을 되찾았고, 주변에 뿌려진 건포도를 줍기 시작했다. 이제는 비명을 지르는 대신 먹이를 먹을 때 내는 흥분된 소리를 내기 시작했다. 일이 이렇게 쉽게 풀리게 된 데 대해 연구팀은 모두 안도의 한숨을 내쉬었다. 자기들이 기르는 동물들에 대해 늘 대단한 자부심을 갖고 있는 사육사들은 보노보들이 싸움을 벌이기에는 너무 영리하다고 주장했다. 한 시간 뒤 다른 보노보들도 아무 문제 없이 서로 만났다. 새 집단은 다 자란 수컷 한 마리, 다 자란 암컷 두 마리, 청년기 수컷 두 마리, 암컷 새끼 한 마리로 구성되었다. 이렇게 해서 확대된 집단에 대해서는 두 마리의 성인 암컷 사이에 벌어진 성적 행동을 포함해 이미 앞에서 몇 장면을 소개한 바 있다. 몇 주 사이에 버넌은 루이스와 밀접한 관계를 맺었다. 처음에는 어린 레노어가 샘을 내서 버넌의 머리 위에 올라가 뛰기도 하고 버넌이 자기 어미 루이스에게 그루밍을 해주면 녀석의 눈을 후려치기도 했다. 버넌은 레노어를 귀찮은 벌레를 쫓아내듯 가끔 손으로 휘저어 쫓아내기도 했지만 대개는 참을성 있게 행동했다. 하지만 젊은 수컷들에 대해서는 점점 참을성을 잃어갔다.

    몇 달 동안 긴장이 고조되자 청년기 수컷들을 집단에서 빼내기로 결

두 소집단을 합친 후 가장 흥미로웠던 새로운 관계 중의 하나는 로레타(오른쪽)와 루이스(왼쪽) 사이의 관계였다. 두 암컷은 결코 싸우지 않았지만 루이스의 딸이 로레타의 먹이에 손을 대서 가끔 긴장감이 감돌 때가 있었다. 레노어가 자기 먹이를 탐낼 때 이를 거부하면 루이스의 분노를 살 것이 뻔하기 때문에 로레타는 곤경에 빠지곤 했다. 사진에서 로레타는 이를 활짝 드러내며 레노어에게 자기 손을 쥐어주면서 나뭇가지를 레노어의 손에 닿지 않는 곳으로 옮기고 있다. 여기서 이를 드러내는 표정은 짧은꼬리원숭이들의 경우와는 달리 복종의 신호가 아니다. 로레타는 레노어보다 확실히 서열이 높지만 로레타를 달래려 하고 있다. 보노보들에게서 그러한 신호는 인간의 미소와 거의 비슷한 용도로 사용된다(샌디에이고 동물원).

정했다. 어차피 잘된 일이었다. 둘은 모두 가임 연령의 암컷들과 오누이 관계였기 때문이다. 보통 형제자매 사이에서 성적 관심도는 아주 낮지만 케빈과 칼린드는 예외였다. 이 둘은 근친 교배를 방지하는 자연적인 통제 기제가 생기기에는 누이들을 만난 시기가 (동물원 육아실에서 시간을 보낸 뒤) 너무 늦었다. 케빈과 칼린드는 다른 동물원에 보내져서 친척 관계가 아닌 암컷들과 짝지어질 예정이었다. 그러는 동안 둘은 유소년기 보노보들을 모아놓은 집단에 머물렀다.

1985년 여름 샌디에이고를 다시 방문했을 때 보노보들은 전에 사용하던 우리보다 적어도 네 배 이상 큰 공간에 지어진 훨씬 좋은 시설에서 생활하고 있었다. 또 동물들을 돌보는 직원들이 놀라울 정도로 많은 점을 개선한 것을 보고 깊은 인상을 받았다. 아침에 보노보들을 우리로 풀어놓

두 소집단을 합친 지 몇 달이 지나면서 버넌은 두 청년기 수컷들에게 너무나 적대적으로 되어, 젊은 수컷들은 집단에서 격리되어야 했다. 사진은 버넌(왼쪽)과 칼린드가 좀더 사이가 좋았던 시절에 찍은 것이다. 버넌이 칼린드의 겨드랑이를 간질이자 칼린드가 거의 숨이 넘어갈 듯이 웃고 있다(샌디에이고 동물원).

기 전 사육사들은 작은 먹이들을 풀 속, 덤불 밑, 심지어 땅속에까지 감춰 놓았다. 그리고 땅에 건포도를 뿌려놓고 해바라기 씨를 통나무 등에 특별히 뚫어놓은 구멍에 부어놓았다. 인조 흰개미 둔덕에는 꿀을 담아놓아 긴 풀뿌리나 나뭇가지를 구멍으로 집어넣어 먹을 수 있도록 해놓기도 했다.

소위 풍요로운 환경을 만들자는 움직임이 동물원들 사이에 인기를 더해가고 있다. 그렇게 하면 동물들은 따분해지지 않고 무감증을 예방할 수 있어서 동물들의 정신적·신체적 건강에 모두 좋을 것이다. 또 관람객에게도 더 흥미로운 광경을 보여줄 수 있을 것이다. 사육사들은 환경을 풍요롭게 만드는 프로그램이 보노보들의 일상적인 리듬을 보다 자연스럽게 만들어준다고 믿고 있다. 매일 아침 보노보들은 모래를 파보고 덤불을 흔들어보고 흰개미 둔덕에서 꿀을 꺼내 먹는 데 몇 시간씩 몰두하곤 한다.

이러한 '보물찾기'를 하는 유인원들을 대상으로 나의 연구를 반복해보면 흥미로울 것이다. 나는 녀석들을 며칠 아침 동안 관찰하면서 먹이의 발견이 에로틱한 활동을 어떤 식으로 촉진하는지 살펴보았다. 한번은 애틀랜타에서 새로 온 어린 리사가 모래를 파다가 오렌지를 발견했다. 오렌지를 꺼내기 전에 리사는 다른 보노보들이 무엇을 하는지 살피기 위해 주위를 한번 둘러보았다. 이제 유소년기 집단의 우두머리가 된 케빈이 리사의 발견에 대해서는 전혀 모른 채 다가오고 있었다. 리사는 즉시 오렌지를 그대로 둔 채 케빈에게 다가가서 등을 대고 누운 뒤 케빈의 어깨를 붙잡았다. 이어서 벌어진 짝짓기에서 리사는 큰 소리를 질렀다. 그런 다음 서둘러 다시 오렌지가 있는 쪽으로 돌아가서 보물을 파냈다. 그러한 접촉이 없었다면 케빈이 어떻게 행동했을지 짐작할 수는 없지만 이제 녀석은 리사의 오렌지에 손을 대지 않았고 심지어 칼린드가 뺏으려 하자 리사를 방어해주기까지 했다.

보노보들의 사회적 성행위를 제쳐두고서는 보노보 사회를 상상하기가 힘들다. 그것은 마치 윤활유가 없는 엔진과 같을지도 모른다. 성을 통한 갈등 해소는 보노보 사회 조직의 핵심 요소로, 각 성원은 그것의 전략적 가치를 어려서부터 배운다. 특히 암컷들에게 중요한 것 같은데, 현장 연구자들이 보고하는 대로 암컷들이 중심적인 사회적 위치를 차지하고 있는 것도 이로부터 설명할 수 있을 것이다. 침팬지들에게서는 찾아볼 수 없는 보노보 고유의 GG 마찰 관습을 공유하는 암컷들끼리뿐만 아니라 양성 간에도 가깝고 균형 잡힌 관계가 형성된다. 어쩌면 우리 인간의 조상들도 상대와 자신을 안심시키고 관계를 굳건히 해주는 성의 역할을 가족의 삶 안으로만 제한하기 전에 이와 비슷한 단계의 사회 조직을 거쳤을지도 모른다. 심하게 다툰 어떤 커플이 침대로 가서 화해 과정을 마무리했다면 보노보와 흡사하게 행동한 것이라고 할 수 있을 것이다.

보노보와 침팬지 중에서 어느 쪽이 더 우리 인간을 닮았는지를 묻기보다는 이들이 우리의 사회생활의 어떤 요소를 공유하고 있는지 그리고 어떤 요소가 인간 고유의 것인지를 묻는 것이 더 유익할 것이다. 자연에서 통일성과 다양성은 항상 함께하는 요소인데 인간의 독보성만 너무 강조하는 습관에 빠지다 보면 더 큰 그림을 놓치게 된다. 우리는 우리가 일부를 이루고 있는 거대한 음악의 주제 선율과 변주곡을 모두 식별할 필요가 있다. 주제 선율은 — 아마도 공동의 조상 덕분에 — 우리가 유인원들과 공유하고 있는 형질을 가리키며, 변주곡은 지난 몇 백만 년 사이에 진화한 것이든 아니면 문화적으로 덧붙여진 것이든 간에 각 종마다 지닌 고유한 요소들을 가리킨다. 보노보에 관한 연구 결과 기본적인 주제 선율이 확인되기도 했지만 전혀 예상치 못했던 일련의 새로운 변주곡도 발견되었다. 이 모든 것은 틀림없이 앞으로 나올 인간 진화 이론에 큰 영향을 줄 것이다

6

인간

"친구가 아니면 누구를 치겠는가?"
— 랄프 리처드슨 경이 알렉 기네스 경의 턱을 주먹으로 치기 전에.

인간의 공격성에 대한 연구를 불행이다 싶을 정도로 크게 방해하는 문제가 또 있다. 문제가 무엇인지를 명확히 파악하기도 전에 그것을 어떻게 처리해야 할지를 생각해내야 한다는 압력이 연구의 후원자나 원 구원 본인들의 양심으로부터 나와 연구원들을 짓누르는 것이다.
— 폴 보하난

만약 네 종의 서로 다른 영장류가 통상 싸운 후 화해하는 것을 관행으로 삼고 있다면 이들과 가까운 친척 관계에 있는 또 다른 종의 행동도 이들 동물과 비슷한 기원을 갖고 있을 것이다. 다섯번째 거론되는 종이 다른 동물이었다면 아무도 이러한 추론에 반론을 제기하지 않을 것이다. 그러나 필자가 이야기하고자 하는 종이 '창조의 절정'인지라, 논란이 일어날 것은 불 보듯 뻔하다. 동물들은 본능의 노예라고 간주되는 반면 인간들은 지능을 가진 생명체라고 믿어지고 있다. 하지만 그러한 구분은 그다지 명확한 것이 아니다. 동물들이 모두 자동적으로 반사 행동을 하는 것도 아닐뿐더러 인간들도 마음속 깊이 자리 잡은 욕망과 감정에서 자유롭지 못하기 때문이다.

인간이라는 종을 이해하는 것은 특히 어려운 과제이다. 본인도 일부인 종에 대해 진정 객관적인 시각을 갖는 것 자체가 거의 불가능하다는 점을 감안하면 이 문제를 둘러싸고 수많은 학파와 대립적인 이론이 존재하고 있는 것은 그다지 놀랄 일도 아니다. 이 모든 관점이 각기 나름대로 수용될 수 있는 여지가 있지만 한 가지 접근법만큼은 인간 행동을 연구하는 과학자들로부터 한결같은 적대감에 부딪히고 있다. 생물학자들의 접근법이 그것이다. 하지만 나는 생물학자들의 관점이 다른 관점들과 다르면 다를수록 그것을 검토해볼 여지가 있다고 생각한다. 상이한 견해들을 무시해서는 과학적 발전이 이루어질 수 없기 때문이다.

이 마지막 장의 목적은 이중적이다. 먼저 사적인 인간관계에서 벌어지는 화해 행위에 대한 데이터가 놀라울 정도로 부족하다는 점을 강조하고, 둘째, 동물의 행동과 인간의 행동을 병치해 비교함으로써 우리 자신의 그러한 측면을 새롭고 (잠재적으로는) 계몽적인 관점에서 성찰해보는 것이 그것이다. 많은 부분 추측에 의존해야 하지만 원숭이들과 유인원들의 복잡한 심리 상태를 아주 높이 평가해온 나는 여러 면에서 인간 행동과 유사한 행동이 드러날 것이라고 믿는다. 서로 다른 두 종의 생물이 동일한 행동을 하는 것은 이들이 오랜 옛날부터 같은 유전자를 공유해왔거나 아니면 유사한 문제에 대해 유사한 해결책을 발견했기 때문일 수도 있다. 어쩌면 두 가지 이유 모두 해당할지도 모른다. 아니면 전혀 다른 연유로 비슷한 행동 양태를 보일 수도 있을 것이다. 따라서 이 장에서 언급되는 동물과 인간 사이의 유사점들이 우리의 행동은 자연의 불가피한 섭리라는 것을 보여주는 증거로 간주되어서는 안 된다. 모든 종에서 사회적 행동은 선천적인 성향, 경험, 그리고 지적인 의사 결정이 복합적으로 작용한 결과로 이루어지기 때문이다.

인간의 행동이 사회문화적 환경의 영향을 받는다는 데는 의문의 여지가 없다. 전 이스라엘 수상 골다 메이어는 오리아나 팔라치와의 인터뷰에서 팔레스타인의 교과서에는 다음과 같은 수학 문제가 나온다고 말한 적이 있다.

이스라엘인 다섯 명이 있다. 세 명을 죽이고 나면 몇 명을 더 죽여야 하는가?

그러한 증오심을 먹고 자란 어린이들에게서 평화에 대한 욕구를 발견하기는 어려울 것이고 바로 이것이 그러한 교육의 숨은 의도임은 분명하다. 반면 부모와 교사가 어린이의 태도를 형성시킬 수도 있다는 사실만으로는 유전자가 행동에 영향을 미친다는 이론에 대한 충분한 반론이 되지는 못한다. 한 가지가 영향을 끼친다고 해서 다른 요소가 영향을 끼치는 것이 배제되는 것은 아니다. 인간 행동의 많은 측면이 아주 널리 퍼져 있는 것을 보면 그러한 행동들을 각 문화에서 독립적으로 발명된 것으로 보기보다는 생물학적 원자재와 문화적 변형이 결합되어 만들어진 합작품으로 보는 것이 더 타당하다. 이 책에서 소개하는 다섯 종의 영장류들(그중 한 종류가 다른 네 종에 비해 특히 복잡하지만)이 공통적으로 지닌 것은 완성된 최종 결과가 아니라 바로 이 생물학적 원자재이다.

지식의 부족

소년 세 명이 암스테르담 경찰서에서 조사를 받고 있었다. 보통의 10세 소년들이 쓰기에는 너무 많은 돈을 쓰고 다녀서 의심을 받게 된 것이었다. 이들은 곧 현금 5천 길더가 든 지갑을 주웠다고 고백했다. 그러나 남은 돈은 2천 길더가 조금 넘는 액수뿐이었다. 나머지 돈은 모두 어디로 간 것일까? 아이들이 한 대답은 다음 날 신문의 1면을 장식했다. 다섯 장의 1천 길더짜리 지폐 중 두 장을 암스테르담의 오래된 운하 중의 하나에 버렸다는 것이다. 다섯을 셋으로 나누지 못하는 고충을 그런 식으로 해결해버린 것이다. 이 사건은 사람들이 좋은 인간관계를 얼마나 중요시하는가를 보여주는 단적인 예다.

 그러나 여기에는 단서를 달 필요가 있다. 우리가 좋은 관계를 중시하는 데도 한계가 있다는 것이 바로 그것이다. 위의 세 소년들은 가까운 친구 사이였을 것이다. 셋 중의 하나가 가령 새로 이사 온 아이라든지 해서 외부인이었다면 다섯 장의 지폐를 나누는 방식은 완전히 달랐을 것이다. 새로 온 사람이 아주 거친 친구가 아닌 한 누가 외부인에게 신경이나 쓰겠는가? 갈등 해소의 목적은 평화 그 자체가 아니다. 가치가 있는 것으로 증명된 관계를 유지하는 것이 바로 그것의 목적이다. 그러한 가치는 매우 가변적인 요소로, 각각의 관계에 따라 달라질 뿐 아니라 같은 관계라고 해도 시간이 지나면서 달라질 수 있다. 따라서 수천 번의 갈등을 성공적으로 해소하고 살아온 부부라고 하더라도 언젠가 그때까지 화해를 위해 밟아온 과정을 다시 밟을 가치가 없어지는 순간이 올 수도 있다. 결혼 생활의 조화보다 자기 자신의 이익에 점점 더 커다란 비중을 두게 되는 것이다.

 사람들이 강박적으로 추구하는 목표 중의 하나는 자기에게 유리하게 돌아가는 관계를 맺는 일이다. 만약 그것이 완벽한 조화 속에서 이루어진다면 얼마나 좋으랴. 그것을 위해 강제와 위협이 요구되더라도 그런 다음 위로하는 말이라도 몇 마디 해주면 큰 탈이 없을 수도 있다. 한쪽이 계속 압력을 행사하더라도 필요성이 존재하는 한 그 관계는 계속 유지된다. 우리는 본인의 사회적 네트워크가 잘 돌아가도록 하기 위해 가능한 모든 노력을 기울이고, 종종 전혀 바람직하다고 할 수 없는 방법을 동원하기도 한다. 말다툼이 잦더라도 더없이 좋은 관계가 유지될 수도 있다. 상대방과 유대를 강화하고 상황을 최대한으로 활용하는 한도 내에서 관계가 형성되면 되는 것이다. 그것은 [차량과 선박이라는] 두 종류의 교통수단을 위해 도개교를 운영하는 방식과 비슷하다. 다리를 너무 오래 내려놓으면 다리 밑을 지나는 배들이 혼잡해질 것이며, 너무 오래 올려놓으면 다리 위를 지나는 차들이 정체될 것이다. 도개교를 한 위치에 너무 오래 놓아둘 수 없듯이 인간관계도 계속적으로 움직이면서 해결되지 않은 문제를 너무 오래 방치하지 않아야 하며, 상처받은 마음이 빨리 치유되도록 노력을 기울여야 한다.

공격 행위는 모든 인간관계의 일부이지만 사회 과학자들은 그것을 본질적으로 사악한 행동으로 치부하는 경향이 있다. 이 주제를 다루는 책들은 보통 "공격성은 가히 인간이 직면하는 가장 심각한 문제라고 할 수 있다"는 식의 문장으로 시작하곤 한다(이 문장은 제프리 골드스타인의 책에서 인용한 것이다). 저자들은 일탈적인 공격 행위와 그로 인해 초래된 비참한 상황을 예로 들면서 자신들의 주장을 뒷받침한다. 나도 물론 공격성이 무조건 좋은 것이라고 주장할 생각은 없다. 나도 다른 사람만큼 유혈극과 부상자들을 목격해왔다. 그러나 과학자들은 좀더 포괄적인 시각을 가져야 할 필요가 있다는 것이 나의 생각이다. 공격 행위에는 살인, 강간, 아동 학대 등의 극단적인 범죄뿐만 아니라 일상생활에서 접하는 작은 적대 관계 등 우리 모두가 상당히 익숙해져 있는 행동들도 포함되어 있다. 공격성이 우리 삶에 부정적인 영향만 준다는 가정에서 시작하기보다는 갈등 상황에서 건설적인 결과를 끌어낼 수 있는 가능성을 포함해 모든 문을 열어놓은 상태에서 시작하는 것이 더 현명한 선택일 것이다.

나는 몇 년 전부터 인간의 행동에 관한 문헌들이 얼마나 실망스러운 상태에 있는지를 이야기해오고 있다. 인간들은 실제로 어떻게 행동하는가? 그에 관해 우리가 구할 수 있는 것은 고작 설문 조사 결과뿐이다. 설문지는 잘해야 사람들이 자기 자신을 어떻게 보고 있는지를 알려줄 수 있을 뿐이며, 잘못하면 사람들이 자기가 어떻게 보이기를 바라는가만 알려줄 뿐이다. 물론 인간을 대상으로 한 실제적인 실험 데이터들도 있다. 서로 알지 못하는 사람들이 실험실에 모인다. 그러한 환경에서는 모든 가변 요소가 철저하게 통제된다고 하지만 실생활과의 연계 또한 상실된다. 실험실에서 관찰된 사회적 관계에는 과거도 미래도 존재하지 않는다. 차라리 물고기들을 물에서 꺼내놓고 헤엄치는 것을 관찰하는 편이 나을 것이다. 가정, 직장, 학교, 파티, 거리 등에서 볼 수 있는 인간 행동에 대한 기본적인 관찰 결과들은 어디에 있는가? 물론 방법론적 문제가 있다는 것은 인정하지만 일상생활을 영위하는 사람들을 관찰하고 기록하는 것이 그다지도 어려울까? 돌고래나 나무 위에 사는 영장류를 관찰하는 것만큼이나 어려울 리는 없다. 자연 과학 분야에서는 단순한 기술적記述的인 데이터를 기초로 이론이 만들어진다. 다윈이 나오려면 린네가 있어야 한다. 그러나 사회 과학에서는 이처럼 지루한 과정을 그냥 뛰어넘으려 하는 것처럼 보인다. 동물들의 행동과 관련해 동물행동학계가 보유한 것과 같은 기술적 세부 자료에 근거한 연구는 쉽게 이루어진 것이 아니다.

인간의 화해 행동에 관한 연구가 좋은 예다. 미취학 연령 아동들에 대한 보고서나 가끔씩 발표되는 인류학적 연구 결과들을 제외하고는 이 분야에 관한 데이터를 찾아볼 수가 없다. 중요한 분야라는 인식 자체가 없다. 주요 교과서들의 주제 색인들은 '폭력', '공격성'이라는 말을 빈번히 인용하고 있지만 사람들 사이의 '화해'나 '용서'라는 항목은 한번도 본 적이 없다(화해를 치료사들의 중재 과정의 하나로 다루는 임상적인 문헌을 제외하고 말이다). 1960년대와 1970년대에 많은 비용을 들여 진행한 공격성에 관한 대규모 연구들이 있었음에도 갈등 해소 메커니즘에 대한 지식이 늘어나지 않았다면 아마 주된 원인은 공격성이 우리 삶의 일부분으로 통합될 수 있으며 심지어 그래야 한다는 생각을 받아들이고 싶지 않은 성향이 강했기 때문일 것이다. '꽃의 아이들', 즉 히피의 시대에 사람들은 인간의 공격성을 온전히 문화적 산물 — 그리고 매우 바람직하지 못한 것 — 로 간주하고 그것의 존재 여부는 온전히 우리 손에 달려 있다고 생각했다. 물질적 소유욕, 지배욕, 성적 질투심을 버리면 그러한 공격성도 없어질 것으로 사람들은 믿었다. 우리 힘으로 공격성을 완전히 없애는 것이 가능한데 무엇 때문에 그러한 '악마적' 성향을 배출하거나 승화시키거나 아니면 통합시켜야 한단 말인가? 많은 사회 과학자들은 예나 지금이나 공격성에 대한 견제와 균형에는 관심이 없다. 공격성이 항상 우리 안에 존재한다는 사실을 인정하지 않기 때문이다. 이 바람직하지 못한 유산을 떨쳐버리는 데 완전히 실패한 결과 1980년대인 지금 우리는 여전히 그처럼 낙관적인 이론들이 수정되기를 기다리고 있는 형편이다.

최근 나는 인간의 공격성 연구 분야에서 세계적으로 이름난 미국의 한 심리학자에게 '화해'에 관해 어떤 것을 알고 있는지를 질문한 적이 있다. 그는 이 주제에 대해 아무런 정보도 갖고 있지 않았을뿐더러 그러한 단어 자체가 생소하다는 표정으로 필자를 쳐다보았다. 물론 필자의 영어 발음이 원어민의 것이 아닌 것은 인정하지만 문제는 발음이 아니었다. 필자의 질문을 이리저리 생각해보는 눈치였지만 그때까지는 화해라는 개념을 한번도 심각하게 고려해보지 않은 것이 분명했다. 내가 사람들 사이의 갈등은 피할 수 없는 것이고 공격성은 그토록 긴 진화의 역사를 갖고 있다면 공격성에 대처하는 모종의 강력한 대처 방안 또한 있을 것이라고 봐야 논리적이지 않느냐고 묻자 그의 흥미는 금방 짜증으로 변했다. 그는 진화가 이 문제와 무슨 관련이 있는지 모르겠다고 말하면서 가장 중요한 목표는 공격적인 행동의 원인을 이해해서 그것을 제거하는 것 아니겠냐고 주장했다.

공격성을 전적으로 추하고 부적응적인 성향으로만 간주한다면 그에 대한 완충 메커니즘은 무시될 수밖에 없다. 어미 원숭이가 새끼를 한 차례 때린 다음 즉시 새끼를 안고 달랜다면 어미는 필요하다고 생각되는 것을 새끼에게 가르치면서도 변함없는 애정을 확인해주는 일을 한 번에 해냈다고 할 수 있다. 공격적인 행동이 모자 관계에 끼치는 효과는 우리가 생각하는 것과 다를 수 있다. 예를 들어 새끼들에게 상당히 엄격한 붉은원숭이들은 딸들과 평생 유지되는 유대 관계를 발달시킨다. 새끼를 거의 혼내지 않는 어미 침팬지들은 딸과 가까운 관계를 유지하는 경우가 거의 없다. 대부분의 딸들은 다른 집단으로 이주한다. 공격성만을 잣대로 한다면 붉은원숭이 어미들을 '나쁜' 엄마, 침팬지 어미들을 '좋은' 엄마라고 구분할 수밖에 없다. 그러나 유대 관계를 잣대로 한다면 결과는 정반대가 될 것이다. 설령 우리가 침팬지들의 느슨한 유대 관계가 가깝지만 엄한 서열 관계를 갖는 붉은원숭이들의 그것보다 더 낫다고 생각한다 해도 그에 대해 가타부타 할 수 없는 것 아닌가? 그러한 문제들에 대해 심사숙고하면 할수록 도덕적 범주가 갖는 의미는 더 약해지기 시작한다.

혹시 나는 여기서 도덕과 관련된 쟁점을 피함으로써 모든 형태의 공격성을 정당화하고 있는 것일까? 또 폭력적인 학대는 바로 사과하고 약속하고 선물을 주기만 하면 얼마든지 용납될 수 있다고 믿고 있는 것일까? 물론 아니다. 필자가 강조하고자 하는 바는 공격성의 부정적인 효과에 대한 우려는 공격성처럼 너무나 광범위한 행동 유형을 연구하기 위한 기반으로는 너무나 협소하다는 것이다. 지금까지 과학자들은 공격 행위를 눈사태 같은 것으로 보았다. 공격성에 대해 그리 싫지 않은 감정을 갖거나 심지어 유쾌한 경험이라도 가졌다고 하면 미친 사람 취급받기 딱 알맞다. 그렇지만 나는 비파괴적 형태의 공격성에 대한 논의를 포함할 수 있도록 탐구의 문을 일단 열면 실제로 우리를 괴롭히고 있는 형태의 공격성도 훨씬 더 잘 이해할 수 있을 것이라고 확신한다.

우리 인간 사회는 구조적으로 적대감과 끌림[매혹]의 상호 작용에 따라 움직이고 있다. 이 중 적대감이 완전히 사라져버리기를 바라는 것은 비현실적일 뿐만 아니라 오도된 바람이다. 아마 적대감이 사라진 사회가 어떨지 안다면 그러한 사회에 살고 싶은 사람은 아무도 없을 것이다. 개인들 간의 차별성이 존재할 수 없기 때문이다. 청어 떼는 주로 끌림에 기반해 형성된 군집이다. 아무 문제 없이 함께 다니지만 뭐라 할 만한 사회 조직은 갖고 있지 않다. 인간과 같은 어떤 종이 고도의 사회적 분화, 역할 분담, 협력 등에 도달할 수 있는 것은 응집적 경향이 내적 갈등과 상쇄되기 때문이다. 각 개체는 타자들과의 경쟁에서 본인의 사회적 위치의 윤곽을 찾아낸

붉은원숭이 어미들은 새끼들을 아주 엄하게 다룬다. 어미가 벌로 자신을 물자 두려워하는 얼굴 표정을 보이고 있는 새끼의 모습. 어미가 배에 앉아 있던 새끼를 떼어놓으려 하자 새끼가 반항해 벌을 받은 것이다(위스콘신 영장류 센터).

다. 각 개인이 자신에 고유한 정체성을 확보할 수 있는 세계와 개인들 간의 이익이 부딪치지 않는 세계는 공존할 수 없다.

쥐들 사이에서 적절한 정도의 공격성은 협력을 방해하기보다는 증진시킨다는 사실을 실험으로 증명한 하이디 스완슨과 리처드 슈스터는 "연구의 초점을 제휴와 협력 관계를 모두 배제하고 공격성에만 맞춘다면 공격성의 반사회적 결과를 과장할 경향이 있다"고 결론짓고 있다. 그러한 연구가 동물들에게만 국한되어서는 안 된다. 이제는 인간들이 목적을 달성하기 위해 공격적인 행동을 어떤 식으로 사용하는지, 그리고 그 결과에는 어떤 식으로 대처하는지를 이해해야 할 때가 되었다. 그러한 과정을 이해하고 나면 분명히 긍정적인 행동과 부정적인 행동을 가르는 구분선이 흐려질 것이다. 이 두 가지 행동은 인간관계에 뒤섞여 있으며, 중요한 것은 최종 결과이기 때문이다. 예를 들어 나는 화해가 단지 인간관계가 갈등과 긴장 관계로 치닫는 것을 방지해주는 것 이상의 역할을 한다고 해서 놀라거나 하지는 않을 것이다. 우리는 관계를 파국으로 치닫게 하는 갈등이나 극한 긴장 상황에서만 화해를 하는 것이 아니다. 적대적인 감정을 극복하려는 마음이야말로 그러한 관계에 책임을 지고 헌신하겠다는 의사의 가장 궁극적인 증거가 아닐까? 서로 소리 지르고 고함을 치고 나서 애정이 넘치는 상호 작용을 하게 되면 유대가 더 강화될 수도 있다. 그러한 과정이 양쪽 모두에게 둘 사이의 관계의 강도를 실감시켜주기 때문이다. 폭풍우를 겪어보지 않은 배를 신뢰할 수는 없는 노릇이지 않은가. 이와 똑같이 큰 갈등을 성공적인 화해로 극복한 경험은 사람들에게 진정 서로를 열어 보일 용기를 주게 된다.

용서와 화해라는 이슈가 더욱 흥미롭게 느껴지는 것은 거기에 내재한 역설적 성격 때문이다. 티격태격하지만 서로 협력하는 쥐들, 하나의 위계질서 안에 통합되어 있는 경쟁자들, 성관계를 통해 해결되는 먹이 다툼, 구타하는 남편에게 애착을 갖는 아내들, 인질범들에게 동조하는 인질들 등등. 이 중 마지막 수수께끼는 찰스 반의 해석에 따르면 자기 생명을 실제로 위협하던 사람이 그것을 실행하지 않은 데 대해 극도로 감사하는 마음이 생기기 때문인 것으로 설명된다. 다시 말해 사람을 죽인 테러리스트들은 살인자들이지만 거의 죽일 뻔한 테러리스트들은 — 적어도 희생자가 될 뻔한 일부 사람들에게는 — 대의를 위해 싸우는 기사들인 것이다.

패러독스는 사고를 명확하게 정리하기 위해 사용하는 단정한 이분법에 혼란을 가져온다. 이 때문에 패러독스는 종종 기이한 것으로 취급되기도 한다. 하지만 이 패러독스의 가짓수가 너무 많아져 일정한 규모에 이르면 이분법은 유용성을 상실하게 된다. 분명히 나는 적대적 행동과 친밀한 행동을 가르는 구분선에도 이미 그러한 일이 일어나고 있다고 믿는다. 두 가지 행동이 구분되지 않아서가 아니라 — **뺨을 때리는 행동과 뺨에 키스하는 행동**을 구분하지 못하는 사람은 없을 것이다 — 결국 두 가지 행동은 서로 얽히기 때문이다. 공격성을 반사회적 행동으로 치부하게 되면 도덕성에 관한 모든 이슈들처럼 극도의 단순화라는 오류를 범하게 된다. 과학자들이 그러한 가치 판단에서 초연하지 못하면 갈등이 우리의 사회생활을 형성해나가는 과정을 완전히 이해하는 것은 불가능할 것이다.

서로 다른 것은 세련됨의 정도뿐

원숭이와 유인원들은 처한 상황에 행동을 적응시키면서 매우 세련된 갈등 해소 방법을 보여준다. 당사자들끼리 만날 테이블 모양을 결정하기 위해 예비회담을 열거나 대리인들이 다른 방에 있는 양쪽 대표 사이를 오가는 소위 근거리 외교를 펼치거나 하지는 않지만 침팬지들도 중재가 무엇인지 안다. 아른헴 동물원 집단에서는 싸우고 나서 상대방 근처를 맴돌면서도 얼른 먼저 행동을 취하지 못하는 두 수컷 사이에서 암컷이 화해의 실마리 역할을 하는 사례가 흔하다. 서로 눈이 마주치는 것을 피하면서 상대가 다른 방향을 볼 때 흘깃거리며 살피는 짓을 계속하는 두 수컷 중 하나에게 암컷 침팬지가 다가가 짧게 그루밍을 하거나 어루만져주고 다른 한쪽에게 걸어가면 처음 수컷이 암컷을 따라간다. 이렇게 하면 상대방을 대면할 필요가 없다. 나중에 다가간 수컷 옆에 암컷이 자리 잡고 앉으면 두 수컷은 함께 암컷에게 그루밍을 해준다. 암컷이 자리를 뜬 뒤 조금만 움직이면 서로 그루밍할 수 있는 위치에 자연스럽게 자리 잡는 것이다. 중재를 하는 암컷은 한쪽 수컷에서 다른 수컷 쪽으로 걸어갈 때 처음 수컷이 자기를 따라오는지 확인하느라 돌아보면서 기다리기도 하는데, 자기가 무슨 역할을 하고 있는지를 확실히 알고 있다는 증거이다. 처음 수컷이 잘 안 따라오면 다시 돌아가 팔을 잡아끌기도 한다.

짧은꼬리원숭이들 사이에서 갈등이 이런 식으로 중재되는 것을 목격한 적은 없지만 반드시 그것이 이 원숭이들 사이에 사회적 인식이 결여되어 있기 때문에 그러한 것은 아니다. 한번은 서열 2위의 수컷 붉은원숭이 헐크가 자기보다 어린 수컷 톰을 추격한 일이 있었다. 그 후 즉시 톰의 어미가 헐크에게 다가가 그루밍을 하기 시작했다. 그러는 사이에 톰은 점점 더 가까이 다가오더니 결국 그루밍을 하고 있는 두 마리 원숭이에게서 1미터도 떨어지지 않은 곳까지 와서 자리를 잡았다. 톰이 와 있는 것을 눈치 챈 어미는 즉시 옆으로 비켜서서 다른 쪽을 쳐다보았다. 자신이 앉아 있던 헐크의 등 뒤 자리에 톰이 와서 앉자 어미는 바로 자리를 떴다. 우리는 싸운 상대들이 접촉할 수 있도록 자리를 마련하는 그와 비슷한 상황을 여러 번 목격했다. 이러한 관찰들은 침팬지와 사람들의 중재 기술이 완전히 선례가 없는 것은 아닐 수도 있다는 것을 의미하고 있다. 원숭이와 비슷했던 인류의 조상들은 이미 중요한 전제 조건, 즉 상황을 파악해서 다른 성원들 사이에 화해를 유도할 수 있는 능력을 갖고 있었을지도 모른다.

우리는 체면을 잃는 곤란한 상황을 쉽게 알아볼 수 있지만 이를 객관적인 행동학적 용어로 정의하기는 힘들다. 나는 체면을 유지하는 전술이 우리 인간들에게만큼이나 우리의 영장류 친척들에게도 중요하다고 확신하고 있다. 두 마리의 수컷 침팬지들이 화해를 꺼려하다가도 중재자 등 뒤에 숨어서 상대에게 접근할 수 있는 기회를 놓치지 않는다면 결국 먼저 행동을 취하지 못했던 것은 자존심 때문이라는 결론을 내릴 수밖에 없다. 가끔 수컷들도 이 문제를 제3자의 개입 없이 해결하기도 한다. 예를 들어 예로엔은 작은 물체에 대단한 흥미를 보이는 척해서 대립 국면을 깨고 적을 가까이 오도록 유도했다. 예로엔은 갑자기 풀 위에서 무엇인가를 발견한 듯 큰 소리를 내면서 사방을 둘러보곤 했다. 그러면 싸운 상대를 비롯해 몇 마리의 침팬지들이 달려왔다. 다른 녀석들은 이내 흥미를 잃고 자리를 뜨지만 라이벌 관계에 있던 두 마리는 남곤 했다. 두 녀석은 발견한 것을 냄새 맡고 만져보면서 흥분된 소리를 내고, 온 정신을 거기에 집중했다. 그러는 과정에서 어깨와 머리가 서로 닿게 되었고, 몇 분이 지나 안정을 되찾은 이들은 서로 그루밍을 해주기 시작했다. 예로엔이 찾은 물건은 이미 잊혀진 지 오래였는데, 나는 끝까지 그것이 무엇이었는지 알아낼 수 없었다.

집단적 거짓말이 성립하려면 한쪽이 거짓말을 하고 다른 한쪽이 마치 속은 것처럼 행동해야 한다. 앞의 사례를 이런 식으로 해석하고 싶은 유혹이 크다. 다른 침팬지들은 거의 관심을 보이지 않는 물건에 예로엔뿐만 아니라 녀석의 라이벌까지도 큰 흥미를 갖는다는 사실은 두 마리 모두 자신들이 하는 행동의 목적을 잘 알고 있다는 뜻이다. 사람들에게서도 집단적 거짓말은 익숙한 체면 유지책이다. 콜린 턴불은 콩고의 밤부티 피그미족이 사용하는 멋진 예를 소개한 바 있다. 숲 속에 사는 이 부족은 항상 여성이 오막살이집을 짓는다. 따라서 부부 싸움을 하면 여성들은 집의 일부분을 부서뜨리면서 자기 주장을 내세우곤 한다. 대개 싸움이 이 정도까지 악화되면 남편들이 양보한다. 그러나 한번은 고집이 보통이 아닌 한 남편이 부인을 말리지 않으면서 심지어 구경하던 이웃들에게 그날 밤 부인이 얼마나 추운지 맛을 보아야 한다고까지 말한 사건이 있었다. 창피를 당하지 않기 위해 부인은 계속 집을 허물어뜨릴 수밖에 없었다. 그녀는 오두막의 틀을 이루고 있던 나뭇가지들을 천천히 뽑기 시작했다. 그녀는 눈물로 범벅이 되었는데, 턴불에 따르면 이제 짐을 싸서 친정으로 돌아가는 일밖에 남지 않았기 때문이었다고 한다. 남편도 그에 못지않게 비참한 몰골이었다. 상황이 분명 수습할 수 없을 정도로 악화되고 있었고, 설상가상으로 마을 사람 전체가 나와서 이 장면을 구경하고 있었다. 그러던 중 갑자기 남편의 얼굴이 밝아지면서 부인에게 나뭇가지들은 그대로 놔둬도 된다고 말을 건넸다. 더러운 것은 지붕의 이파리들뿐이라고 덧붙이는 남편을 부인은 어리둥절하게 쳐다보다가 결국 말뜻을 이해했다. 둘은 지붕 위의 이파리들을 걷어서 함께 시내로 갖고 가 씻었다. 부인이 이파리를 지붕 위에 다시 얹을 때는 둘 다 훨씬 더 기분이 나아져 있었고, 남편은 저녁에 먹을 음식을 마련하기 위해 사냥을 나갔다. 턴불은 아무도 부인이 이파리가 더러워서 거둬내고 있다고 믿지 않았지만 모두가 남편의 말을 믿는 척한 사실을 주목했다.

이후 며칠 동안 여자들은 예의바르게 자기 집 지붕을 덮은 이파리에도 벌레가 있다고 하면서 마치 당연한 일인 것처럼 이파리를 몇 개씩 걷어서 시내에 갖고 가 씻어 오곤 했다. 이런 관습은 그 이전에도 이후에도 본 적이 없다.

집단적 거짓말은 확실한 승자와 패자 없이 타협점에 도달할 수 있도록 해준다. 당사자들이 둘 사이를 갈라놓고 있는 문제를 공개적으로 거론하는 노골적인 화해와는 정반대의 전략이다. 화해하기 위한 핑계는 휴전 절차에 여분의 의도를 한 겹 더 추가해준다. 사람들이 내세우는 동기라는 껍질을 벗기고 나면 전혀 다른 일련의 동기들을 발견할 수 있다. 인간의 경우 감춰진 동기들은 보통 바깥 세상에 공개된 동기보다는 훨씬 덜 고상할 확률이 높다. [평화를 위해 건네는] 모든 올리브나무 가지의 뿌리에는 실제로는 자기 이익이 자리하고 있다. 심지어는 종종 완전히 악의적인 의도를 마주할 때도 있다. 심지어 화해 분위기를 위장해서 복수라는 정반대의 목적을 달성하려고 하는 사람들도 있을 수 있다. 아른헴 동물원의 침팬지 집단에서도 그처럼 극단적인 형태의 기만행위가 필자가 연구하던 기간 중 여섯 번이나 관찰되었는데, 여섯 건 모두 앞서 있었던 공격적인 사건에서 추격 끝에 상대방을 잡지 못한 다 자란 암컷들이 저지른 일이었다. 이 암컷 침팬지들은 자신을 피한 적에게 손을 펴 들고 팔을 뻗는 식의 가까이 오라는 제스처를 취하면서 접근했다. 그러고는 상대가 잡을 수 있는 거리에 들어올 때까지 그처럼 친근한 제스처를 유지하다가 기회가 오면 갑자기 태도를 바꿔 무방비 상태의 상대를 잡고 공격을 시작했다.

그러한 행동을 기만이라고 부르는 대신 암컷이 마음을 바꿨을 것이라고 다른 식으로 해석해볼 수 있을 것이다. 정말로 화해할 마음이 있었으나 상대가 가까이 다가오자 적대감에 다시 불이 붙었을지도 모른다는 견해이다. 그러나 이 해석에는 약점이 있다. 암컷의 그러한 변심의 희생자들은 항상 암컷보다 달리기 실력이 좋은 하위 서열의 침팬지들이었기 때문이다. 왜 항상 가장 마지막 순간까지 기다렸다가 마음을 바꾸는 것일까? 그리고 왜 낮게 으르렁거리는 소리만으로도 상대가 가까이 오는 것을 충분히 저지할 수 있는 상황인데도 희생자를 항상 물리적으로 단죄해야만 했을까? 필자가 받은 인상으로는 그러한 공격들은 주저감과 상반되는 감정으로 고민하던 끝에 나왔다고 하기에는 너무나 갑작스럽고 사나운 것 같다. 다시 말해 나는 이 모든 것은 암컷 침팬지가 앙갚음을 하기 위해 미리 계획하고 벌인 일이라고 생각한다. 침팬지들이 가식적인 행동을 할 수 있다는 것은 인공 집단, 야생 집단에서 모두 관찰된 바 있고 실험을 통한 연구에서도 입증된 바 있다.

위에서 든 예로 볼 때 인간의 행동과 동물의 행동을 연관짓는 것은 결코 우리 인간의 갈등 해소 기술이 좁고 상투적인 의미에서 '본능적'이라는 것을 의미하는 것은 아니라는 사실이 분명해진다. 다시 말해, 인간이 아무런 생각도 하지 않고 그저 선천적으로 타고난 전형적인 방식으로 갈등을 해소하는 행동을 한다는 의미는 아니다. 우리의 친척뻘인 영장류 동물들이 갈등 상황에서 이처럼 높은 수준의 지적 능력을 발휘한다면 인간은 적어도 그 정도, 아니 그 이상의 능력을 발휘하는 것이 확실하지 않을까? 예측과 계획은 긴장과 공격성에 대처하는 방식을 포함해 우리의 사회생활 전체에 스며들어 있다. 어렸을 때 부모님들이 누구 편을 들지 뻔했기 때문에 동생과 싸우다가 어머니나 아버지께서 오시는 소리가 들리면 서둘러 화해를 하곤 했던 기억이 아직도 생생하다. 형들도 나랑 싸우다가 같은 상황이 되면 나와 똑같은 행동을 했다. 어릴 적의 경험은 절대 잊혀지지 않기 때문에 나는 최근 연구를 진행했던 애틀랜타 여키스 영장류 센터에서 한 침팬지 가족을 보자 금방 그들 사이에 존재하는 그러한 메커니즘을 알아볼 수 있었다.

이 침팬지 가족은 롤리타라는 이름의 암컷과 두 자식으로 이루어져 있었다. 자식 중 셰일라는 다 자란 암컷이고 다른 하나는 여섯 살배기 수컷 브라이언이었다. 이들은 20마리로 이루어진 집단에서 살고 있었다. 침팬지 치고 롤리타는 상당히 몸집이 작은 편이었지만 집단의 우두머리 암컷이었다(아마도 가장 나이가 많기 때문이었던 것 같다). 어미와 달리 셰일라는 집단에서 인기가 없었다. 필자가 먹이 공유 행동을 기록하기 위해 진행한 실험에서도 셰일라는 극도로 이기적인 태도를 보였으며, 집단 내의 거친 청년기 수컷 두 마리가 암컷을 상대로 싸움 기술을 시험해보고 싶은 생각이 들 때면 항상 선택하는 상대가 바로 이 녀석이었다. 이 두 수컷들 중의 하나가 동생인 브라이언이었다. 친구가 주변에 있어서 도와줄 만한 상황이 되면 브라이언은 누나에게 모래를 던지거나, 침을 뱉고, 갑자기 뒤에서 찌르는 등의 행동으로 셰일라를 놀리곤 했다. 물론 이런 행동을 셰일라가 묵과할 리가 없었다. 브라이언이 혼자 있으면 셰일라는 자고 있는 브라이언을 밀어젖히거나, 그루밍을 하자는 요청을 거절하거나 다른 미묘하게 부정적인 행동을 취해서 결국은 싸움으로 번지는 상황을 만들어냈다. 셰일라는 아직 동생을 힘으로 이길 수 있었지만 조심해야 했다. 브라이언이 작게라도 비명을 지르기라도 하면 롤리타가 쳐다보곤 했다. 한번도 바로 달려가서 개입하지는 않았지만 항상 지켜보면서 필요하면 현장으로 다가가기도 했다. 롤리타는 몇 미터 떨어진 곳에 앉아 마치 아무 일도 없는 것처럼 외교적으로 행동했다. 이 정도의 압력으로도 셰일라가 동생과 화해하도록 하는 데는 충분했다. 셰일라는 브라이언을 껴안아주고, 그루밍을 해주거나, 놀이 표정을 지으며 동생의 다리를 잡아당기곤 했다(보통 때는 한 번도 제대로 놀아주지 않는다). 그러는 사이 두 녀석은 흘끔흘끔 어미 쪽을 쳐다보았다. 롤리타가 실제로 개입한 것은 단 두 번뿐이었다. 두 번 다 브라이언이 어미의 개입을 유리하게 이용해, 결국 롤리타가 셰일라를 추격하는 쪽으로 결판이 났다.

침팬지들 사이에서 전략적 화해는 상당히 흔하다. 아른헴 동물원에서 니키는 제3의 수컷이 위협 과시 행동을 하면 자신의 연합 파트너와 싸우다가도 즉시 화해했다. 여키스 필드 스테이션에서 나는 암컷들끼리 싸운 뒤에 필자가 먹이 공유 실험에서 사용하던 나뭇가지를 들고 사육사가 들어오기 직전에 평소보다 훨씬 더 빨리 화해하는 사례를 몇 차례 관찰한 적이 있다. 먹이를 들고 오는 사육사를 보면 라이벌 암컷들은 급히 입을 맞추고 포옹을 했다. 어느 쪽도 라이벌이 먹이를 모두 받았을 때 나누어 받지 못할 위험을 감수하고 싶지 않았을 것이다.

요컨대 제3자 중재, 기회주의적 화해, 기만적 화해 제스처 등 화해라는 주제에 대한 몇 가지 기본적인 변형태는 인간과 침팬지 모두에게서 발견된다. 물론 정교함의 정도에서는 인간이 침팬지들을 능가해, 화해할 것인가 말 것인가를 결정할 때는 좀더 많은 선택지와 결과를 염두에 두는 것이 사실이다. 그러나 중요한 사실은 양쪽 다 경험과 계산에 기초해 결정한다는 점이다. 따라서 인간과 침팬지의 행동이 유사한 것은 어떤 행동이 유전적으로 그렇게 프로그램화되어 있기 때문이라기보다는 뇌에서 문제를 풀어나가는 방식이 유사하기 때문일 가능성이 더 높다.

원숭이들의 갈등 해소는 보다 간단하고 보다 직접적인 과정을 따르는 것처럼 보인다. 하지만 이들을 인간 및 유인원과 비교하면서 너무 대조되는 점을 강조하느라 연속성을 놓치는 우를 범하면 안 된다. 영장류에 속하는 다섯 종의 동물은 모두 전에 싸운 적과의 접촉을 꾀한다. 그것은 보노보 암컷들의 성기 비비기부터 초연함을 가장한 악수처럼 문화마다 다른 인간들의 화해 관습에 이르기까지 다양한 모습을 보인다. 각 종은 동원 가능한 모든 사회적 의식意識과 지적 능력을 총동원한다. 접근 방법 또한 붉은원숭이들 사이의 단순한 그루밍 접촉부터 양측의 대표가 상대를 직접 만나기 전에 중재자를 동원해 상대의 감정을 시험해보는 인간들 고유의 전략에 이르기까지 극히 복잡하다.

이러한 화해 메커니즘이 제대로 작동하려면 몇 가지 화해의 성분만 선천적으로 타고 태어나면 된다. 물론 절대적으로 필요한 최소한의 요구 조건은 개체 인식 능력이다. 즉 누구와 싸웠는지를 기억할 수 있어야 한다. 또 다른 조건으로는 분노에서 친근감으로 비교적 빨리 감정을 전환할 수 있는 능력 그리고 신체 접촉이나 입술을 말아 올린 채 이를 드러내고 웃는 등의 특정 제스처로 마음을 가라앉힐 수 있는 능력이 필요하다. 하지만 심지어 이러한 측면들마저 환경의 영향을 받는다. 예를 들어 고립되어 혼자 자란 원숭이라면 처음으로 누가 자기를 만졌을 때 완전히 당황할 것이다. 따라서 화해를 위한 '불변의 기초'를 찾기 위한 노력은 성배를 찾기 위한 노력과 비슷한 데가 있다. 잠재성이라는 측면에서 생각하는 것이 훨씬 더 효과적일 수 있는 것이다. 우리는 우리 유인원 친척들과 일종의 심리학적 거푸집을 공유하고 있는데, 거기에 부모, 형제, 동료들과의 상호 작용을 채워서 화해라는 사회적 기술을 발달시켜나간다고 할 수 있다.

    그러한 거푸집을 갖고 있다는 것은 자명한 사실이 아니며, 각 종은 각자의 환경과 라이프 스타일에 따라 서로 다른 모양의 거푸집을 자연에서 선물받았다. 인간이 갖게 된 거푸집의 성격은 의심할 여지 없이 수렵 채집의 오랜 역사와 관련이 있다. 현존하는 수렵 채집인들이 밀접한 공동체 생활을 하면서 서로에 대한 의존도가 강하다는 사실을 감안하면 노골적인 공격 행위에 대한 대안을 찾고, 갈등 후 사회적 관계를 복구하는 능력이 인간 진화에 결정적인 역할을 했다는 것을 추정할 수 있을 것이다.

평화의 조건

    존 폴 스콧은 "싸움의 가장 일반적인 효과는 부상당한 동물이 상대에게서 물리적인 거리를 두고, 그 결과 이긴 쪽이 공간을 더 많이 차지할 수 있게 되는 데 있다"라고 쓰고 있다. 그러한 주장은 공격 행위는 분산 효과를 가져온다는 전통적인 관점을 대변하고 있다. 그러나 집단생활을 하는 영장류 동물들을 관찰한 결과 나는 이들에게는 위의 규칙을 적용할 수 없다는 결론을 얻었다. 또한 이들은 시간이 '상처를 치유'하도록 기다리지도 않는다. 화해 과정을 촉진하는 수단이 있기 때문이다. 그러한 수단이 다른 종에도 존재한다는 사실을 확인해주는 세 건의 연구가 최근에 이루어졌으나 아직 발표되지는 않았다는 이야기를 동료 영장류학자들에게서 들은 바 있다. 그러한 현상이 존재한다는 것은 입증되었으니 이제는 싸운 다음에 당사자들이 화해할 것인지, 계속 악순환의 길을 밟을 것인지, 아니면 상대방과의 관계에 손상이 간 채로 무시하고 지낼 것인지를 결정하게 되는 조건에 대해 살펴보기로 하자. 그러한 선택은 말할 것도 없이 상대방과의 관계가 어떤 가치를 갖고 있는가, 어떤 역사가 있는가, 그리고 앙심을 품고 지낼 경우 어떤 대가를 치러야 하는가 등 여러 가지를 고려해서 내리게 될 것이다.

평화는 항상 특정한 조건과 연결되어 있다. 국제 정치에서도 B 국가가 특정 반군에 대한 지원을 포기하거나, 제3국에서 B 국가의 군대를 철수하거나 A 국가에 대해 전쟁 범죄에 대한 보상을 하거나, 이것 또는 저것을 A 국가에 반환하거나, 국경 분쟁에서 A 국가의 주장을 받아들이든가, A 국가가 적국과 싸우는 것을 돕는다든가 하는 것 등을 조건으로 해서만 A 국가가 B 국가와의 우호적인 관계를 수락하는 경우가 허다하다. 어떤 국가의 힘이 강할수록 요구 조건도 더 많아진다. A는 B의 미래의 행동을 결정할 수 있는 식으로 문제를 해결하는 것을 선호하기 때문이다. 평화 조약은 전쟁에 종지부를 찍는 역할을 할 뿐만 아니라 새로운 조건으로 관계를 시작하게 하는 역할도 한다. 모든 지도자들은 비단 전쟁이 끝난 상황에서뿐만 아니라 항상 그러한 조건을 염두에 두고 있다. 1940년 히틀러의 프랑스 공격에 이탈리아군이 가담하기 전에 베니토 무솔리니는 "한 수천 명만 죽으면 돼. 전쟁에 참여한 사람으로 평화 협상 자리에 나설 수 있기만 하면 되니까"라고 장군들에게 말했다고 전해진다.

영장류 동물들 사이의 화해가 어떤 동기에서 이루어지는지에 대해서는 아직 연구가 제대로 이루어지지 않았다. 붉은원숭이들은 친척들 그리고 자기와 동일한 사회 계층의 성원들과는 대부분 싸운 뒤에 화해를 한다. 이들은 통상 지지자들이기도 하기 때문에 이들과 화해하는 동기를 짐작하기는 어렵지 않다. 반면 침팬지들은 성별에 따라 커다란 차이를 보인다. 수컷들이 암컷들보다 훨씬 더 공격적인 동시에 화해도 훨씬 더 잘하는 편이다(나는 앞에서 그것이 수컷들이 유연한 연합 네트워크를 구성하고 있으며, 집단 간 싸움에서 연합해야 할 필요성이 있는 것과 관련되어 있다고 설명한 바 있다).

수컷 침팬지들이 격렬한 경쟁에도 불구하고 사회적 통합을 유지할 수 있는 것은 철저하게 형식화된 서열 때문으로, 그것이 역할 분담을 통한 화해를 촉진시켜준다. 따라서 소원해진 관계의 개선을 알리는 최고의 지표는 분명한 승자의 출현이라고 할 수 있다. 나는 아른헴 침팬지 집단이 겨울을 나던 우리에서 예로엔과 루이트가 벌이던 우두머리 싸움을 관찰, 녹음하는 데 수백 시간을 투자한 적이 있다. 당시 나의 목표는 둘 중 하나가 공식적으로 상대방에게 항복하는 순간을 놓치지 않는 것, 그리고 그러한 순간 전과 후의 관계 양상을 비교하는 것이었다. 공식적인 항복은 굽실굽실거리며 헐떡거리는 숨소리와 신음 소리를 내는 의식을 통해 이루어진다. 석 달을 날마다 서로 위협하고 시끄러운 충돌을 계속하던 끝에 마침내 예로엔이 항복했다. 나는 예로엔이 루이트에게 최초로 복종의 신음 소리를 내는 것을 목격했다고 자신한다. 다른 침팬지들이 갑자기 몰려가서 둘을 껴안았기 때문이다. 아마도 집단의 다른 녀석들도 필자만큼이나 그러한 순간을 기다렸던 모양이다. 내가 기록하던 데이터에는 이 두 라이벌 사이의 관계가 갑작스럽게 극적으로 향상되는 것이 나타나기 시작했다. 예로엔이 루이트의 서열을 인정한 뒤 일주일 동안 둘은 전에 비해 20배나 자주 그루밍을 했고, 둘 사이의 대립은 빈도와 강도 면에서 모두 급감했다.

인간 사회에서도 불평등을 인정하면 긴장이 완화될까? 내가 알기로는 인간 행동 영역 중 이 부분과 관련된 데이터는 전무한 실정이다. 세계 체스 챔피언 자리를 놓고 각축을 벌이던 두 명의 러시아인 아나톨리 카르포프와 게리 카스파로프 사이의 전설적인 경쟁 관계는 예로엔과 루이트 사이의 갈등에 비견할 만하다. 체스를 두려면 엄청난 집중력이 필요하다. 따라서 간혹 (카르포프와 카스파로프의 경우처럼) 상대방이 몸을 움직이거나 옷을 덧입는 등의 행동을 하는 것을 고의적인 방해 행위로 보기도 한다. 카르포프와 카스파로프 사이의 적대감, 긴장, 상호 비방은 게임을 할 때마다 도를 더해갔다. 둘 사이에 엄청나게 많은 게임이 벌어졌다는 것을 감안하면 그러한 갈등 상황을 짐작할 만하다. 결국 선례에 없는 96회의 대국을 한 끝에야 결정적인 결과가 나올 수 있었다. 세계 선수권 보유자였던 카르포프를 패배로 이끈 마지막 수가 두어진 뒤 두 사람은 자리에서 일어나 악수를 하고 잠깐 동안 이야기를 나누었다. 별로 특별할 것이 없어 보인다고? 이 장면은 둘 사이에서 2년 만에 처음으로 우호적인 접촉이 이루어진 순간이었다. 싸움의 결과가 결정 나자 둘은 마침내 약간의 따뜻함을 서로에게 보일 여유가 생긴 것이다.

평등과 단결은 하나의 사회 체계 안에서는 결합시키기 힘들다. 위계적 조직이 없을 경우 내부 경쟁은 분열로 이어진다. 이데올로기적 이유에서 지도자를 선출하지 않고 조직을 운영하는 실험을 하는 좌파 정치 운동계는 여러 분파로 쪼개지는 경향이 있다. 또 가톨릭과 개신교 종교 단체들을 비교해보자. 상당한 내부 갈등이 있긴 하지만 가톨릭은 하나의 중앙 권위를 중심으로 뭉쳐 있는 반면 개신교 조직들은 기본적으로 영토 분할의 양상을 보이면서 서로 의견이 맞지 않는 여러 분파로 갈라져 있다. 이처럼 대조적인 양상을 보이고 있는 이 두 교파를 보면서 우리는 피라미드 같은 구조를 도입하지 않고 전 세계의 모든 교파에 속하는 그리스도인들이 서로 화해하고 단합하는 것이 과연 가능할까 의심해보게 된다. 실제로 영국 성공회와 로마 교황청 사이에서는 그러한 과정이 진행되고 있는 듯하다. 이를 위한 예비적인 움직임을 지켜보는 것도 흥미로운 일일 듯하다. 소위 모교회인 교황청에 흡수될지도 모른다는 명백한 두려움에도 불구하고 영국 성공회의 룬시 대주교는 교황이 '단결과 애정의 중심'(『타임 Time』, 1982년 7월 7일자)으로 유용하다고 지적한 바 있다. 이 두 교파 사이에 모종의 협상이 진행되고 있다면 그 결과 나올 위계질서의 모습을 어느 정도 짐작할 수 있게 하는 발언이다.

그렇다고 하여 평등적인 갈등 해소가 불가능하다는 이야기는 아니다. 짝을 지어 다니는 갈매기들이 바로 그러한 갈등 해소의 한 예를 보여준다.

주디스 핸드에 따르면 갈매기 쌍들은 큰 먹이는 공유하고 작은 먹이는 선착순으로 차지하는 규칙을 지키는 방법으로 먹이에 대한 갈등을 해결한다고 한다. 그러한 관습은 위계질서가 잡혀 있는 집단의 서열 우선주의만큼이나 단순하다. 그 결과 각 관계 내에 핸드가 말하는 세력권spheres of dominance과 같은 것이 형성된다. 이처럼 보다 유연한 형태로 갈등을 해소함으로써 각 파트너가 사안에 따라 상대에게 때로 양보할 수 있는 여유가 생긴다. 결혼한 사람들은 흔히 이러한 갈등 해소 방법을 사용한다.

보노보 암컷들의 경우는 또 다른 예외가 가능하다는 것을 보여준다. 내가 샌디에이고 동물원에서 직접 기록한 자료들과 현지 연구 학자들의 자료들 — 양쪽 다 아직 기초적인 단계이지만 — 을 종합해볼 때 보노보 암컷들은 이렇다 할 위계질서가 눈에 보이지 않는데도 서로 놀라울 정도로 잘 지낸다. 이들 사이의 격렬한 성적 접촉이 대안으로 작용해서일까? 이들이 이루는 사회 조직은 위계질서가 엄격한 사회 조직에 비해 얼마나 효율적일까? 연대감을 고취하는 것이 목적이니만큼 페미니즘 운동이 처음에 주창했던 여성 동성연애론이 떠오르기는 한다. 과연 그럴까? 사회를 통합시키는 메커니즘을 전부 섭렵하려면 그러한 대안들을 연구해야 할 필요가 있다. 물론 많은 종의 암수 모두에게서 가장 오래 그리고 가장 널리 받아들여지고 있는 방법은 위계질서를 형성하는 것이라는 사실을 잊지 말고 말이다.

복종에 의한 단결〔통일〕이 이제까지 세계를 형성해왔다. 전쟁은 일시적으로는 사람들을 갈라놓지만 역사적으로는 사람들을 단결〔통일〕시키는 힘으로 작용해왔다. 현대의 민족 국가들은 대부분 몇몇 소규모 정복자들과 한 명의 위대한 정복자가 없었으면 존재하지 않았을 것이다. 이러한 규칙의 예외가 미국과 인도 등 과거의 몇몇 식민지 국가들로, 이들은 독립을 위해 투쟁하면서 불복종의 기간을 거치는 동안 일체감을 형성했다. 그러한 종류의 협력은 보통 식민 열강이 물러나면 퇴색하고 만다. 따라서 독립

후 인도 공화국이 계속 하나의 국가로 남아 있을지(파키스탄과 방글라데시는 이미 떨어져 나간 상태이다) 불확실하고, 미국도 남북 전쟁에서 남군이 북군에 패배하지 않았다면 땅 크기로 봐서 두 개의 독립 국가가 탄생했을 수도 있다.

인간의 군사 역사에 있어 항복 다음에 종종 융화가 찾아오는 것을 찾아볼 수 있는데, 바로 그와 정반대되는 모습 또한 찾아볼 수 있는 것이 사실이다. 즉 한때 융화되어 있던 집단들 간의 전쟁이 특히 잔혹해지는 것이 그것이다. 나폴레옹 샤농이 연구한 베네수엘라의 원주민인 야노마뫼족 남성들은 수확한 곡물과 여성을 놓고 유혈 전쟁을 벌인다. 샤농은 "한 마을의 불구대천의 적은 가장 최근에 분할해 나간 집단"이라고 지적하고 있다. 그것은 사적인 관계에도 해당되는 것 같다 — 예를 들어 대가족에서 분란이 이는 경우나 이혼 절차를 밟는 동안 양 배우자 사이의 관계를 상상해보면 이를 이해할 수 있을 것이다. 하지만 주의하지 않으면 안 되는데, 우리의 인식과 지각에 편견이 생길 수 있기 때문이다. 어쩌면 이전에 유대 관계에 있었던 상대에 대한 적대감이 완전한 이방인에 대한 적대감보다 훨씬 더 크게 보이는 것인지도 모른다. 곰베의 두 침팬지 집단 사이에서 벌어진 참혹한 폭력 사태는 특히 현지 연구자들을 충격 속에 몰아넣었다. 공격자 쪽과 피해자 쪽이 모두 과거에 한 집단 안에서 가깝고 정답게 지내던 관계였기 때문이다. 제인 구달은 이렇게 말하고 있다.

> 집단에서 분리해 나옴으로써 마치 집단 성원으로 대우받을 수 있는 '권리'를 상실한 듯했다. 그들은 이제 이방인으로 취급받았다.

내가 궁금한 점은 그저 단순히 낯선 이방인 대접을 받았는가 아니면 과거의 유대 때문에 이방인보다 더 나쁜 대접을 받았는가이다.

대학원생이던 1975년에 자세히 관찰해서 기록했던 한 사건이 생각난다. 인공 서식지에서 살던 게잡이원숭이 집단의 우두머리 수컷이 깊은 부상을 입었다. 다른 수컷 원숭이가 송곳니로 입힌 상처 같았다. 이 우두머리 수컷은 자기보다 두 배 정도 몸집이 큰 다 자란 성인 아들이 옆을 지나갈 때마다 말 그대로 다리를 사시나무 떨듯 떨었다. 둘 사이에 싸움이 있었던 것이 분명했다. 그러나 아들은 우두머리 자리를 차지하려 하지 않았다. 그럴 수 있다는 것 자체를 의식하지 못한 것처럼 보이기까지 했다. 어쩌면 우두머리 수컷에게 도전하기 위해서가 아니라 자기 방어로 아비를 물었을지도 모른다. 어쨌든 서열 1위 수컷의 초조감은 커다란 긴장 상태를 조장했고, 결국 이 둘은 이런 상황에서 짧은꼬리원숭이들이 전형적으로 취하는 방법인 희생양을 찾는 노선을 택했다. 둘은 한 마리를 희생양으로 정해 힘을 합쳐 구석으로 몰고 가서는 번갈아가며 공격했다. 며칠 뒤 두 마리 모두 안정을 되찾았고, 우두머리 수컷은 자기 지위를 유지할 수 있었다. 이 사례를 기초로 나는 공동의 공격 목표를 갖는 데서 오는 안정 효과에 관한 첫번째 논문을 작성했다. 내가 당시 설명하지 못했던 단 한 가지는 이 둘이 보통의 관습대로 희생양이 될 원숭이를 최하위 서열에서 고르지 않았다는 점이다. 선택된 희생자는 바로 젊은 원숭이의 어미였고, 이 젊은 수컷이 대부분의 공격을 주도했다.

영장류에 관해 좀더 많은 경험을 쌓은 지금 나는 그러한 선택이 전혀 예외적인 것이 아니었다고 믿고 있다. 공격의 물꼬를 다른 방향으로 틀 때 흔히 희생되는 것은 가까운 친척이나 친구들이다. 사람들도 직장에서 받은 스트레스를 배우자에게 몽땅 푸는 경우가 많지 않은가. 이 모든 것이 관계 안에서 흡수되고 폭력으로 번지지 않는 이상 상당히 안전한 해결책이라고 할 수 있다 — 적어도 스트레스를 직장에서 배출하는 것보다는 안전할 것이다. 그러나 그 결과 또 하나의 패러독스가 생겨난다. 즉 우리는 쉽게 화해할 수 있는 사람에게 제일 쉽게 분노를 표출하는 것이다. 그들이 우리를 사랑하고 있다는 사실을 이용하는 것이다.

이 문제에는 또 다른 측면이 있다. 만일 관계에 확신이 없다면 위태위태한 평화를 보존하기 위해서라도 분노를 표현하지 않고 지낼 수 있는 것이 그것이다. 그렇다면 아주 일반적으로 말해 우리가 공격성을 보이고 안 보이고는 그것이 관계에 어떤 결과를 미칠 것으로 예상되는가에 달려 있고, 이후 화해를 하느냐 안 하느냐는 상대방이 우리에게 필요한 존재인가 아닌가에 달려 있다고 할 수 있다. 공격성의 도가 지나칠 경우 결혼이나 우정에 금이 갈 수도 있다. 그리고 너무 빨리 화해를 요청하는 쪽은 불리한 입장에 빠진다. 이 두 경향이 어떻게 균형을 이루는지에 대해서는 알려진 바가 거의 없다. 하지만 이와 비슷한 양면성이 다른 영장류 동물들에서도 관찰되므로 동물들의 갈등 해결에 대한 상세한 연구가 인간 행동에 적용해볼 수 있는 이론으로 이어질 수도 있을 것이다.

어린이들

아이들이 나무에 오르거나 집 안을 들쑤시면서 뛰어 다니는 것 혹은 한 덩어리가 되어 구르며 노는 것을 보고 있으면 원숭이를 연상하지 않을 수 없다. 놀이 행동과 운동 신경 등에 대해 이런 식으로 비교하는 것은 전혀 잘못된 것이 아니다. 그러나 학계에서는 어린이-영장류 비교에서 특이한 전도 현상이 벌어지고 있다. 다른 영장류 동물들이 **정신적으로** 인간의 어린이와 비슷하다는 개념이 바로 그것이다. 인간 성인을 제외한 모든 영장류 동물들이 유치원생 수준이라는 생각은 너무 편리해서 의심이 가지 않을 수 없다.

이러한 혼동의 주된 근원은 바로 영화이다. 할리우드는 유인원 배우들을 좋아한다. 그들을 괴상망측한 인간의 모방자로 여기는 영화 팬들은 원숭이 배우들의 희한한 표정과 우스꽝스러운 몸짓에 질리지도 않고 환호를 보낸다. 내가 보기에 영화 <본조Bonzo> 시리즈와 사람의 옷을 입은 유인원들의 사진을 실은 달력 같은 것은 거의 저주라 할 수 있다. 그것들은 유인원들의 내적인 존엄성에 대한 모욕이다. 이 '배우들'이 가끔 같이 작업을 하는 스태프들을 공격한다 해도 나는 별로 비난하고 싶지 않다. 배우가 되기 위한 훈련 과정에서 체벌도 많이 받았을 터이기 때문이다.

  수십 년 전 존 보먼은 악력계握力計를 사용해 다 자란 침팬지와 대학 미식축구 선수들의 근력을 비교하는 연구를 했다. 미식축구 선수들이 한 손으로 끄는 힘은 평균 79킬로그램, 최고치는 95킬로그램이었던 반면 침팬지들은 쉽게 이보다 몇 배의 무게를 끌 수 있었다. 몸무게가 75킬로그램 나가는 한 수컷 침팬지는 한 손으로 384킬로그램을 끌었다. 이처럼 가공할 만한 위력이 알려지면서 영화나 TV에서는 다 자란 침팬지들이 사람들과 직접 상호 작용을 하는 장면을 찾아볼 수 없게 되었다. 연예계의 유인원들은 보통 7~8세를 넘지 않는다. 인간으로 치면 10세 된 어린이에 해당한다. 같은 이유로 침팬지들에게 기호나 수화로 의사소통을 하도록 가르치는 대부분의 언어 실험에서도 실험 대상이 사춘기에 접어들면 실험에서 제외한다. 따라서 일반 대중들의 눈에 유인원들이 결코 자라지 않는 것으로 보이는 것은 어쩌면 놀랄 일이 아니다. 이들은 항상 사람들에게 안기거나 목마를 타고 돌아다니면서 사고 칠 생각만 하는 귀엽고 장난스러운 동물로 비친다. 심지어 과학자들조차도 착각을 한다. 유인원들의 정신 발달은 인간 어린이 x세 수준을 넘지 못한다는 주장이 자주 나오는 것을 보면 이를 잘 알 수 있다. x값은 여러 가지로 제시되지만 보통 6을 넘지 못한다. G. 에틀링어는 "영장류 동물과 인간 사이의 비교를 영장류 동물과 인간 어린이에 대한 비교로 재설정하면 일부 이론적 문제들이 해결될 것이다"(강조는 원저자)라고 제안한 바 있다. 하지만 다 자란 유인원을 직접 대해본 경험이 있는 과학자들이 그러한 의견을 피력하는 경우가 거의 없다는 점은 주지할 만한 사실이다.

특정한 성인 집단을 어린애 같다고 치부하는 것은 새로운 일이 아닌데, 나는 그러한 동기에 대한 의혹을 뿌리칠 수 없다. 백인 남성들은 이런 식의 가부장적 태도를 다른 인종, 여성, 심지어 특정 국가 전체에 적용하기도 했다(윌리엄 웨스트모어랜드 장군은 "베트남을 보고 있으면 아이의 성장 과정을 지켜보는 듯하다"고 말한 적이 있다). 스티븐 제이 굴드는 "원주민은 어린이"라는 논리는 노예제의 정당화에 일조했다고 보고 있다.

인종 간 불평등은 타고난 것이라는 주장을 정당화하고 싶어 하는 사람들에게 발생 반복설보다 더 구미에 당기는 생물학적 이론도 없을 것이다. 이 이론에는 상위 인종(항상 자신이 속한 인종)의 어린이들은 커가면서 하위 인종 성인들이 영구적으로 머물러 있는 상태를 지나서 그 이상으로 발달한다는 주장이 포함되어 있기 때문이다.

같은 논리를 우리 유인원 친척들에게 적용하는 것은 두 가지 이유에서 오류이다.

먼저 다 자란 유인원들은 인간에게 잘 협조하지 않는 것으로 정평이 나 있다. 따라서 유인원들의 지능과 심리에 대한 우리의 지식은 거의 전적으로 어린 동물들에 대한 실험에 기초하고 있다. 이들을 대표로 해서 유인원을 이해하려 하는 것은 마치 유치원에 다니는 어린이들을 보고 인간 전체의 수준을 알아보려 하는 것과 비슷하다. 양쪽 종 모두 다 자란 성인의 심리는 어린이들의 심리와는 완전히 다르다. 그것은 서열, 섹스, 생계유지 그리고 자손 증식 등을 중심으로 움직인다. 두 가지 예만 들자면, 다 자란 수컷 침팬지들의 계산된 파워 게임과 암컷 침팬지들의 중재 능력은 우선순위와 사회의식 면에서 어린이들보다는 성인 남녀에 비교하는 것이 더 옳다. 아른헴 집단에서 성적 경쟁 때문에 수컷 침팬지 두 마리가 연합해서 라이벌을 거세하고 제거했던 사건은 어느 면으로 보나 성인들 간의 문제였다.

유인원을 키워본 사람들의 경험에서 우리는 두 종의 어린것들이 서로 더할 나위 없는 놀이 상대가 된다는 사실을 알고 있다. 양쪽 다 비슷한 종류의 게임을 하고(높은 데 올라가서 뽐내기, 장님 놀이, 간질이기 등), 근심 걱정 없는 태평스러운 태도 또한 비슷하다. 재미있어 하는 것, 의사소통, 심지어 TV 프로그램에 대한 취향까지도 완전히 똑같다. 어린이들이 항상 유인원 새끼들보다 더 영리한 것도 아니다. 윈드롭 켈로그와 루엘라 켈로그 부부가 그들의 아들 도널드와 암컷 침팬지 구아의 성장 발달을 수백 번 표준 측정한 결과 구아가 도널드보다 더 낫다는 것이 드러났다. 구아는 수저로 밥을 먹고, 컵으로 음료를 마시고, 소변을 보고 싶다는 표현을 (손으로 성기 부분을 쳐) 하는 등의 행동을 도널드보다 더 어릴 적부터 했다. 심지어 단어 이해와 수많은 지능 테스트에서도 구아가 도널드보다 앞섰다. 이 둘이 약 18개월 정도 되었을 때 관찰은 종료되었다. 이 실험이 좀더 오래 계속되었다면 도널드에게 유리한 주요 결과들이 서서히 나오기 시작했을 것이라는 주장도 일리가 있다. 그러한 주장에 대해 켈로그 부부는 이렇게 답하고 있다.

이 주제에 대해 완전히 열린 마음을 갖고 있다면 침팬지가 계속 여러 면에서 우월한 성적을 낼 것이라는 논리적 가능성을 배제하기 힘들다.

우리 인간들에게서 더 잘 발달된 것으로 알려진 언어 능력을 제외하면 1930년대 초에 나온 켈로그 부부의 견해는 아직도 옳다.

두 종을 비교하는 복잡한 문제를 유인원들은 어린아이들과 같다는 식의 결론으로 단순화해버리는 것을 재고해보아야 하는 두번째 이유는 인간이 유형幼形 성숙을 한다는 점 때문이다. 다른 영장류 동물들에 비해 인간은 성숙이 늦고 성인기까지 어릴 때의 형질의 일부를 유지한다. 예를 들어 인간의 특징인 넓은 이마, 커다란 두뇌, 적은 양의 체모 등은 다 자란 유인원보다는 새끼 유인원에 더 가까운 성질이다. 생물학계 밖에서는 이러한 유형 성숙론이 제대로 이해되지 않는 경우가 많다. 심지어 어떤 경우에는 이 이론이 증명하는 것의 정반대 주장을 뒷받침하는 데 이용되기까지 했다.* 이 이론이 실제로 의미하는 것은 루이스 볼크의 유명한 말을 빌리자면 인간은 "성적으로 성숙해진 영장류 동물의 태아"와도 같다는 것이다. 다른 학자들은 이 개념을 확대해서, 호이징가가 호모 루덴스$^{Homo\ ludens}$라고 이름 붙인 우리 인간의 장난기와 호기심 등과 같은 유아적 행동 특성까지 여기에 포함시킨다. 요약하면 유인원들이 인간 아이들 같고 그들처럼 행동하는 것이 아니라 인간이 유인원 새끼들처럼 보이고 그렇게 행동한다고 하는 편이 사실에 더 가깝다.

    그럼에도 불구하고 인간들과 영장류 동물을 비교하는 연구를 할 때는 대부분 인간 실험 대상으로 주로 어린이들을 택하고 이들의 행동을 관찰해서 그 결과를 이용한다. 어린이들을 연구하는 데 동물행동학적 관찰 방법을 적용하는 학자들의 수가 점점 늘고 있지만 인간 성인의 행동에 대한 연구는 이러한 방법론적 변화에 거의 영향을 받지 않고 있다. 물론 성인보다는 어린이들을 관찰하는 것이 훨씬 더 쉽다. 누군가가 자기를 뚫어져라 쳐다보다가, 미소 짓거나 목소리를 높이거나 얼굴을 감추거나 이마를 닦거나 웃거나 혹은 문을 꽝 하고 닫거나 할 때마다 뭔가를 기록하면 어색해져버리는 게 인간 성인들이기 때문이다. 어린이들은 행동학자들이 떼를 지어 뒤를 따라다녀도 별로 개의치 않고 자기가 하고 싶은 대로 행동한다. 몬트리올 시내의 한 보육원에서 장기 연구 프로젝트를 책임지고 있는 프레드 스트레이어는 식사에서 놀이에 이르기까지 각종 활동을 모두

---

* 예를 들어 정치학자 글렌던 슈버트(Glendon Schubert)는 1986년 발표한 글에서 "현대 인류가 유형 성숙을 한다는 사실을 고려하면, 인간의 아이들이 다 자란 침팬지나 비비들의 행동과 공통점을 가장 많이 가지고 있다는 것도 그리 놀라운 일이 아니다"라고 기술하고 있다.

비디오로 녹화할 수 있는 많은 스태프들을 거느리고 있다. 영장류학으로 처음 학계에 발을 내디뎠던 스트레이어는 현재 자신이 하고 있는 일이 기본적으로 원숭이들을 관찰하는 것과 두 가지를 제외하면 거의 다르지 않다고 말한다. 첫째, 어린이들이 말을 하기 때문에 내용과 어조를 분류하기 위한 복잡한 체계를 개발해야 했고 둘째, 어린이들의 삶의 아주 중요한 부분, 즉 집에서 보내는 시간에 대한 직접적인 정보를 얻을 수 없다는 점이 달랐다는 것이다.

스트레이어는 마이클 챈스의 이론에 관심을 가졌다. 챈스는 사회 집단의 응집력과 내부 조화는 서열 높은 성원들의 중심적 위치에 달려 있다는 이론을 제출한 바 있다. 하위 계층 성원들은 사회적 사다리의 맨 위에서 군림하고 있는 성원들에게 끌리고, 그들을 추종하며, 그들을 흉내 낸다. 몬트리올의 보육원에서 진행된 연구에서는 어린이들 사이의 위계질서가 친구의 선택을 결정한다는 관찰 결과가 나와, **주목 구조**라고 알려진 이러한 모델을 다시 한번 입증해주었다. 한 살밖에 되지 않은 나이에도 불구하고 어린이들 사이의 갈등의 결과는 예측이 가능했다. 서열은 비록 가변적이었지만 쉽게 알아볼 수 있었다. 서열은 어린이들이 자라면서 정착되기 시작했고, 사회적 유인력에 영향을 주기 시작했다. 네 살 무렵이 되면 서열이 높은 어린이들이 놀이 상대와 친구로 선호되고 그때부터 또래들 사이에서 높은 서열은 높은 인기와 직결되었다. 서열이 집단의 구조를 결정하는 효과를 갖고 있으며, 서열이 높은 아이들이 자기 위치를 이용해 다른 아이들 사이의 싸움을 말리는 현상이 나타난다는 것 등을 근거로 스트레이어는 공격적 행동이 '친사회적' 기능을 한다고 주장한 최초의 과학자들 중의 하나가 될 수 있었다.

그러나 공격성이 결코 사회관계를 교란시키지 않는다고는 말할 수 없다. 프랑스에서 비슷한 연구를 하던 위베르 몽타네르는 지배적인 어린이들을 두 부류로 명확히 구분했다. 한 부류는 소위 '공격적 지배자들'로 대부분 남자 어린이들이며 동년배들을 겁주고 다닌다. 이 부류의 아이들은 다른 아이들을 이유 없이 때리거나 밀고, 부탁하지 않고 다른 아이들의 장난감을 뺏는 등 집단의 조화를 깨뜨리는 행동을 많이 한다. 두번째 부류는 소위 '지도자들'로 남자 아이들만큼이나 여자 아이들도 많다. 공격적 지배자들 부류와는 대조적으로 이 지도자들은 힘을 사용하기 전에 먼저 상대방에게 경고하고 상대의 반응을 기다린다. 사실 힘을 사용하는 경우도 극히 드물다. 또 하나의 차이점은 두번째 부류의 아이들은 싸운 후 화해하거나 흥분을 가라앉혀주는 제스처를 한다는 것이다. 예를 들어 새로 보육원에 아이가 들어오면 지도자 부류의 아이들은 새로 들어온 아이에게 다가가 달래주고 그 아이들을 울리는 아이들을 위협한다. 물론 깡패 형보다 이 외교적 지도자 부류들이 높은 인기를 누리게 된다.

    다른 영장류 동물들에서는 거의 알려져 있지 않거나 찾아볼 수 없지만 사람들 사이에서는 아주 흔한 특수한 화해의 몸짓이 하나 있다. 선물 주기가 바로 그것이다.* 성인들 사이에서 그것은 꽃을 선물하거나, 화해의 의미로 저녁 식사를 같이 한다거나 혹은 (부자들 사이에서) 보석을 선물하는 등의 형태로 나타난다. 광범위한 종류의 인간 문화를 대상으로 아이블-아이베스펠트가 실시한 연구는 선물 주기와 음식 공유가 어린이들 사이에 어떠한 훈련 없이도 자발적으로 발달한다는 것을 보여주고 있다. 몽타네르는 의견 충돌 뒤 그러한 행동이 갖는 중요성을 강조한다. 한 어린이가 금방 싸웠던 아이에게 장난감이나 어떤 물건을 가져다주면 둘은 대부분 우호적인 접촉을 하거나, 힘을 합쳐서 하는 놀이를 하기도 하고, 상대방을 서로 흉내 내는 게임을 하기도 한다. 선물은 관계를 복구하는 역할을 한다. 주변에 선물할 만한 별다른 물건이 없더라도 문제없다. 시뮬레이션에 능

---

* 영장류 이외의 짐승들 사이에서는 선물 주기가 상당히 흔한 관행이다. 많은 종류의 새가 구애를 할 때 먹이를 상대에게 전달해주고, 일부 수컷 곤충들은 암컷에게 다가갈 때 '결혼 선물'을 지참하기도 한다. 이런 제스처는 영역권 개념이 강한 동물이나 육식성 동물들 사이에서 생길 수 있는 적대적 분위기를 협조적인 것으로 바꾸는 역할을 한다.

한 어린이들은 자기 주머니에 뭐가 잔뜩 들어 있는 것처럼 주머니를 뒤지다가 빈손을 상대에게 내민다. 상대는 이 상상의 선물을 즐거운 얼굴로 들여다본다.

독일의 한 유치원의 어린이들을 연구한 라인하르트 슈로프의 관찰 결과에 따르면 밀접한 관계를 갖지 않은 아이들 사이에서 선물 주기가 가장 빈번했다고 한다. 선물 주기가 상대와의 접촉을 시작하는 구실로 사용되는 것이다. 슈로프는 선물을 줄 때 한 가지 유리한 점은 주의가 물건에 집중되어 있어서 선물을 주고받는 어린이들은 상대방을 쳐다볼 필요가 없고, 따라서 물건이 거절당하더라도 체면을 잃을 위험성을 줄일 수 있다는 것이라고 지적한다. 반면 받아들여진다면 한 걸음 더 나아간 상호 작용을 위한 손쉬운 대화의 주제가 된다.

운동장에서 노는 미국 어린이들을 관찰한 하비 긴즈버그는 또 다른 흥미로운 체면 세우기 기술에 대해 들려주고 있다. 싸우다가 한쪽이 눈이 마주치는 것을 피하면서 몸을 낮추면 대개 싸움은 끝이 났다. 싸움에 진 어린이는 잠시 손과 무릎을 대고 바닥에 엎드리곤 했으며, 어떨 때는 신발 끈을 묶기도 했다. 긴즈버그는 그것이 신발 끈이 풀려서가 아니라 일종의 핑계라고 생각한다. 싸우지 않고 신나게 뛰어놀 때는 신발 끈이 풀리는 일이 거의 없기 때문이다. 게다가 한번은 싸우던 소년 한 명이 신발 끈도 없는 운동화 끈을 '매기 위해' 싸움을 중단하고 주저앉은 사례가 관찰되기도 했다. 긴즈버그는 신발 끈 묶기가 상대에 대한 항복의 신호일 뿐만 아니라 구경꾼들에게 "신발 끈만 풀어지지 않았어도 이 싸움쯤 이길 수 있었다"라는 메시지를 전달하기 위한 것이기도 하다고 추측하고 있다.

1984년 스티브 새킨과 에스터 텔렌은 「유치원 아동들 간 갈등의 평화적이고 융화적인 해결에 대한 행동학적 연구」라는 제목의 짤막한 전문 논문을 발표했다. 이 논문은 원숭이와 유인원들을 대상으로 한 필자의 연구과 비교할 만한 최초의 '자연주의적인' 연구였다. 연구 대상은 미국에 있는 유치원 두 곳에 다니는 5~7세 어린이들로, 선생님들이 개입하지 않은 싸움 165건이 기록되었다. 기본적으로 싸움은 두 가지 형태로 결말이 났다. 첫째는 한 어린이가 항복하고 둘이 거리를 두는 형태이고, 둘째는 우호적인 행동을 주고받으면서 싸움이 끝나고 둘이 가까운 사이로 남는 형태이다. 화해는 다음과 같은 형식을 띠었다. 아래에서는 빈도가 높은 순서로 열거했으며, 저자들의 정의를 그대로 인용했다.

- 협조 제의 — 우호적인 의도를 선언하고 "난 네 친구야" 또는 "이 집 짓는 것 도와줄래?" 등의 협력을 구하는 제의를 한다.
- 물건 주기 — 위에서 논의되었음.
- 그루밍 — 손잡기, 쓰다듬기, 입 맞추기, 껴안기 등 여러 형태의 접촉.
- 사과 — 싸움의 결과에 대해 유감이라는 의사를 말로 표현하는 것.
- 상징적 선물 제안 — "내 장난감 트럭 가져다줄게" 등의 약속.

그루밍(다섯 건 중 한 건 비율로 관찰되었다)을 제외하면 이 패턴들은 인간에게서만 찾아볼 수 있는 것들이다. 화해 빈도는 또 어린이의 성별에 따라 차이를 보였다. 남아들끼리는 싸운 후 50%가 결국 다시 친구가 되었고, 여아들은 40%가 화해한 반면 남아와 여아가 싸운 경우 12%만 화해를 했다. 눈여겨볼 것은 네 종류의 영장류 동물들 중 필자가 연구한 두 종이 보이는 성별 차이와 완전히 다른 패턴을 보인다는 사실이다. 남아와 여아들이 같은 성별 내에서 화해하는 빈도는 양쪽이 비슷하지만 이런 화해는 거의 같은 성별 내에서만 배타적으로 행해지고 있다. 하지만 어린아이들이 동성끼리 가까운 친구 관계를 형성한다는 잘 알려진 사실을 고려하면 그다지 놀라운 일은 아니다.

여기서 다시 한번 강조하고 싶은 것은 어린이들이 원숭이나 유인원들과의 비교 대상으로 최고가 아니라는 점이다. 인간의 사회생활의 많은 측면은 사춘기를 거치면서 극적으로 변화하는데, 물론 특히 성별 간의 관계가 그렇다. 그러나 화해 기술이 어떤 방식으로 습득되는지를 이해하고, 특히 그러한 기술의 습득 과정을 돕기를 원한다면 인간 어린이에 관한 연구는 극히 중요하다. 한 가지 질문을 던져보자. 어린이들의 사회적 문제에 선생님은 어디까지 개입하는 것이 옳을까? 나는 매년 어린이들을 상대로 일주일 동안 원숭이 관찰 교실을 개최하는데, 화해 행동에 대해 길게 토론하는 동안 어린이들은 라이벌과 악수하라며 상대편 쪽으로 등이 떠밀리는 것이 얼마나 싫은지 토로하곤 한다. 이들 어린이들은 강제로 상대를 용서하는 것이, 적어도 가족 관계 이외에서는 아무런 효과가 없다고 생각하는 것이다.

그러한 종류의 질문에 대답하기 위해 나는 어린 붉은원숭이와 붉은얼굴원숭이를 비교해보고 싶다. 붉은원숭이 어미들은 간섭을 많이 하는 타입으로 자기 새끼가 동료들과 싸울 때면 항상 주의를 그쪽으로 기울이고 있다. 붉은얼굴원숭이 어미들은 보다 더 느긋한 자세를 취한다. 공격 행위가 심해지지만 않는다면 붉은얼굴원숭이 새끼들은 동료들과 놀고, 싸우고 화해하는 것까지 전부 자율적으로 하도록 허용된다. 이들이 커서도 사회적 긴장 관계를 훨씬 더 능숙하게 다루는 것은 이 때문이 아닐까? 인간 어린이들의 경우에도 돌보는 사람은 과도한 폭력을 방지하는 것과 지나친 규제 사이에서 균형을 찾아야 한다. 확실한 결론에 이르기도 전에 개입에 의해 싸움이 흐지부지되어버리면 화해를 하는 데 필요한 기본적인 규칙을 배울 수 없다. 필자의 기억으로 그러한 경우에는 방과 후에 후반전을 하는 수밖에 없었던 것 같다.

이보다 더 중요한 것은 어른들이 보여주는 **모범**이다. 어린이들에게 어떻게 행동해야 하는지 말로 하는 것보다 분노를 터뜨린 뒤 어떻게 행동하는지를 보여주어야 하는 것이다. 어린이들은 정말 미세한 얼굴 표정의 변화까지도 눈치 채는 1급 관찰자들이다. 배우자와 다툼이 있을 경우 말다툼에서 사과까지 전 과정을 아이들에게 보여주어야 하는 것일까 아니면 배우자와의 불화를 아이들에게는 숨겨야 하는 것일까? 이에 대해서는 의견이 분분한데, 부모를 안내할 수 있는 데이터라고는 가족 내의 물리적 폭력이 어린이들을 극도로 불안하게 한다는 통계뿐이다. 마크 커밍스의 연구팀은 말로만 하는 싸움도 어린이들에게서 불안 반응을 일으켰고, 이들 중 몇은 화가 난 부모들을 위로하거나 화해시키려는 시도를 하기까지 했다고 보고하고 있다. 그러나 어린이들 앞에서 그러한 싸움을 완전히 피해야 하는지 여부는 판단하기 힘든 문제다.

아른헴 동물원의 어린 침팬지들은 극적인 사건들을 충분히 목격하면서 자라난다. 새끼들은 심지어 때로 집단 전체가 개입되기도 하는 성인 수컷들 사이의 권력 다툼을 목격하기도 한다. 난장판이 벌어지는 내내 이들은 보통 어미들의 배 밑에 거꾸로 매달려 모든 장면을 지켜보다가 전부 안정을 되찾은 후에야 어미에게서 풀려난다. 유소년기 침팬지들은 놀라울 정도로 화해 장면에 큰 관심을 보인다. 초기의 긴장된 움직임이 이루어지는 동안에는 옆에서 지켜보기만 하지만 화해의 절정에 해당하는 껴안기 등의 동작이 이루어지면 흥분해서 양쪽에서 뛰고 소리를 지르면서 화해 당사자들 주변을 돌기도 한다.

사회 환경이 화해 행동의 발달에 미치는 효과를 연구하기 위한 방법 중의 하나로 붉은원숭이를 붉은얼굴원숭이 집단에서 키워보는 방법도 있다. 이 두 종은 생물학적으로 가까워서 입양이 가능하다. 붉은얼굴원숭이 집단에서 자란 붉은원숭이 새끼는 완전히 다른 갈등 해소 모델을 보고 자라게 된다. 우리의 실험 대상이 세상에서 제일가는 평화주의자로 변화할 것이라고 기대하지는 않지만 — 붉은원숭이들의 불끈하는 성질은 부분적으로나마 선천적이지 않을까 — 조금이라도 효과가 있다면 화해 행동과 사회적 관용을 이루는 요인들을 알아내는 앞으로의 실험에 대한 기초가 마련될 것이다. 교육자들도 그러한 연구에서 얻는 것이 있을 것이다. 이러한 측면에서 원숭이들이 환경에 영향을 받아 행동이 달라진다면 인간 어린이들도 마찬가지일 것이기 때문이다.

싸운 적과 화해하는 것 다음으로 중요한 것은 사태가 악화되기 전에 상충하는 이해관계를 조정할 수 있는 메커니즘이다. 유인원들 사이의 먹이 공유 행동 그리고 이때 상대를 안심시키는 행동의 역할을 관찰해보면 갈등을 미연에 방지하는 기술이 인간들의 전유물만은 아니라는 결론을 내릴 수 있다. 이에 관한 데이터가 상대적으로 적은 것은 잠재적 갈등이 내가 집중적으로 연구하고 있는 갈등 후 화해 행동만큼 명확한 선을 그어 구분하기가 힘들기 때문이다. 인간 어린이들이 갈등을 미리 예측하고 문제를 예방하기 위해 간단한 협상("사탕 주면 내 인형 갖고 놀게 해줄게" 등등)을 벌이는 방식을 연구하면 무척 흥미로운 결과를 얻을 수 있을 것이다. 특히 이 점에서는 언어가 큰 차이를 가져올 것이다.

문화

"인간과 문화는 두 개념의 규정상 동시에 시작되었다." 레슬리 화이트는 『문화의 진화 *The Evolution of Culture*』에서 이렇게 단정했다. 화이트는 문화의 기원을 약 100만 년 전쯤으로 추정한다. 따라서 화이트의 의견에 따르면 그 이전에 존재하던 인간의 조상들은 동물이었다고 할 수 있다. 화이트는 인간의 상징적 능력을 문화의 핵심으로 본다. 화이트는 각주에서 "인간 행동의 일부는 상징성과 관계가 없고, 이런 부분은 따라서 인간적이지 않다"라고 인정하고 있지만 그가 제시하는 예들이라곤 기침, 긁적이기, 하품 등뿐이다. 화이트의 극단적인 관점으로 보면 인간은 전적으로 우리 자신의 창조물이라고 할 수 있다. 다시 말해 우리는 우리가 원하는 모습으로 우

유소년기의 붉은얼굴원숭이들이 싸움을 벌이고 나서 동시에 두 군데서 화해를 하고 있는 장면. 두 마리는 올라타기를 하고 있고(위), 다른 두 마리는 엉덩이 붙들기를 하고 있다. 붉은얼굴원숭이 사회에서는 어린 새끼들이 놀고 싸우고 화해하는 과정에 다 자란 원숭이들이 많이 개입하지 않는다(위스콘신 영장류 센터).

리 자신을 그린다는 것이다.

생물학자에게는 이런 식으로 문화적 융통성에 제한을 두지 않는 것은 받아들이기 어려운 일이다. 나는 낯선 문화를 대할 때마다 항상 모든 것이 익숙하게 느껴지는 것을 발견하고 놀라곤 한다. 사람들이 웃는 모습, 사람들이 싸우는 방식, 그리고 싸우는 주제, 젊은 남자들이 젊은 여자들을 쳐다보는 눈빛, 그리고 그 반대, 아이들에게 말할 때 달라지는 엄마들의 목소리, 지위가 높은 사람들이 거들먹거리며 걷는 모습 등등이 모두 그렇다. 나도 그들과 같은 사람의 하나일 뿐인 것이다. 하지만 같은 곳을 여행하더라도 문화인류학자라면 그곳 언어의 독특한 개념이라든지 특이한 습관, 옷차림, 사회 제도 등에 초점을 맞출 것이다. 그 결과 많은 현격한 차이들을 발견하고 결국 필자와는 정반대의 결론에 도달할 것이다. 그들이 기침하고 하품하는 것은 우리와 똑같을지 모르나 비슷한 것은 거기까지뿐이라고 단정짓는 것이다.

하지만 지금 이러한 두 가지 견해가 느리게, 크게 망설이는 가운데 점점 더 서로 접근하고 있다. 분명 양쪽 모두에게 맞는 부분이 있기 때문이다. 동물행동학자들은 많은 동물들이 지역에 따라 다른 행동 전통을 발달시킨다는 사실을 발견했는데(예를 들어 어떤 종의 새들은 지역에 따라 서로 다른 '방언'으로 된 노랫소리를 갖고 있다), 그러한 발견은 인간의 문화적 다양성을 한층 더 민감하게 느낄 수 있도록 해주었다. 반면 최근의 비교 문화 연구에서는 인간 행동의 몇몇 측면은 전적으로 문화에 따라 달라진다고 하기에는 너무 보편적이라는 것이 증명되기도 했다(예를 들어 대부분의 문화에서 남자 아이들은 여자 아이들보다 더 공격적인 행동을 보인다). 생물학자와 문화인류학자들이 의견 통일을 보기까지는 아직도 넘어야 할 산이 많지만 아마 다음 세대는 현재의 극단적인 도그마에 한층 덜 완고하게 매달리게 될 것이다.

공격성을 제어하고 화해하는 방법을 포함해 문화는 인간의 사회생활

전반에 영향을 끼친다. 야노마뫼족 여성들은 마력이 있는 식물을 길러 부족의 남성들이 때때로 곤봉 싸움을 벌일 때 남성들에게 이파리를 따서 던진다고 한다. 이처럼 의례화된 싸움은 야노마뫼 인디오 부족 남성들이 얕잡아 보이지 않으려면 반드시 유지해야 하는 높은 수준의 공격성에 대한 분출구로 마련된 것이다. 여성들이 던지는 이파리들은 남성들의 화를 가라앉혀서 곤봉 싸움이 화살을 쏘는 싸움으로까지 발전하지 않도록 하는 효과를 갖고 있다.

미국에 살면서 미국 문화에 적응한 남미계 여성들은 남미 문화에서는 일상적으로 벌어지는 밤의 세레나데가 그립다고들 한다. 멕시코에서는 한 남성이 사랑을 고백하기 위해 또는 어머니를 깜짝 놀라게 해드리기 위해 세레나데를 연주해 온 동네 사람들을 깨워도 양해가 된다. 보통 직접 연주를 하는 것이 아니라 기타를 치며 노래하는 직업 가수, 삼중주단, 심지어 악단 전체를 고용하기도 한다. 세레나데는 또 용서를 구하거나 위기에 빠진 결혼을 구하는 데도 쓰인다. 이보다 더 공공연한 화해도 상상하기 힘들 것이다.

발리 섬의 마을들은 특별한 오두막을 세워서 싸운 사람들을 이곳에 보내 이견을 좁히도록 한다. 마을 바깥의 들에 마련된 이 오두막은 기둥 두 개 위에 지붕만 얹혀 있는 단순한 건물이다. 벽이 없기 때문에 마을 사람들이 이 두 문제아를 지켜볼 수 있다. 오두막으로 보내진 두 사람은 서로 몇 미터밖에 떨어져 있지 않은 기둥에 등을 대고 앉아서 화해를 해야 하는데, 이견이 해소되기 전까지는 마을로 돌아갈 수 없다.

오스카 빔웬이 크웨쉬의 대가족은 수년 동안의 심각한 반목 끝에 화해하면서 이를 자이르 전통에 따라 축하하기로 했다. 가족 전체가 농장 마당에 모여 처음 싸움을 시작해서 분열을 야기했던 오누이를 둘러싸고 이 둘이 사람들 앞에서 잘못을 시인하는 것을 들었다. 그런 다음 닭 한 마리를 희생 제물로 죽이고, 칼라바쉬(호리병박으로 만든 술병)에 술을 붓고 모두가 돌려 마셨다. 이렇게 하나의 칼라바쉬를 돌려가며 술을 마시는 것은 모두 한 어머니의 젖을 먹고 자랐다는 사실을 상기시키기 위한 것이었다.

적의 머리를 자르는 것으로 알려진 뉴기니의 키와이-파푸아 부족에서는 적의 마을로 가는 길에 나뭇가지를 가로로 놓아두는 것으로 전쟁을 끝내고 싶다는 의사를 밝힌다. 휴전 의사가 받아들여지면 이쪽 부족 남자들은 부인들을 몇 걸음 앞세우고 상대 마을로 찾아간다. 여성들을 함께 데려오는 것은 좋은 의도를 상징한다. 상대 부족은 방문하는 부족을 친절하게 맞이하고 선물을 교환한 다음 남자들은 서로 상대방의 머리 자르는 칼을 부러뜨린다. 밤에는 손님을 맞이한 마을 남자들이 상대방의 부인들과 잠자리를 함께한다. '불을 끄기 위해서'라고 한다. 얼마 뒤 손님을 맞이한 쪽에서도 아내들을 앞세우고 상대방 마을을 방문해서 모든 의례를 반복하고 전쟁이 끝났음을 선포한다.

갈등 해소의 필요성에 대한 필자의 생각에는 전혀 들어맞지 않는 것처럼 보이는 문화를 이루고 사는 곳이 한 군데 있다. 바로 사모아인들이다. 『사모아의 성년 의식 Coming of Age in Samoa』에서 마거릿 미드는 이들은 그저 서로 헤어지는 것으로 싸움을 끝낸다고 쓰고 있다.

> 부자간이 싸우면 아들이 길 건너로 이사하고, 한 사람과 마을 전체가 싸우면 그가 이웃 마을로 이사하는 것으로 해결된다.

미드는 또한 이 문화가 극히 평화스럽고 태평스러운 것으로 묘사하고 있다. 이제 우리는 그러한 이야기가 단지 낭만적인 소설에 불과하다는 것을 알게 되었다. 데릭 프리먼은 같은 지역 사람들을 철저하게 관찰한 뒤 미드의 연구를 비판했는데, 그의 연구를 통해 사모아인들도 튼튼한 유대 관계가 있고, 세계 모든 사람들과 마찬가지로 갈등을 회피하기보다는 극복하려는 노력을 기울인다는 사실이 분명해졌다.

인간 문화가 다양한 만큼이나 화해 의식도 다양하지만 모두 복수의 악순환으로 빠질 수도 있는 상황을 서로에게 이익을 줄 수 있는 관계로 전환시키는 것을 목적으로 하고 있다. 해소되지 않은 적대감은 마치 얼음 속에 냉동 보관해둔 것처럼 우리 기억 속에 저장되어 있다. 우리는 그처럼 생생한 기억을 마음속에 담고 다니면서 복수할 기회를 노린다. 극단적으로는 유혈 복수극으로 발전해서 몇 세대 동안 계속 죽고 죽이는 패턴이 반복되기도 한다. 죽이는 것은 또한 평화 협상의 일부분이 되기도 한다. 예를 들어 키와이-파푸아족 사람들은 위에서 설명한 휴전 제의를 거절하려면 같은 곳에 작은 나뭇가지 다발을 놓아두는데, 나뭇가지의 숫자는 휴전을 말하기 전에 얼마나 많은 숫자의 적을 죽이고 싶은지를 나타낸다. 인간 문화에서 '눈에는 눈, 이에는 이'라는 식의 상호 보복은 화해한 뒤에 나타나는 상호 협력만큼이나 흔하다. 교역, 공동체 간 결혼, 공동 연회 등이 재개되면 우리는 과거의 일이 '잊혀졌다'고 말한다. 물론 그것은 말도 안 되는 이야기이다. 과거의 갈등은 단지 다른, 좀더 온화한 칸으로 옮겨 갔을 뿐이다.

상호 협력 형태는 그와 반대의 형태들보다 과학의 관심을 훨씬 더 많이 받아왔다. 하지만 갈등 해소와 관련해서는 앙갚음이 핵심적인데, 그것이 우리의 정의감의 기초가 되어주기 때문이다. 침팬지에 관한 나의 데이터에 따르면 침팬지들도 상대의 부정적인 행동을 기억했다가 다른 부정적인 행동으로 되갚는다. 그러한 '복수 체계'는 다른 동물들에게서는 아직 발견되지 않았다. 인간들은 한 걸음 더 나아가 기준 ― 법이라고 부르는 ― 을 세워서 반목 관계를 조정한다. 동아프리카 지역에서 유목 생활을 하는 마사이 부족은 살인 사건이 나면 희생자 가족들이 복수를 위해 범인을 찾는 동안 보통 살인자의 친척들이 살인자를 숨겨준다. 범인은 상황이 진정되고 협상이 시작될 만한 시기까지 보호받는다. 살인에 대한 전통적인 벌칙은 소 49마리이다. 소 떼를 받으러 가는 피해자 친척들은 마치 전쟁에라도 나서는 것처럼 무장하고 간다. 그리하여 복수에 대한 뿌리 깊은 욕구는 분노의 상징적인 표출, 범인에 대한 처벌, 그리고 피해자 친척들에 대한 보상으로 해소된다. 규칙을 정하는 것은 사회이므로 이것은 좀더 고도화된 형태의 갈등 해소 방법으로, 동물들에게서는 찾아볼 수 없다. 법원과 재판소 등은 이러한 원칙을 한 단계 더 발전시킨 것이라고 할 수 있다.

법률가라는 직업은 이러한 발전을 대변하는 것일 수도 그렇지 않을 수도 있다. 분명 법률가의 원래 기능은 꼭 필요한 것이었겠지만 현재 67만 5천 명(1985년의 추정치)의 법률가가 활동하고 있는 미국에서는 이들의 사업을 위해 갈등이 필연적으로 **조장될** 수밖에 없다. 유럽 이민자들이 미국에서 느끼는 문화 충격 중의 하나는 미국 사람들이 갈등 해소를 무조건 법률가와 당국에 맡기려고 하는 경향이 무척 강하다는 사실이다. 아래와 같은 절도 사건을 경찰에 신고하고 수색 영장을 발급받아 용의자를 지목하려고 할 사람이 과연 있을까? 없어진 물건: 딸랑이 한 개, 작은 주황색 장난감 자동차, 회색 쥐 인형. 희생자: 세 살배기 소년. 용의자: 같은 나이의 놀이 친구. 그러나 그러한 '범죄'를 처벌하기 위해 실제로 경찰을 불렀다는 기사가 내가 살던 곳의 지방 신문에 실렸었다. 미국 사람들마저도 대부분은 웃고 말겠지만 동시에 분쟁을 해결할 능력이 얼마나 부족한지를 말해주는 사건이기도 하다.

미국인들의 갈등 해결 기술이 다른 문화 집단들에 비해 덜 발달되었는지 여부는 연구가 더 필요한 문제지만 일인당 법률가 수와 살인율이 다른 선진국보다 몇 배나 더 높다는 것을 감안하면 일리 있는 추측인 것 같기도 하다. 물론 모든 폭력 범죄가 그런 식으로 설명될 수 있는 것은 아니다. 그러나 많은 살인 사건이 가족, 연인, 친구, 지인 혹은 이웃들 사이의 언쟁에서 벌어지는 것은 사실이다. 따라서 나는 한 나라의 살인율은 사회적 갈등을 상호 동의할 수 있는 방법으로 해결할 수 있는 시민들의 능력과 반비례한다고 생각한다. 미국인들의 사고방식에서 '화해reconciliation'는 거의 '항복capitulation'과 동의어라는 것을 부정하는 미국인은 거의 없을 것이다. 타협점을 찾는 것은 결코 고도의 기술로 간주되지 않는다. 그것은 그저 힘이 없다는 것을 의미할 뿐이다.

이 나라에서 강인함에 그토록 높은 가치가 주어지는 것은 역사적으로 모든 사람이 스스로 자기 자신을 지켜야만 했기 때문일까? 용서하는 신보다는 벌주는 신을 믿었던 초기 이민자들의 종교관과 관련이 있는 것일까? 끝없이 펼쳐진 텅 빈 지평선과 이주가 용이했던 전통에서 영향을 받은 것일까? 적어도 과거에는 — 한 미국인 친구의 말을 빌리자면 — "문제가 있으면 항상 서쪽으로 이주하면 되었다". 사용할 수 있는 비어 있는 땅이 너무 많아서 서로 다른 견해와 배경을 가진 사람들이 섞여 사는 데 필요한 공존의 기술을 발전시키는 노력을 몇 세대 동안 게을리 했을 수도 있다.

나의 모국에서는 그와 정반대이다. 네덜란드는 인구 밀도가 세계 최고인 나라에 속한다. 따라서 '관용'은 국민성의 가장 중요한 요소가 되었다. 네덜란드인들이 관용을 이마에 써 붙이고 다니는 것은 아니지만 이 사회가 다른 사람 일에 간섭하지 않고, 소수자의 생활 방식과 종교를 쉽게 받아들이며, 의견 일치를 이루어내고 싶어 하는 욕망이 강하다는 사실을 외부인들은 강하게 느끼곤 한다.

네덜란드인들도 다른 어떤 민족만큼이나 경쟁적이지만 공간적으로 이동이 어려운 '사로잡힌' 상황에 오래 적응해 살아온 만큼 갈등이 벌어졌을 때 타협하려는 경향이 강한 태도를 기르게 되었다. 네덜란드는 아주 작은 나라여서 차가운 북해를 제외하고는 다른 데로 갈 곳이 없다. 이들의 관용성이 유전적 형질이 아니라는 사실은 남아프리카 공화국을 지배한 아프리카너〔남아프리카 공화국에 정착해서 지배 계급을 이루고 흑백 차별 정책을 시행했던 백인들. 주로 네덜란드에서 건너갔다〕의 행동에서 드러난 바 있다. 아프리카너들은 네덜란드인의 자손이지만 달라진 상황은 태도의 변화를 가져왔다.

　네덜란드인들은 1960년대의 군집 이론과는 상반되는 문화의 좋은 실례를 제공해주고 있다. 원숭이와 유인원 집단에서 볼 수 있듯이 갈등 조절 메커니즘은 붐비는 정도와 공격성의 증가가 비례 관계에 있다는 군집 이론에 부합되지 않는다. 인간 사회에서는 그러한 규칙이 훨씬 더 크게 바뀔 수밖에 없으며, 때로는 정반대 결과가 나오기도 한다. 공간이 풍부한 경우 괴팍한 개인주의자들이 나타나 자기 앞을 가로막는 다른 사람들을 전혀 참지 못하게 되는 수도 있다. 반면 공간이 제약되어 있는 동일 인종 집단에서는 일본처럼 방음이 전혀 되지 않는 얇은 벽으로 된 집과 엄격한 예절 규칙, 감정의 절제 등을 특징으로 하는 집단주의적 문화가 탄생하기도 한다. 이 양극단이 모두 인간이라는 한 종 내에서 벌어지는 일이다!

엘베의 맹세

　1983년 11월 26일 시카고의 택시 운전사인 조지프 폴로브스키의 유해가 동독의 엘베 강 근처 토르가우의 한 묘지로 운구되었다. 바로 이곳에서 폴로브스키는 히틀러 군대의 저항에 종지부를 찍은 미-러 연합군 소속 보병으로 싸웠었다. 이후 38년 동안 연합국이던 미국과 러시아의 관계는 차갑게 적대적으로 변했으나 폴로브스키는 '엘베의 맹세'를 주창하며 전쟁 때 존재했던 형제애를 지키겠다고 맹세해오고 있었다. 두 나라 사이의 우정을 다시 이으려는 한 사람의 고독한 캠페인은 암으로 인한 폴로브스키의 죽음으로 끝나고, 머나먼 이국땅에 그가 묻힐 때 장례에 참석한 미군과 러시아군이 그를 기리기 위해 화환을 놓으면서 절정에 이르렀다.

　1942년 제2차세계대전 당시 일본 해군 소속 조종사 노부오 후지타는 작은 수상비행기를 타고 미국 오리건 주 브루킹스 주변 숲에 소이탄을 투

하해 불을 지르려다 실패했다. 20년 후 그곳 주민들은 그곳에서 벌어지는 철쭉 축제에 후지타를 주빈으로 초대했다. 당시 그는 부유한 사업가가 되어 있었다. 그는 초청을 받아들였으며 브루킹스의 청소년들을 일본에 초대하는 것으로 그러한 화해의 제스처에 응답했다. 그러나 그 직후 후지타는 재산을 잃는 바람에 청소년들을 초대하겠다는 약속을 지키기 위해 몇 년 동안 저축을 해야 했다. 후지타는 마침내 73세 되던 1985년 세 명의 브루킹스 고등학교 학생들을 일본에 초청하는 데 필요한 비용을 마련할 수 있었다. 후지타는 기자에게 이렇게 말했다.

학생들이 일본을 둘러보아야 마침내 내게는 전쟁이 끝날 것입니다.

동물행동학계의 두 거성 니코 틴베르헨과 로렌츠는 제2차세계대전 때 반대편 진영에 서게 되었다. 틴베르헨은 독일이 네덜란드를 점령할 당시 수감되었다. 그의 석방을 위해 로렌츠가 백방으로 노력했지만 틴베르헨은 몇 년을 포로수용소에서 지내야 했다. 로렌츠도 군의관으로 독일군에서 복무하다가 러시아 감옥에 갇히는 신세가 되었다. 1949년 영국인 윌리엄 소프의 케임브리지 자택에서 로렌츠와 틴베르헨은 10년 만에 재회했다. 소프는 이 일을 무척 감동적인 만남이라고 묘사했지만 동물행동학자라면 덧붙였을 만한 자세한 묘사는 하지 않았다. 한 가지 부연 설명으로 소프는 종전 후 틴베르헨이 독일어를 듣기조차도 싫어했었지만 그럼에도 불구하고 "모든 차원에서 국제적 화해가 필요하다는 그의 깊고 강렬한 확신과 소망에는 변함이 없었다"고 전했다.

민간 차원의 평화 노력은 존 F. 케네디 대통령의 "Ich bin ein Berliner"('나는 베를린 사람입니다'라는 의미의 독일어) 같은 발언이나 다른 지도자들의 평화 제스처보다 덜 극적일 수도 있지만 장기적으로 볼 때는 풀뿌리 차원의 감정이 아마 더 중요할 것이다. 두 나라 시민들이 서로에 대해 느끼는 감정이 문화 교류, 사업상의 접촉, 국제적 우정, TV 다큐멘터리의 어조, 선거를 통해 선출된 관리들의 태도 등에 영향을 주기 때문이다. 그러한 메커니즘들을 예측하기란 쉽지가 않지만 충분히 이해하고도 남을 만한 현상이다. 우리에게는 일부 평화론자들이 주장하는 것처럼 육감적 의사소통 혹은 기타 초자연적 현상이 필요하지는 않다. 이 사람들은 단지 충분히 많은 사람들에게 평화에 대한 욕구가 있기만 하다면 그것만으로도 세계를 바꿀 수 있다고 주장한다. 이러한 신념이 켄 키이스의 베스트셀러 『100번째 원숭이 The Hundredth Monkey』의 근저에 흐르고 있는데, 이 책은 영장류 데이터에 대한 잘못된 해석에 기초하고 있기 때문에 한번 언급하고 넘어갈 필요가 있을 것이다.

이 책에서는 영장류들 사이에서의 문화 전달에 관한 긴지 이마니시, 마사오 가와이와 다른 학자들의 선구적인 연구 성과를 언급하고 있다. 만약 '문화'를 새로운 습관이 모방과 학습을 통해 확산되는 것으로 정의할 수 있다면 아마 그것은 동물들 사이에 상당히 흔한 현상일 것이다. 일본원숭이들이 고구마를 씻어 먹는 행위가 처음으로 알려진 동물들의 문화 현상이다. 이모라는 이름의 소년기 암컷 원숭이가 고구마를 먹기 전에 씻는 방법을 발견했다. 이모는 그저 바닷물에 묻어 있던 모래를 씻어냈을 뿐이었다. 이모의 동료들과 친척들이 그녀를 따라하기 시작해서 그러한 행동은 결국 원숭이 집단 전체에 퍼졌다. 현지 연구원들은 이 과정의 모든 단계를 기록으로 남겼다.

라이얼 윗슨은 이들의 상세한 보고서를 읽고 1979년 '100번째 원숭이 현상'에 관한 글을 몇 페이지 썼다. 그런 다음 키이스가 이 글을 읽고서 책을 썼으며, 다른 사람이 그것을 이용해 영화를 만들었다. 그러는 과정에서 원래 이야기에 기묘한 후반부가 첨가되었다. 어느 정도 수의 원숭이가 그러한 습관을 학습하게 되면서 마침내 원숭이 한 마리가 많은 수, 이를테면 100마리째를 채우기에 이르렀다. 바로 이때 그 일이 일어났다고 저자는 이야기한다. 즉 바로 그 순간부터 그러한 행동이 갑자기 다른 집단들, 심지어 다른 섬들에 사는 원숭이들에게까지 퍼져나가게 되었다는 것이다! 키이스는 "따라서 어떤 결정적인 수의 인원들이 인식하게 되면 그처럼 새로운 지식은 마음에서 마음으로 전달된다"고 결론짓고 있다. 책의 나머지 부분은 모두 핵무기가 없는 세상을 원하는 집단적 의식을 만들어야 할 필요성을 역설하는 데 할애된다. 다시 말해서 누구 하나라도 그러한 의식 상태로 마음을 돌리게 되면 여론의 양적 비약을 촉발시키는 '100번째 원숭이'가 될 수 있다는 것이다.

물론 어떤 메시지를 이해시키기 위해 얼마간의 상상력을 사용하는 것에 이의를 제기할 생각은 없다. 하지만 그것이 과학적 근거를 가진 진리로 포장되어서는 안 될 것이다. 원숭이 이야기의 후반부에 대해서는 어떠한 증거도 제시되어 있지 않다(심지어 앞부분마저도 최근 들어 논란의 대상이 되기 시작했다). 습관은 자연적 경계선을 뛰어넘지 못한다. 일본의 연구자들은 모두 그러한 과정이 어떠한 도약도 없이 순차적으로 진행되었음을 강조해왔다. 의식이 갑자기 돌파구를 만난 것과 같은 현상은 전혀 관찰되지 않았다. 론 아먼드슨은 관련 데이터를 주의 깊게 검토한 뒤 "윗슨이 묘사한 현상은 그가 이를 증명하기 위해 인용한 데이터 자체에 의해 아주 상세히 반증되고 있다"(강조는 원저자)고 결론짓고 있다. 아먼드슨은 윗슨을 비롯한 여타 인물들을 사이비 과학자라고 비난했다.

일부 집단에서는 평화를 신비화하고 다른 집단들은 폭력을 미화하는 상황에 직면해 우리는 냉정을 유지해야 한다. 전 세계 강대국들이 아무런 공동의 이익을 갖고 있지 않으며 또 그러한 이익을 찾는 것을 완고하게 거부하는 상황에서는 아무리 평화 데모를 하고 끝없이 무기 감축 협상을 벌여도 아무 소용이 없다. 1987년 미국의 레이건 대통령과 소련의 고르바초프 서기장이 중거리 미사일을 없애기 위한 역사적 조약에 서명하면서 전 세계는 희망찬 분위기에 휩싸였다. 좀더 과감한 무기 감축에 대한 대화가 오가고 있다. 하지만 관계가 개선되지 않는 한 핵무기 감축은 무척 불안정한 효과를 가져올 수도 있을 것이다. 일부 군사 전문가들은 재래식 무기가 증강되고 유럽 지역에서 군사력의 우위를 점한 소련의 세력을 상쇄하기 위해 서유럽 국가들이 군사력을 증강시킬 것이라고 예견하고 있다. 여론은 핵무기의 치명적인 위협에만 온통 신경을 집중하고 있으나 우리는 무기 감축의 가치에는 한계가 있다는 사실을 잊어서는 안 된다. 두 초강대국이 전 세계 구석구석까지 군대를 파견해 상대방이 주도권을 장악하는 것을 방지하기 위한 노력을 계속하고 있는 현실을 보면 국제적 긴장은 무엇보다도 상호 불신과 상충하는 야망 때문에 생긴다는 것이 명백하다. 무기는 단순히 질병을 보여주는 증상 중의 하나일 뿐이다.

워싱턴 정상 회담에서 두 나라 정상과 대표단이 보여준 몇몇 이미지들 — 두 세계 지도자들이 개인적으로 친밀해지면서 농담을 주고받는 모습, 행인들과 악수를 나누는 고르바초프, 소련 참모 총장의 전례 없는 미 국무성 방문 — 은 이 두 초강대국의 관계에 근본적인 변화가 온 것 같은 인상을 준다. 이처럼 새로운 화해 무드가 경제적 · 문화적 교류로 확산되도록 하는 것이 매우 중요하다. 원숭이와 유인원에 대한 나의 연구가 세계 평화에 대한 어떤 교훈을 담고 있다면 그것은 바로 어떤 이유든 상대방을 필요로 하는 관계에서는 싸움이 일어날 확률이 적다는 사실이다. 혹 싸우더라도 후일 화해할 확률이 크다. 반면 관계를 유지할 만한 건실한 기반이 부족하면 이빨의 크기나 상태와 상관없이 양쪽이 서로를 물어뜯을 것이라고 확신한다. 서독 대통령 리하르트 폰 바이츠제커도 동-서 관계에 대해 비슷한 맥락의 의견을 피력한 적이 있다.

경험적으로 볼 때 무기 감축이 평화로 이어지는 것이 아니라 평화로운 관계가 무기 감축의 길을 연다. 평화는 실질적인 협력의 결과이다.

물론 의견 차이가 가장 쉽게 극복되는 것은 당연히 공동의 적 앞에서이다. 이러한 메커니즘을 증명하는 영장류 동물 관련 사례는 수없이 많다. 심지어 스스로 적을 만들어내는 경우도 있었다. 아른헴 침팬지 집단에서 대규모 갈등이 빚어지자 싸운 당사자들이 채 숨을 다 고르기도 전에 그중 한 마리가 바로 옆에 위치한 치타 우리를 향해 공격적인 으르렁 소리를 내기 시작했다. 다른 놈들도 합세했다. 결국 이웃 우리에 있는 동물들을 향해 분노에 가득 찬 합창이 울려 퍼졌다. 이 침팬지들은 보통 때는 치타들에게 거의 신경을 쓰지 않았고, 당시 치타들은 널따란 우리 저 다른 구석에 가 있었기 때문에 거의 보이지도 않는 상황이었다. 이렇게 긴장을 해소한 후 침팬지들 사이에서는 몇 건의 화해가 이루어졌다.

비슷한 상황에서 게잡이원숭이들이 수영장 쪽으로 뛰어가 물에 비친 자신의 모습을 위협하는 장면을 관찰한 적이 있다. 열두 마리나 되는 원숭이들이 물에 비친 '다른' 집단을 사납게 위협했다. 공동의 적이 너무 절실히 필요한 경우에는 대체물이 만들어지기도 하는 것이다. 적당한 목표물이 있어서 그러한 발명이 필요하지 않다면 내부적 긴장으로 인해 외부 관계가 변화할 때도 있다. 한스 쿠머에 따르면 서로 다른 야생 망토비비 집단 사이의 싸움은 한 집단 성원들이 자기들끼리의 불화를 '해결' 하기 위해 힘을 합쳐 다른 집단을 공격하면서 시작되는 경우가 많다고 한다.

크리스천 웰커는 꼬리감기원숭이 Capuchin monkey를 인공 사육하고 이들 사이에서 번식이 가능한 집단을 이뤄내기 위한 과정에서 심각한 어려움을 겪었다. 웰커 이전에도 같은 시도를 한 사람들이 겪었던 문제들이었다. 많은 시행착오를 거치면서 계속 새 원숭이들을 집단에 영입하는 과정에서 웰커는 꼬리감기원숭이들이 소집단을 구성하며, 평화로운 공존을 위해서는 이 소집단들 사이에 균형이 맞아야 한다는 사실을 발견했다. 만일 한 소집단이 다른 소집단에 대해 두려워할 것이 아무것도 없으면 폭력적인 싸움이 벌어졌다. 이 싸움은 소집단 간에만 벌어지는 것이 아니라 특히 더 강한 소집단 내에서도 벌어졌다. 한 소집단 성원들이 대집단 내에서 강자의 위치를 점유하면 이들 사이에 있었던 해묵은 경쟁 관계가 다시 불거져 나오는 듯했다. 더 약한 소집단의 성원을 늘리거나 더 강한 집단의 성원을 줄이는 방법으로 소집단 간 균형을 되찾아주면 바로 소집단 간에, 그리고 집단 내에서 우호적인 접촉이 시작되었다. 웰커는 꼬리감기원숭이들이 "적대감을 제어하는 능력은 있지만 그것을 망각하는 능력은 없다"고 이야기한다.

국제 관계에서 나타나는 현상도 이와 똑같지 않은가? 서구 동맹국들은 대부분의 시간 동안에는 우방처럼 행동하지만 1985년 미국 대통령이 독일의 비트부르크에 있는 전쟁 묘지를 방문해서 오랜 상처를 치유하고자 했을 때 일부에서는 이 방문이 오래된 상처를 다시 건드렸을 뿐이라는 반응을 보였다. 또한 나치 전력이 있다고 비난받던 쿠르트 발트하임이 오스트리아 대통령에 선출되자 비난 여론이 쏟아진 것도 역사는 잊혀지지 않는다는 것을 보여준다. 현재 전 세계적으로 이전에 적대적이던 많은 나라들이 국가 안보를 이유로 의견 차를 극복하고 한데 뭉쳐 '우방국'들끼리 단결한 두 개의 블록(냉전 시대 소련과 미국을 축으로 한 양대 진영)을 형성하고 있는데, 두 블록 모두 상대 블록이 강한 세력을 유지하는 동안만 유지될 것이다.

가장 큰 문제는 물론 공동의 적이 없는 상태에서 이 두 블록이 어떻게 화해할 수 있는가이다. 외계인의 공격이 가능하다는 시나리오가 있다면 제일 간단하겠지만 현재로서는 핵전쟁의 위협이 외계인의 자리를 대신하고 있는지도 모른다. 전쟁이 일어나면 아무도 승자가 될 수 없다는 어두운 전망으로도 인류가 정신을 차리지 못한다면 다른 어떤 해결책도 가능하지 않을 것이다. 우리의 행동이 가져올 결과를 예측할 수 있는 능력 덕분에 우리는 수없는 전쟁을 계획할 수 있었다. 이제 바로 그러한 능력을 이용해 전쟁 없는 미래를 계획할 수 있을지도 모르겠다. 그러한 과정이 합작

사업 등을 통해 촉진될 것은 자명한 일이다. 미소가 공동으로 화성 탐사 계획을 추진한다든지 하는 거대 사업이 한 예가 될 수 있다. 칼 세이건의 말대로 이 사업은 인류를 대표하는 적절한 상징이 될 것이다.

우리가 가슴에 품을 것은 전쟁의 신〔마르스Mars〕이 아니라 이 신의 이름을 딴 별〔화성Mars〕이다.

안전하고 평화로운 세상을 이루기 위해서는 무기 감축보다 훨씬 더 획기적인 조처가 필요하다. 우리 아이들에게 새로운 목표와 완전히 다른 기술, 그리고 전 세계에 대한 책임감을 가르쳐야 한다. 어린이들에게 자국의 깃발은 자신이 속한 특정 문화 집단의 상징에 불과하다는 것을 가르쳐야 한다. 자국의 깃발이 우월성을 의미하는 것도 아니요, 공격적인 이유를 위해 깃발 아래 모여서도 안 된다는 것을 말이다. 또한 승리라는 것은 갈등 해소의 한 가지 방법에 불과하며, 타협 또한 승리 못지않게 명예로운 갈등 해소 방법의 하나라는 사실을 배워야 한다. 나는 이런 것들을 가르칠 수 있다고 믿는다. 인류는 대결에서 타협으로 물꼬를 틀 수 있는 모든 메커니즘을 이미 보유하고 있다고 확신한다.

결론

이 책에서 전달하려고 하는 메시지는 우리 인간의 공격적인 본능과 동물의 왕국의 무자비한 투쟁만을 일방적으로 강조하는 일부 생물학자들의 의견과는 어긋난다. 다윈 이후 생물학의 초점은 언제나 경쟁의 결과 — 누가 이기고 누가 지는가 — 에만 집중되어왔다. 그러나 사회적 동물들에게 그러한 이분법은 엄청난 단순화라고 하지 않을 수 없다. 라이벌들은 싸움을 시작하기 전에 이길 확률을 계산하는 것 이상의 것을 한다. 이들은 자신이 적을 얼마나 필요로 하는지도 고려한다. 싸움의 원인이 되는 자원이 소중한 관계를 위험에 빠뜨릴 만큼 값어치가 있는 것은 아닌 경우가 흔하다. 그리고 만일 공격 행위가 벌어진다면 양측 모두 피해를 복구하기 위해 서두를 것이다. 짐승이든 인간이든 상호 의존적인 경쟁자들의 싸움에서 절대적인 승자가 나오는 경우는 드물다.

장-자크 루소는 인간의 마음속에는 악이 존재하지 않으며 인류의 모든 폐단과 악은 문명과 함께 시작되었다고 믿었다. 그러나 공격성은 언어, 문화, 인종의 경계를 넘어서는 많은 인간 행동의 특징 중의 하나이다. 생물학적 요소를 고려하지 않고는 그것을 완벽하게 이해할 수 없다. 이 책을 통해 나는 공격적 행동과 함께 진화해온 적절한 대처법들을 예시했으며, 인간과 영장류 동물 모두 그러한 방법들을 대단히 세련되게 사용하고 있음을 보여주었다고 믿는다. 갈등을 빚고 있는 두 개인이나 두 집단이 다시 친구가 된다는 것이 기본 유형이다. 이러한 과정은 말로는 아주 단순한 것처럼 들리지만 사실 우리가 경험할 수 있는 가장 복잡한 이행 과정의 하나이기도 하다.

용서는 일부 사람들이 믿고 있는 것처럼 몇 천 년 역사의 유대-그리스도교에서만 찾아볼 수 있는 뭔가 신비롭고 숭고한 것이 아니다. 용서란 사람들의 머릿속에서 나온 것이 아니기 때문에 이데올로기나 종교에 의해 전용될 수 있는 개념이 아니다. 원숭이, 유인원, 인간들이 모두 화해 행동을 한다는 것은 아마도 그것이 이 영장류들이 진화상으로 분화되기 전인 3천만 년 전 이상으로 거슬러 올라간다는 의미일 것이다. 이를 대체할 수 있는 다른 설명, 즉 그러한 행동이 각 종에게서 독립적으로 나타났을 것이라는 설명은 극히 '비경제적'이다. 동물 종의 수만큼 많은 이론이 필요하기 때문이다. 과학자들은 좀더 명쾌한 통합된 이론에 반하는 강력한 증거가 나오기 전에는 보통 비경제적 설명을 기각한다. 이 경우에도 그처럼 강력한 반증이 없기 때문에 화해 행동은 영장류 전체가 공유하는 유산이라고 보아도 무방할 것이다. 인간과 유인원은 (손을 뻗어 내밀기, 미소 짓기, 입 맞추기, 껴안기 등등) 많은 유화적 제스처와 접촉 패턴을 공유하고 있다. 언어와 문화는 단지 인간의 화해 전략에 섬세한 변화의 정도를 더해줄 뿐이다.

이러한 지식만으로는 우리 사회의 폭력 문제를 해결할 수 없다. 그러나 나는 그러한 지식이 우리의 관점에 변화를 가져오길 희망한다. 화해를 본능에 대한 이성의 승리로 보는 대신 그와 관련된 심리학적 메커니즘의 뿌리와 보편성을 연구하기 시작해야 한다. 과학이 개입할 때가 된 것이다. 현재의 평화 이슈를 둘러싼 신비주의를 합리적 접근 방법으로 대체해야 한다. 우리가 언젠가는 공격적 성향을 떨쳐버릴 수 있을 것이라는 환상을 가져서도 안 되며, 또 우리가 가진 화해 능력의 유산을 무시해서도 안 된다. 공격적 성향을 떨치기 위한 노력에서 화해 능력 쪽으로 강조점을 옮긴다고 해서 인간 본성의 경계선들을 넘어설 수 있는 것은 아니다. 우리가 해야 할 일은 단지 우리가 가진 것을 이용하고 우리가 할 수 있는 최선의 것을 행동에 옮기는 것뿐이다. 즉 우리 자신의 자기 이익을 위해 새로운 환경에 적응하는 것 말이다.

참고문헌

Altmann, S. 1981. Dominance relationships: the Cheshire cat's grin? *Behav. Brain Sci.* 4:430–431.
Amundson, R. 1985. The hundredth monkey phenomenon. *Sceptical Enquirer* 9:348–356.
Aronson, E. 1976. *The Social Animal*, 2nd ed. San Francisco: Freeman.
Artaud, Y., and M. Bertrand. 1984. Unusual manipulatory activity and tool-use in a crab-eating macaque. In M. Roonwal et al., eds., *Current Primate Researches.* Jodhpur: University of Jodhpur Press.
van den Audenaerde, D. 1984. The Tervuren Museum and the pygmy chimpanzee. In R. Susman, ed., *The Pygmy Chimpanzee*, pp. 3–11. New York: Plenum.
Bachmann, C., and H. Kummer. 1980. Male assessment of female choice in hamadryas baboons. *Behav. Ecol. Sociobiol.* 6:315–321.
Badrian, A. 1984. The bonobo branch of the family tree. *Anim. Kingdom* 87:39–45.
Badrian, A., and N. Badrian. 1984. Social organization of *Pan paniscus* in the Lomako Forest, Zaire. In R. Susman, ed., *The Pygmy Chimpanzee*, pp. 325–346. New York: Plenum.
Bahn, C. 1980. Hostage taking—the takers, the taken, and the context: discussion. *Ann. NY Acad. Sci.* 347:151–156.
Bandura, A., D. Ross, and S. Ross. 1961. Transmission of aggression through imitation of aggressive models. *J. Abn. Soc. Psychol.* 63:575–582.
Barash, D. 1977. *Sociobiology and Behavior.* New York: Elsevier.
Bauman, J. 1926. Observations on the strength of the chimpanzee and its implications. *J. Mammal.* 7:1–9.
Beck, B. 1982. Chimpocentrism: bias in cognitive ethology. *J. Human Evol.* 11:3–17.
Becker, C. 1983. Sozialspiel in einer gemischten Gruppe Orang-utans und Bonobos, sowie Spielverhalten aller Orang-utans im Kölner Zoo. *Z. Kölner Zoo* 26:59–69.
Bernstein, I., L. Williams, and M. Ramsay. 1983. The expression of aggression in Old World monkeys. *Int. J. Primatol.* 4:113–125.

Bertrand, M. 1969. *The Behavioral Repertoire of the Stumptail Macaque.* Bibliotheca Primatologica, vol. 11. Basel: Karger.

Bleier, R. 1984. *Science and Gender.* New York: Pergamon.

Bohannan, P. 1983. Some bases of aggression and their relationship to law. In M. Gruter and P. Bohannan, eds., *Law, Biology and Culture,* pp. 147–158. Santa Barbara, Calif.: Ross-Erikson.

Bolk, L. 1926. *Das Problem der Menschwerdung.* Jena: Gustav Fischer Verlag.

Bond, J., and W. Vinacke. 1961. Coalitions in mixed-sex triads. *Sociometry* 24:61–75.

van Bree, P. 1963. On a specimen of *Pan paniscus,* Schwarz 1929, which lived in the Amsterdam Zoo from 1911 till 1916. *Zool. Garten* 27:292–295.

Brehm, A. 1916. *Brehms Tierleben: Algemeine Kunde des Tierreichs,* vol. 13, 4th ed. Leipzig: Bibliographisches Institut.

Bygott, J. D. 1974. Agonistic behavior and dominance in wild chimpanzees. Ph.D. diss., Cambridge University.

Campbell, S. 1980. Kakowet. *Zoonooz* 53:6–11.

Caplow, T. 1968. *Two against One: Coalitions in Triads.* Englewood Cliffs, N.J.: Prentice-Hall.

Chagnon, N. 1968. *Yanomamö: The Fierce People.* New York: Holt, Rinehart and Winston.

Chance, M. 1967. Attention structure as the basis of primate rank orders. *Man* 2:503–518.

Cheney, D., and R. Seyfarth. 1986. The recognition of social alliances by vervet monkeys. *Anim. Behav.* 34:1722–31.

Clavell, J. 1981. *Noble House.* Philadelphia, Penn.: Coronet Books.

Coe, C., and L. Rosenblum. 1984. Male dominance in the bonnet macaque: a malleable relationship. In P. Barchas and S. Mendoza, eds., *Social Cohesion,* pp. 31–63. Westport, Conn.: Greenwood Press.

Coolidge, H. 1933. *Pan paniscus:* pygmy chimpanzee from south of the Congo River. *Am. J. Phys. Anthrop.* 18:1–57.

——— 1984. Historical remarks bearing on the discovery of *Pan paniscus.* In R. Susman, ed., *The Pygmy Chimpanzee,* pp. ix–xiii. New York: Plenum.

Cruise O'Brien, C. 1984. Religions, cultures and conflict. In P. Dorner, ed., *World without War.* Madison: Office of International Studies and Programs, University of Wisconsin.

Cummings, E. M., C. Zahn-Waxler, and M. Radke-Yarrow. 1981. Young children's responses to expressions of anger and affection by others in the family. *Child Development* 52:1274–82.

Curie-Cohen, M., et al. 1983. The effects of dominance on mating behavior and paternity in a captive group of rhesus monkeys. *Am. J. Primatol.* 5:127–138.

Dahl, J. 1985. The external genitalia of female pygmy chimpanzees. *Anat. Rec.* 211:24–48.

——— 1986. Cyclic perineal swelling during the intermenstrual intervals of captive female pygmy chimpanzees. *J. Human Evol.* 15:369–385.

Darwin, C. 1859. *The Origin of Species.* London: John Murray.

Dasser, V. 1988. A social concept in Java-monkeys. *Anim. Behav.* 36:225–230.

Dawkins, R. 1976. *The Selfish Gene.* New York: Oxford University Press.

Diamond, J. 1984. DNA map of the human lineage. *Nature* 310:544.

Dittus, W. 1979. The evolution of behaviors regulating density and age-specific sex ratios in a primate population. *Behaviour* 69:265–302.

Eckholm, E. 1985. Pygmy chimp readily learns language skills. *New York Times*, June 25.

Eibl-Eibesfeldt, I. 1971 (1970). *Love and Hate.* New York: Holt, Rinehart and Winston.

——— 1976. *Der vorprogrammierte Mensch.* Munich: Deutscher Taschenbuch Verlag.

——— 1977. Patterns of greeting in New Guinea. In S. Wurm, ed., *Language, Culture, Society, and the Modern World.* Canberra: Australian National University Press.

——— 1980. Strategies of social interaction. In R. Plutchnik and H. Kellerman, eds., *Theories of Emotion.* New York: Academic Press.

Ekman, P. 1982. *Emotion in the Human Face*, 2nd ed. Cambridge: Cambridge University Press.

Elton, R. 1979. Baboon behavior under crowded conditions. In J. Erwin, T. Maple, and G. Mitchell, eds., *Captivity and Behavior*, pp. 125–138. New York: Van Nostrand.

Erwin, J. 1979. Aggression in captive macaques: interaction of social and spatial factors. In J. Erwin, T. Maple, and G. Mitchell, eds., *Captivity and Behavior*, pp. 139–171. New York: Van Nostrand.

Ettlinger, G. 1984. Comment. In R. Harré and V. Reynolds, eds., *The Meaning of Primate Signals*, pp. 109–110. Cambridge: Cambridge University Press.

Fallaci, O. 1976. *Interview with History.* Boston: Houghton Mifflin.

Fedigan, L. 1983. Dominance and reproductive success in primates. *Yearb. Phys. Anthrop.* 26:91–129.
Fisher, H. 1983. *The Sex Contract: The Evolution of Human Behavior.* New York: Quill.
Fooden, J., et al. 1985. The stumptail macaques of China. *Am. J. Primatol.* 8:11–30.
Ford, C., and F. Beach. 1951. *Patterns of Sexual Behavior.* New York: ACE Books.
Fossey, D. 1983. *Gorillas in the Mist.* Boston: Houghton Mifflin.
Fox, M. 1982. Are most animals "mindless automatons"? A reply to Gordon G. Gallup, Jr. *Am. J. Primatol.* 3:341–343.
Freeman, D. 1983. *Margaret Mead and Samoa.* Cambridge, Mass.: Harvard University Press.
French, M. 1985. *Beyond Power.* New York: Ballantine.
von Frisch, K. 1923. Über die "Sprache" der Bienen. *Zool. Jahrb. Abt. allg. Zool. Physiol. Tiere* 40:1–186.
Gallup, G. 1982. Self-awareness and the emergence of mind in primates. *Am. J. Primatol.* 2:237–248.
Gerard, H., and G. Mathewson. 1966. The effects of severity of initiation on liking for a group: a replication. *J. Exp. Soc. Psychol.* 2:278–287.
Ginsburg, H. 1980. Playground as laboratory: naturalistic studies of appeasement, altruism and the Omega child. In D. Omark, F. Strayer, and D. Freedman, eds., *Dominance Relations*, pp. 341–357. New York: Garland.
Goldfoot, D., et al. 1980. Behavioral and physiological evidence of sexual climax in the female stump-tailed macaque. *Science* 208:1477–79.
Golding, W. 1954. *Lord of the Flies.* New York: Capricorn.
Goldstein, J. 1986. *Aggression and Crimes of Violence*, 2nd ed. New York: Oxford University Press.
Goodall, J. 1971. *In the Shadow of Man.* London: Collins.
——— 1983. Population dynamics during a 15-year period in one community of free-living chimpanzees in the Gombe National Park, Tanzania. *Z. Tierpsychol.* 61:1–60.
——— 1986a. Social rejection, exclusion and shunning among the Gombe chimpanzees. *Ethol. Sociobiol.* 7:227–236.
——— 1986b. *The Chimpanzees of Gombe.* Cambridge, Mass.: Belknap Press, Harvard University Press.
Goodall, J., et al. 1979. Intercommunity interactions in the chimpanzee population of the Gombe National Park. In D. Ham-

burg and E. McCown, eds., *The Great Apes*, pp. 13–53. Menlo Park, Calif.: Benjamin/Cummings.
Gould, S. 1977. *Ontogeny and Phylogeny*. Cambridge, Mass.: Belknap Press, Harvard University Press.
Gribbin, J., and J. Cherfas. 1982. *The Monkey Puzzle*. New York: Pantheon.
Griede, T. 1981. Invloed op verzoening bij chimpansees. Research report, University of Utrecht.
Guinness, A. 1986. *Blessings in Disguise*. New York: Knopf.
Hahn, E. 1982. Annals of zoology; a moody giant. *New Yorker*, August.
Halperin, S. 1979. Temporary association patterns in free-ranging chimpanzees. In D. Hamburg and E. McCown, eds., *The Great Apes*, pp. 491–499. Menlo Park, Calif.: Benjamin/Cummings.
Hand, J. 1986. Resolution of social conflicts: dominance, egalitarianism, spheres of dominance, and game theory. *Q. Rev. Biol.* 61:201–220.
Hardy, A. 1960. Was man more aquatic in the past? *New Scientist* 7:642–645.
Harlow, H., and M. Harlow. 1965. The affectional systems. In A. Schrier, H. Harlow, and F. Stollnitz, eds., *Behavior of Nonhuman Primates*, vol. 2, pp. 287–334. New York: Academic Press.
Harlow, H., and C. Mears. 1979. *The Human Model*. New York: Wiley.
Herschberger, R. 1948. *Adam's Rib*. New York: Harper and Row.
Heublein, E. 1977. Kakowet's family. *Zoonooz* 50:4–10.
Heuvelmans, B. 1980. *Les bêtes humaines d'Afrique*. Paris: Plon.
Hibbert, C. 1965. *The Rise and Fall of Il Duce*. London: Penguin Books.
van Hooff, J. 1972. A comparative approach to the phylogeny of laughter and smiling. In R. Hinde, ed., *Non-verbal Communication*, pp. 209–241. Cambridge: Cambridge University Press.
Horn, A. 1976. A preliminary report on the ecology and behavior of the bonobo chimpanzee, and a reconsideration of the evolution of the chimpanzee. Ph.D. diss., Yale University.
Hrdy, S. 1981. *The Woman That Never Evolved*. Cambridge, Mass.: Harvard University Press.
Huizinga, J. 1972 (1950). *Homo ludens: A Study of the Play-Element in Culture*. Boston: Beacon Press.
Huxley, T. H. 1888. Struggle for existence and its bearing upon man. *Nineteenth Century*, February.

Imanishi, K. 1965 (1957). Identification: a process of socialization in the subhuman society of *Macaca fuscata*. *Primates* 1:1–29. English translation in K. Imanishi and S. Altmann, eds., *Japanese Monkeys*. Atlanta: Emory University.

Itani, J., and A. Mishimura. 1973. The study of infrahuman culture in Japan: a review. In E. Menzel, ed., *Precultural Primate Behavior*, pp. 26–50. Basel: Karger.

Jordan, C. 1977. Das Verhalten zoolebender Zwergschimpansen. Ph.D. diss., Goethe University, Frankfurt.

Jungers, W., and R. Susman. 1984. Body size and skeletal allometry in African apes. In R. Susman, ed., *The Pygmy Chimpanzee*, pp. 131–177. New York: Plenum.

Kano, T. 1979. A pilot study on the ecology of pygmy chimpanzees. In D. Hamburg and E. McCown, eds., *The Great Apes*, pp. 123–135. Menlo Park, Calif.: Benjamin/Cummings.

——— 1984a. Distribution of pygmy chimpanzees in the Central Zaire Basin. *Folia Primatol.* 43:36–52.

——— 1984b. Observations of physical abnormalities among the wild bonobos of Wamba, Zaire. *Am. J. Phys. Anthrop.* 63:1–11.

Kano, T., and M. Mulavwa. 1984. Feeding ecology of the pygmy chimpanzees of Wamba. In R. Susman, ed., *The Pygmy Chimpanzee*, pp. 233–274. New York: Plenum.

Kaplan, J. 1978. Fight interference and altruism in rhesus monkeys. *Am. J. Phys. Anthrop.* 49:241–250.

Kaufman, I. 1974. Mother/infant relations in monkeys and humans: a reply to Professor Hinde. In N. White, ed., *Ethology and Psychiatry*, pp. 47–68. Toronto: University of Toronto Press.

Kawai, M. 1965 (1958). On the system of social ranks in a natural troop of Japanese monkeys. *Primates* 1:111–148. English translation in K. Imanishi and S. Altmann, eds., *Japanese Monkeys*. Atlanta: Emory University.

——— 1965. On the newly acquired pre-cultural behavior of the natural troop of Japanese monkeys on Koshima Islet. *Primates* 6:1–30.

Kawamura, S. 1965 (1958). Matriarchal social ranks in the Minoo-B troop: a study of the rank system of Japanese monkeys. *Primates* 1:148–156. English translation in K. Imanishi and S. Altmann, eds., *Japanese Monkeys*. Atlanta: Emory University.

Kawanaka, K. 1984. Association, ranging, and the social unit in chimpanzees of the Mahale Mountains, Tanzania. *Int. J. Primatol.* 5:411–432.

Kellogg, W., and L. Kellogg. 1933. *The Ape and the Child*. New York: McGraw-Hill.

Keyes, K. 1982. *The Hundredth Monkey*. Coos Bay, Oreg.: Vision Books.

King, M., and A. Wilson. 1975. Evolution at two levels in humans and chimpanzees. *Science* 188:107–116.

Kling, A., and J. Orbach. 1963. The stump-tailed macaque: a promising laboratory primate. *Science* 139:45–46.

Köhler, W. 1925. *The Mentality of Apes*. New York: Vintage Books.

Kornfeld, A. 1975. *In a Bluebird's Eye*. New York: Avon Books.

Kortlandt, A. 1976. Statements on pygmy chimpanzees. *Lab. Primate Newsletter* 15:15–17.

Kummer, H. 1957. *Soziales Verhalten einer Mantelpavian-Gruppe*. Bern: Huber.

―――― 1968. *Social Organization of Hamadryas Baboons*. Chicago: University of Chicago Press.

―――― 1984. From laboratory to desert and back: a social system of hamadryas baboons. *Anim. Behav.* 32:965–971.

Kummer, H., W. Götz, and W. Angst. 1974. Triadic differentiation: an inhibitory process protecting pair bonds in baboons. *Behaviour* 49:62–87.

Kuroda, S. 1984. Interaction over food among pygmy chimpanzees. In R. Susman, ed., *The Pygmy Chimpanzee*, pp. 301–324. New York: Plenum.

Landtman, G. 1927. *The Kiwai Papuans of British New Guinea*. London: Macmillan.

Lefebvre, L. 1982. Food exchange strategies in an infant chimpanzee. *J. Human Evol.* 11:195–204.

Lethmate, J., and Ducker, G. 1973. Untersuchungen zum Selbsterkennen im Spiegel bei Orang-Utans und einigen anderen Affenarten. *Z. Tierpsychol.* 33:248–269.

Lindburg, D. 1971. The rhesus monkey in North India: an ecological and behavioral study. In L. Rosenblum, ed., *Primate Behavior*, pp. 2–106. New York: Academic Press.

Linnankoski, I., and L. Leinonen. 1985. Compatibility of male and female sexual behaviour in *Macaca arctoides*. *Z. Tierpsychol.* 70:115–122.

Lorenz, K. 1967 (1963). *On Aggression*. London: Methuen.

―――― 1981. *The Foundations of Ethology*. New York: Simon and Schuster.

Lovejoy, C. O. 1981. The origin of man. *Science* 211:341–350.

Maccoby, E., and C. Jacklin. 1974. *The Psychology of Sex Differences.* Stanford: Stanford University Press.
Machiavelli, N. 1979 (1532). *The Prince.* In P. Bondanella and M. Musa, eds., *The Portable Machiavelli,* pp. 47–166. Harmondsworth: Penguin Books.
MacKinnon, J. 1978. *The Ape within Us.* London: Collins.
Malinowski, B. 1922. *Argonauts of the Western Pacific.* London: Routledge and Kegan Paul.
Mason, W. 1965. Determinants of social behavior in young chimpanzees. In A. Schrier, H. Harlow, and F. Stollnitz, eds., *Behavior of Nonhuman Primates,* vol. 2, pp. 335–364. New York: Academic Press.
Masserman, J., S. Wechkin, and W. Terris. 1964. "Altruistic" behavior in rhesus monkeys. *Am. J. Psychiatry* 121:584–585.
Massey, A. 1977. Agonistic aids and kinship in a group of pigtail macaques. *Behav. Ecol. Sociobiol.* 2:31–40.
Masters, W., and V. Johnson. 1966. *Human Sexual Response.* Boston: Little, Brown.
Mayer, C. 1960. *Caste and Kinship in Central India.* London: Routledge and Kegan Paul.
McGuire, M., M. Raleigh, and C. Johnson. 1983. Social dominance in adult male vervet monkeys: general considerations. *Soc. Sci. Information* 22:89–123.
Mead, M. 1943 (1928). *Coming of Age in Samoa.* Harmondsworth: Penguin Books.
Melnick, D., and K. Kidd. 1985. Genetic and evolutionary relationships among Asian macaques. *Int. J. Primatol.* 6:123–160.
Milgram, S. 1974. *Obedience to Authority.* New York: Harper and Row.
Montagner, H. 1978. *L'enfant et la communication.* Paris: Stock.
Montagu, A., ed. 1968. *Man and Aggression.* London: Oxford University Press.
Morgan, E. 1982. *The Aquatic Ape.* New York: Stein and Day.
Mori, A. 1984. An ethological study of pygmy chimpanzees in Wamba, Zaire: a comparison with chimpanzees. *Primates* 25:255–278.
Morris, D. 1967. *The Naked Ape.* London: Jonathan Cape.
Morrow, L. 1984. I spoke as a brother: a pardon from the pontiff, a lesson in forgiveness for a troubled world. *Time,* January 9.
Mussolini, B. 1939. *My Autobiography.* London: Hutchinson.
Myers, G. 1972 (1949). A monograph on the piranha. In G. Myers, ed., *The Piranha Book.* Neptune City: Tropical Fish Hobbyist Publications.

Nacci, P., and J. Tedeschi. 1976. Liking and power as factors affecting coalition choices in the triad. *Soc. Behav. Person.* 4:27–31.

Napier, J. 1975. The talented primate. In V. Goodall, ed., *The Quest for Man*. London: Phaidon.

Nieuwenhuijsen, K. 1985. Geslachtshormonen en gedrag bij de beermakaak. Ph.D. diss., Erasmus University, Rotterdam.

Nieuwenhuijsen, K., and F. de Waal. 1982. Effects of spatial crowding on social behavior in a chimpanzee colony. *Zoo Biology* 1:5–28.

Nishida, T. 1979. The social structure of chimpanzees in the Mahale Mountains. In D. Hamburg and E. McCown, eds., *The Great Apes*, pp. 73–121. Menlo Park, Calif.: Benjamin/Cummings.

——— 1983. Alpha status and agonistic alliance in wild chimpanzees. *Primates* 24:318–336.

——— Forthcoming. Social structure and dynamics of chimpanzees: a review. In P. Seth and S. Seth, eds., *Perspectives in Primate Biology*.

Nishida, T., et al. 1985. Group extinction and female transfer in wild chimpanzees in the Mahale National Park, Tanzania. *Z. Tierpsychol.* 67:284–301.

Nissen, H., and M. Crawford. 1936. A preliminary study of food-sharing behavior in young chimpanzees. *J. Comp. Psychol.* 22:383–419.

Nixon, R. 1983. *Real Peace: A Strategy for the West*. Privately published; quoted in *Time*, September 19, 1983.

Noë, R. 1986. Lasting alliances among adult male savannah baboons. In J. Else and P. Lee, eds., *Primate Ontogeny*, pp. 381–392. Cambridge: Cambridge University Press.

van Noordwijk, M., and C. van Schaik. 1985. Male migration and rank acquisition in wild long-tailed macaques. *Anim. Behav.* 33:849–861.

——— 1987. Competition among female long-tailed macaques, *Macaca fascicularis*. *Anim. Behav.* 35:577–589.

Offit, A. 1981. *Night Thoughts: Reflections of a Sex Therapist*. New York: Congdon and Lattes.

Packer, C. 1977. Reciprocal altruism in *Papio anubis*. *Nature* 265:441–443.

——— 1979. Male dominance and reproductive activity in *Papio anubis*. *Anim. Behav.* 27:37–45.

Patterson, T. 1973. The behavior of a group of captive pygmy chimpanzees. Master's thesis, University of Georgia.

Portielje, A. 1916. *Een Gids bij den Rondgang*. Amsterdam: Natura Artis Magistra.

Premack, D., and A. Premack. 1983. *The Mind of an Ape*. New York: Norton.

Pugh, G. 1977. *The Biological Origin of Human Values*. New York: Basic Books.

Pusey, A. 1979. Intercommunity transfer of chimpanzees in Gombe National Park. In D. Hamburg and E. McCown, eds., *The Great Apes*, pp. 465–479. Menlo Park, Calif.: Benjamin/Cummings.

Reynolds, V. 1967. On the identity of the ape described by Tulp, 1641. *Folia Primatol.* 5:80–87.

Rijksen, H. 1977. Sumatran orang utans. Ph.D. diss., Landbouwhogeschool, Wageningen.

Riss, D., and J. Goodall. 1977. The recent rise to the alpha-rank in a population of free-living chimpanzees. *Folia Primatol.* 27:134–151.

Rubin, L. 1985. *Just Friends*. New York: Harper and Row.

Sackin, S., and E. Thelen. 1984. An ethological study of peaceful associative outcomes to conflict in preschool children. *Child Development* 55:1098–1102.

Sagan, C. 1977. *Dragons of Eden*. New York: Random House.

Sankan, S. 1971. *The Maasai*. Nairobi: Kenya Literature Bureau.

Savage-Rumbaugh, S. 1984. *Pan paniscus* and *Pan troglodytes:* contrasts in preverbal communicative competence. In R. Susman, ed., *The Pygmy Chimpanzee*, pp. 395–413. New York: Plenum.

Savage-Rumbaugh, S., and B. Wilkerson. 1978. Socio-sexual behavior in *Pan paniscus* and *Pan troglodytes:* a comparative study. *J. Human Evol.* 7:327–344.

Schenkel, R. 1967. Submission: its features and function in the wolf and dog. *Am. Zool.* 7:319–323.

Schropp, R. 1985. Children's use of objects—competitive or interactive? Paper presented at the 19th International Ethological Conference, Toulouse.

Schubert, G. 1986. Primate politics. *Soc. Sci. Information* 25:647–680.

Schwarz, E. 1929. Das Vorkommen des Schimpansen auf dem linken Kongo-Ufer. *Rev. Zool. Bot. Afr.* 16:425–426.

Scott, J. 1972 (1958). *Animal Behavior*, 2nd ed. Chicago: University of Chicago Press.

Seville statement on violence. 1986. Middletown, Conn.: Wesleyan University.

Seyfarth, R. 1977. A model of social grooming among adult female monkeys. *J. Theor. Biol.* 65:671–698.

Sibley, C., and Ahlquist, J. 1984. The phylogeny of the Hominoid primates, as indicated by DNA-DNA hybridization. *J. Mol. Evol.* 20:2–15.

Simmel, G. 1970 (1917). *Grundfragen der Soziologie.* Berlin: Walter de Gruyter.

Skinner, B. 1971. *Beyond Freedom and Dignity.* New York: Knopf.

Slob, K., et al. 1978. Heterosexual interactions in laboratory-housed stumptail macaques (*Macaca arctoides*): observations during the menstrual cycle and after ovariectomy. *Horm. Behav.* 10:193–211.

Smith, D. 1981. The association between rank and reproductive success of male rhesus monkeys. *Am. J. Primatol.* 1:83–90.

Smuts, B. 1985. *Sex and Friendship in Baboons.* New York: Aldine.

Southwick, C. 1980. Rhesus monkey populations in India and Nepal: patterns of growth, decline, and natural regulation. In M. Cohen, ed., *Biosocial Mechanisms of Population Regulation*, pp. 151–170. New Haven: Yale University Press.

Southwick, C., M. Beg, and M. Siddiqi. 1965. Rhesus monkeys in North India. In I. DeVore, ed., *Primate Behavior*, pp. 111–159. New York: Holt, Rinehart and Winston.

Spykman, N. 1964. *The Social Theory of Georg Simmel.* New York: Russell and Russell.

Strayer, F., and J. Noel. 1986. The prosocial and antisocial functions of preschool aggression: an ethological study of triadic conflict among young children. In C. Zahn-Waxler, E. Cummings, and R. Iannotti, eds., *Altruism and Aggression*, pp. 107–131. Cambridge: Cambridge University Press.

Strayer, F., and M. Trudel. 1984. Developmental changes in the nature and function of social dominance among young children. *Ethol. Sociobiol.* 5:279–295.

Susman, R. 1984. The locomotor behavior of *Pan paniscus* in the Lomako Forest. In R. Susman, ed., *The Pygmy Chimpanzee*, pp. 369–391. New York: Plenum.

Susman, R., and K. Kabonga. 1984. Update on the pygmy chimp in Zaire. *IUCN/SSC Primate Specialist Group Newsletter* 4:34–36.

Susman, R., J. Stern, and W. Jungers. 1984. Arboreality and bipedality in the Hadar hominids. *Folia Primatol.* 43:113–156.

Suzuki, A. 1971. Carnivority and cannibalism observed among forest-living chimpanzees. *J. Anthrop. Soc. Nippon* 74:30–48.

Swanson, H., and R. Schuster. 1987. Cooperative social coordination and aggression in male laboratory rats: effects of housing and testosterone. *Hormones and Behav.* 21:310–330.
Symons, D. 1978. The question of function: dominance and play. In E. Smith, ed., *Social Play in Primates*, pp. 193–230. New York: Academic Press.
——— 1979. *The Evolution of Human Sexuality.* New York: Oxford University Press.
Takahata, Y., T. Hasegawa, and T. Nishida. 1984. Chimpanzee predation in the Mahale Mountains from August 1979 to May 1982. *Int. J. Primatol.* 5:213–233.
Teas, J., et al. 1982. Aggressive behavior in the free-ranging rhesus monkeys of Kathmandu, Nepal. *Aggress. Behav.* 8:63–77.
Terrace, H. 1979. *Nim: A Chimpanzee Who Learned Sign Language.* New York: Washington Square Press.
Thierry, B. 1984. Clasping behavior in *Macaca tonkeana*. *Behaviour* 89:1–28.
——— 1986. A comparative study of aggression and response to aggression in three species of macaque. In J. Else and P. Lee, eds., *Primate Ontogeny, Cognition and Social Behaviour*, pp. 307–313. Cambridge: Cambridge University Press.
Thompson-Handler, N., R. Malenky, and N. Badrian. 1984. Sexual behavior of *Pan paniscus* under natural conditions in the Lomako Forest, Equateur, Zaire. In R. Susman, ed., *The Pygmy Chimpanzee*, pp. 347–368. New York: Plenum.
Thorpe, W. 1979. *The Origins and Rise of Ethology.* London: Heineman.
Tratz, E., and H. Heck. 1954. Der afrikanische Anthropoide "Bonobo," eine neue Menschenaffengattung. *Saugetierkundige Mitt.* 2:97–101.
Tulp, N. 1641. *Observationum medicarum libri tres.* Amsterdam. Cited in Reynolds, 1967.
Turnbull, C. 1962. *The Forest People.* New York: Touchstone.
Vauclair, J., and K. Bard. 1983. Development of manipulations with objects in ape and human infants. *J. Human Evol.* 12:631–645.
de Waal, F. 1975. The wounded leader: a spontaneous temporary change in the structure of agonistic relations among captive Java-monkeys (*Macaca fascicularis*). *Neth. J. Zool.* 25:529–549.
——— 1982. *Chimpanzee Politics.* London: Jonathan Cape. Pbk. ed. Baltimore: Johns Hopkins University Press, 1989.

―――― 1984a. Coping with social tension: sex differences in the effect of food provision to small rhesus monkey groups. *Anim. Behav.* 32:765-773.

―――― 1984b. Sex differences in the formation of coalitions among chimpanzees. *Ethol. Sociobiol.* 5:239-255.

―――― 1986. Integration of dominance and social bonding in primates. *Q. Rev. Biol.* 61:459-479.

―――― 1987. Tension regulation and nonreproductive functions of sex in captive bonobos (*Pan paniscus*). *Nat. Geogr. Research* 3:318-335.

―――― Forthcoming. Reconciliation among primates: a review of empirical evidence and theoretical issues. In W. Mason and S. Mendoza, eds., *Primate Social Conflict*. New York: Alan Liss.

―――― 1989. The myth of a simple relation between space and aggression in captive primates. *Zoo Biol. Suppl.* 1:141-148.

de Waal, F., and L. Luttrell. 1986. The similarity principle underlying social bonding among female rhesus monkeys. *Folia Primatol.* 46:215-234.

―――― 1988. Mechanisms of social reciprocity in three primate species: symmetrical relationship characteristics or cognition? *Ethol. Sociobiol.* 9:101-118.

de Waal, F., and R. Ren. 1988. Comparison of the reconciliation behavior of stumptail and rhesus macaques. *Ethology* 78:129-142.

de Waal, F., and A. van Roosmalen. 1979. Reconciliation and consolation among chimpanzees. *Behav. Ecol. Sociobiol.* 5:55-66.

de Waal, F., and D. Yoshihara. 1983. Reconciliation and redirected affection in rhesus monkeys. *Behaviour* 85:224-241.

Walters, J. 1980. Interventions and the development of dominance relationships in female baboons. *Folia Primatol.* 34:61-89.

Watson, L. 1979. *Lifetide*. New York: Simon and Schuster.

Welker, C. 1981. Zum Sozialverhalten des Kapuzineraffen (*Cebus apella*) in Gefangenschaft. *Philippia* 4:331-342.

White, L. 1959. *The Evolution of Culture*. New York: McGraw-Hill.

Wilson, E. 1975. *Sociobiology: The New Synthesis*. Cambridge, Mass.: Belknap Press, Harvard University Press.

Witt, R., C. Schmidt, and J. Schmitt. 1981. Social rank and Darwinian fitness in a multimale group of barbary macaques. *Folia Primatol.* 36:201-211.

Wrangham, R. 1979. Sex differences in chimpanzee dispersion. In D. Hamburg and E. McCown, eds., *The Great Apes*, pp. 481-

490. Menlo Park, Calif.: Benjamin/Cummings.

Yerkes, R. 1925a. *Almost Human*. New York: Century.

——— 1925b. Traits of young chimpanzees. In R. Yerkes and B. Learned, eds., *Chimpanzee Intelligence and Its Vocal Expressions*, pp. 11–56. Baltimore: Williams and Wilkins.

——— 1941. Conjugal contrasts among chimpanzees. *J. Abnorm. Soc. Psychol.* 36:175–199.

York, A., and T. Rowell. 1988. Reconciliation following aggression in patas monkeys, *Erythrocebus patas*. *Anim. Behav.* 36:502–509.

Zihlman, A. 1984. Body build and tissue composition in *Pan paniscus* and *Pan troglodytes* with comparisons to other Hominoids. In R. Susman, ed., *The Pygmy Chimpanzee*, pp. 179–200. New York: Plenum.

Zihlman, A., and J. Lowenstein. 1983. A few words with Ruby. *New Scientist*, April 14:81–83.

Zuckerman, S. 1932. *The Social Life of Monkeys and Apes*. New York: Harcourt.

찾아보기

*이탤릭체는 원숭이와 유인원 이름임

(ㄱ)

가와무라, 슌조(Shunzo Kawamura)
가노, 다카요시(Takayoshi Kano) 227, 234, 276~277
가와이, 마사오(Masao Kawai) 127, 331
갤럽, 고든(Gordon Gallup) 117, 119
『거의 인간과 같은Almost Human』 236
게잡이원숭이(long-tailed macaque) 105, 119, 144, 168, 309, 334
고르바초프, 미하일(Mikhail Gorbachev) 333
고이, 로버트(Robert Goy) 9~10, 159
골드스타인, 제프리(Jeffrey Goldstein) 289
골드풋, 데이비드(David Goldfoot) 12, 159, 194~195
골딩, 윌리엄(William Golding) 241
곰베 국립공원(Gombe National Park) 79, 102, 104~105, 111, 308
『공격성에 관해On Aggression』 21, 107
공격의 일반화(generalization of aggression) 145, 147, 156
구달, 제인(Jane Goodall) 21, 79, 82, 102~103, 308
구로다, 스에히사(Suehisa Kuroda) 217, 268
군집 이론(crowding theory) 329
굴드, 스티븐 제이(Stephen Jay Gould) 312
기네스, 알렉(Alec Guinness) 285
긴즈버그, 하비(Harvey Ginsburg) 317
긴팔원숭이(gibbon) 191, 246
꼬리감기원숭이(capuchin monkey) 334~335

(ㄴ)

내이피어, 존(John Napier) 217
네베스, 탄크레도(Tancredo Neves) 79, 81
노에, 로널드(Ronald Noë) 11, 116
놀이 표정(play face) 247, 274, 301
뉴벤휘센, 키즈(Kees Nieuwenhuijsen) 37, 194
니슨, 헨리(Henry Nissen) 113
니시다, 도시사다(Toshisada Nishida) 21, 79~80
니키(*Nikkie*) 41~43, 49, 65, 68, 77, 79~80, 86~96, 98~99, 101~102,

104~105, 111, 160, 301
닉슨, 리처드(Richard Nixon) 43~44
님 침스키(Nim Chimpsky) 74

(ㄷ)

다세르, 베레나(Verena Dasser) 12, 144
~145
다윈, 찰스(Charles Darwin) 17, 141,
290, 337
달, 제레미(Jeremy Dahl) 251
도킨스, 리처드(Richard Dawkins) 47
드릴개코원숭이(drill) 185

(ㄹ)

라나(Lana) 242, 244, 247, 263
라이프치히 동물원(Leipzig Zoo) 76
러브조이, 오언(Owen Lovejoy) 228, 264
런, 런메이(Renmei Ren) 10, 187, 197,
202, 208
런던 동물원(London Zoo) 53~54
런던 동물학회(London Zoological
Society) 51
레노어(Lenore) 252~253, 261~262,
272, 276, 279
레빈, 버나드(Bernard Levin) 45
레슬리(Leslie) 242, 244, 246~247, 274,
276
레이건, 로널드(Ronald Reagan) 40, 333
레이놀즈, 버넌(Vernon Reynolds) 221
렘브란트(Rembrandt van Rijn) 220
로레타(Loretta) 244~246, 253, 261~
263, 265~267, 269, 274

로렌츠, 콘라드(Konrad Lorenz) 21, 29~
30, 36, 107, 141, 241, 330
로웬스타인, 제럴드(Jerrold Lowenstein)
229
롤리타(Lolita) 300~301
루비(Ruby) 228~229
루빈, 릴리언(Lillian Rubin) 85
루소, 장-자크(Jean-Jacques Rousseau)
337
루이스(Louise) 253, 261~263, 265~
266, 272~274, 279
루이트(Luit) 42~43, 77, 79, 86~96, 98
~99, 101~106, 108~110, 177,
277, 305
룬시, 영국 성공회 대주교(Runcie) 306
리처드슨, 랄프(Ralph Richardson) 285
린네, 칼(Carl Linnaeus) 218, 290
린다(Linda) 239~240, 251, 262

(ㅁ)

마마(Mama) 42~43, 49, 65, 68, 76, 78,
236
마사이 부족(Masai) 326
마이어스, 조지(George Myers) 29
마키아벨리, 니콜로(Niccolo Machiavelli)
123, 137
마푸카(Mafuca) 224~225
말리노프스키(Bronislaw Malinowski)
183
망토비비(hamadryas baboon) 33, 51~
56, 334
매서만, 줄스(Jules Massermann) 138
매키넌, 존(John Mackinnon) 231~232

맥과이어, 마이클(Michael McGuire) 36
맨드릴개코원숭이(mandrill) 185
메이슨, 윌리엄(William Mason) 31
메이어, 골다(Golda Meir) 286
메피스토*(Mephisto)* 198, 205, 212~213
모건, 일레인(Elaine Morgan) 232, 234
모리, 아키오(Akio Mori) 268
모리스, 데스먼드(Desmond Morris) 194, 228, 264
몬태규, 애슐리(Ashley Montagu) 102
몽타녜르, 위베르(Hubert Montagner) 316
무솔리니, 베니토(Benito Mussolini) 27, 304
미드, 마거릿(Margaret Mead) 325
미어스, 클라라(Clara Mears) 32
미테랑, 프랑수아(Francois Mitterand) 206
밀그램, 스탠리(Stanley Milgram) 140

(ㅂ)

바드, 킴(Kim Bard) 237
바라쉬, 데이비드(David Barash) 194
바우어스, 킴(Kim Bauers) 10, 203~204
바웬사, 레흐(Lech Walesa) 39
바이츠제커, 리하르트 폰(Richard von Weizsäcker) 333
바티스통, 파트릭(Patrick Battiston) 206
바흐만, 크리스티안(Christian Bachmann) 55
반 노르드위크, 마리아(Maria van Noordwijk) 170
반 샤이크, 카렐(Carel van Schaik) 170

반 호프, 안톤(Anton van Hooff) 9, 106
반 호프, 얀(Jan van Hooff) 9
반, 찰스(Charles Bahn) 295
반두라, 앨버트(Albert Bandura) 108
반사 도주(reflected escape) 33
발트하임, 쿠르트(Kurt Waldheim) 335
밤부티 피그미족(BaMbuti pygmies) 297
배드리안, 노엘(Noel Badrian) 227, 234
배드리안, 앨리슨(Alison Badrian) 227, 234
『100번째 원숭이*The Hundredth Monkey*』 331
버넌*(Vernon)* 245, 252, 256, 258, 261~263, 265~266, 269, 272, 276, 278~279
번스타인, 어윈(Irwin Bernstein) 130
베르베트원숭이(vervet monkey) 36, 127, 146~147
베르트랑, 미레유(Mireille Bertrand) 189~190, 193
베커, 클레멘스(Clemens Becker) 237
벡, 벤저민(Benjamin Beck) 121
보닛원숭이(bonnet-macaque) 168
보먼, 존(John Bauman) 311
보클레어, 자크(Jacques Vauclair) 237
보하난, 폴(Paul Bohannan) 285
볼크, 루이스(Louis Bolk) 314
부루퉁 표정(pout face) 259, 261~262
브렘, 알프레드(Alfred Brehm) 185, 187~188, 191
비치, 프랭크(Frank Beach) 194
비틀*(Beatle)* 130, 141~143

(ㅅ)

사바나비비(savannah baboon) 146
3자 관계(tripartite relationships) 53
3자 관계에 대한 의식(triadic awareness) 143, 182
새비지-럼바우, 수(Sue Savage-Rumbaugh) 236
새킨, 스티브(Steve Sackin) 317
샤농, 나폴레옹(Napoleon Chagnon) 308
서스만, 랜들(Randall Susman) 229, 234
세이건, 칼(Carl Sagan) 336
세이파스, 로버트(Robert Seyfarth) 146~147
솅켈, 루돌프(Rudolph Schenkel) 71
소프, 윌리엄(William Thorpe) 330
솔리다르노시치 운동 39
숄텐, 리안(Rianne Scholten) 59
수마트라원숭이(Sumatran macaque) 170
쉬펜회펠, 볼프(Wulf Schiefenhövel) 12, 28
슈로프, 라인하르트(Reinhard Schropp) 317
슈마허, 하랄트(Harald Schumacher) 206
슈바르츠, 에른스트(Ernst Schwarz) 224, 239
슈스터, 리처드(Richard Schuster) 294
스머츠, 바버러(Barbara Smuts) 12, 116, 146
스완슨, 하이디(Heidi Swanson) 294
스즈키, 아키라(Akira Suzuki) 21
스콧, 존 폴(John Paul Scott) 303
스키너(B. F. Skinner) 31

스트레이어, 프레드(Fred Strayer) 12, 315
스피클스(*Spickles*) 134, 143, 151~152, 164, 172, 174, 198
슬롭, 코스(Koos Slob) 194
시나몬(*Cinnamon*) 211
시먼스, 도널드(Donald Symons) 195

(ㅇ)

아그자(Mehmet Ali Agca) 18
아당, 오토(Otto Adang) 11, 88, 110
아라파트, 야세르(Yasser Arafat) 41
아른헴 동물원(Arnhem Zoo) 9, 22~23, 37, 41, 59~61, 63, 65, 68, 70, 76, 78, 81, 104, 106, 110~111, 194, 251, 275, 296, 299, 301, 320
아먼드슨, 론(Ron Amundson) 332
아브람츠(S. Abramsz) 11
아이블-아이베스펠트, 이레노이스(Irenäus Eibl-Eibesfeldt) 112, 316
아킬리(*Akili*) 242, 244, 247, 276
알트만, 스튜어트(Stuart Altmann) 181
애론슨, 엘리엇(Elliot Aronson) 140
야노마뫼족(Yanomamö Indians) 308, 324
에이포-파푸아족(Eipo-Papuans) 28
에틀링어(G. Ettlinger) 311
여키스, 로버트(Robert Yerkes) 236~237, 263, 266
여키스 영장류 연구 센터(Yerkes Primate Research Center) 11, 130, 251, 300
예로엔(*Yeroen*) 41~43, 49, 65, 77, 79~80, 86~96, 98~99, 101~102, 104~105, 160, 236, 297, 305

오렌지(Orange) 128, 142~143, 145, 148~149, 151, 172, 174, 200
오르바흐(J. Orbach) 189
오브라이언, 코너 크루즈(Conor Cruise O'Brien) 39
오스카 빔웬이 크웨시(Oscar Bimwenyi Kweshi) 324
오웰, 조지(George Orwell) 39
오키드(Orkid) 128, 148~149
옴미(Ommie) 128, 142, 148~149, 151
요한 바오로 2세(John Paul II) 18, 206
월터스, 제프리(Jeffrey Walters) 129
왓슨, 라이얼(Lyall Watson) 331~332
웨스트모어랜드, 윌리엄(William Westmoreland) 312
웰커, 크리스찬(Christian Welker) 12, 334~335
위츠킨, 스탠리(Stanley Wechkin) 138
윌슨(E. O. Wilson) 107
『이기적 유전자The Selfish Gene』 47
이마니시, 긴지(Kinji Imanishi) 331
일본원숭이(Japanese macaque) 164, 331

(ㅈ)

정체성 연구소(Identity Research Institute) 119
조건부 보장(conditional reassurance) 70~72, 74, 80, 208
주목 구조(attention structure) 315
주커만, 솔리(Solly Zuckerman) 51~52, 54, 180, 263
GG 마찰(genito-genital rubbing) 253,

274, 283
질먼, 아드리엔(Adrienne Zihlman) 229
짐멜, 게오르그(Georg Simmel) 20~21, 27
집단적 거짓말(collective lie) 297~298

(ㅊ)

챈스, 마이클(Michael Chance) 315
체니, 도로시(Dorothy Cheney) 146~147
『침팬지 정치학Chimpanzee Politics』 76, 88

(ㅋ)

카르포프, 아나톨리(Anatoly Karpov) 305~306
카스파로프, 게리(Gary Kasparov) 305~306
카코(Kako) 242, 263, 274
카코웻(Kakowet) 239~240
칸지(Kanzi) 236~237
칼린드(Kalind) 241, 244~246, 253, 258, 262, 265~266, 269, 272, 276, 280, 282
캐럴, 유진(Eugene Carroll) 40
커밍스, 마크(Mark Cummings) 320
케네디, 존 F.(John F. Kenney) 330
케빈(Kevin) 250, 258, 261, 266, 272~273, 276, 278~280, 282
켈로그, 루엘라(Luella Kellogg) 313
켈로그, 윈드롭(Winthrop Kellogg) 313
콘펠트, 아니타 클레이(Anita Clay

Kornfeld) 59
콜, 헬무트(Helmut Kohl) 206
쾰러, 볼프강(Wolfgang Köhler) 59, 117
쿠머, 한스(Hans Kummer) 53~54, 334
쿨리지, 해럴드(Harold Coolidge) 224, 236~237
큐리-코헨, 마티(Marty Curie-Cohen) 172
크로퍼드, 메러디스(Meredith Crawford) 113
클라벨, 제임스(James Clavell) 107
클링, 아서(Arthur Kling) 189
키와이-파푸아족(Kiwai-Papuans) 325~326
키이스, 켄(Ken Keyes) 331~332
킨트, 브리지트(Brigitte Kint) 59

(ㅌ)

턴불, 콜린(Colin Turnbull) 297~298
테라스, 허버트(Herbert Terrace) 74
테리스, 윌리엄(William Terris) 138
텔렌, 에스터(Esther Thelen) 317
통키나원숭이(tonkeana monkey) 213
툴프, 니콜라스(Nikolaas Tulp) 220~222, 224
트라츠, 에두아르트(Eduard Tratz) 239
티스, 제인(Jane Teas) 131~132
티에리, 베르나르(Bernard Thierry) 213
틴베르헨, 니코(Niko Tinbergen) 330

(ㅍ)

판타지 표정(fantasy face) 247

팔라치, 오리아나(Oriana Fallaci) 40, 286
팔레스타인 해방 기구(Palestinian Liberation Organization) 41
패커, 크레이그(Craig Packer) 116, 121
패터슨, 토머스(Thomas Patterson) 262
팬지(*Panzee*) 236~237
퍼, 조지(George Pugh) 194
포르틸리어, 안톤(Anton Portielje) 11, 224, 236
포시, 다이앤(Diane Fossey) 21
폭스, 마이클(Michael Fox) 119~120
폴로브스키, 조지프(Joseph Plowsky) 329
푸쉬만(W. Puschmann) 76
퓨지, 앤(Anne Pusey) 103
프렌치, 마릴린(Marilyn French) 83
프리먼, 데릭(Derek Freeman) 325
프리슈, 칼 폰(Karl von Frisch) 46
프린스 침(*Prince Chim*) 236
피셔, 헬렌(Helen Fisher) 264

(ㅎ)

하디, 알리스터(Alister Hardy) 232, 234
한, 에밀리(Emily Hahn) 246
할로, 해리(Harry Harlow) 31~32, 241
핸드, 주디스(Judith Hand) 307
행동주의 학파(behaviorist school) 31, 180~181
허쉬버거, 루스(Ruth Herschberger) 263
헐크(*Hulk*) 141~142, 146, 150, 152, 172, 174, 176, 296
헤크, 하인츠(Heinz Heck) 239
호이징가(Johan Huizinga) 314

화이트, 레슬리(Leslie White) 321, 323
후세인, 요르단 국왕(Hussein) 40~41
후지타, 노부오(Nobuo Fujita) 330
흐루시초프, 니키타(Nikita Khrushchev) 44
흐르디, 새러(Sarah Hrdy) 84